▪ 人工智能技术丛书 ▪

TensorFlow+ Keras 自然语言处理实战

王晓华 著

清华大学出版社
北京

内 容 简 介

神经网络是深度学习的核心内容，TensorFlow 是现在最为流行的深度学习框架之一。本书使用 TensorFlow 2.1 作为自然语言处理实现的基本工具，引导深度学习的入门读者，从搭建环境开始，逐步深入到理论、代码、应用实践中去。

本书分为 10 章，内容包括搭建环境、TensorFlow 基本和高级 API 的使用、MNIST 手写体分辨实战、Dataset API、ResNet 模型、词嵌入（word embedding）模型的实现，最后给出 3 个实战案例：文本分类、基于编码器的拼音汉字转化模型，以及基于编码器、解码器的拼音汉字翻译模型。

本书内容详尽、示例丰富，是机器学习和深度学习读者必备的参考书，非常适合开设人工智能相关专业的大中专院校师生阅读，也可作为高等院校计算机及相关专业教材使用。

图书在版编目（CIP）数据

TensorFlow+Keras 自然语言处理实战 / 王晓华著.—北京：清华大学出版社，2021.1
（人工智能技术丛书）
ISBN 978-7-302-57043-1

Ⅰ. ①T… Ⅱ. ①王… Ⅲ. ①自然语言处理 Ⅳ.①TP391

中国版本图书馆 CIP 数据核字（2020）第 238314 号

责任编辑：夏毓彦
封面设计：王　翔
责任校对：闫秀华
责任印制：吴佳雯
出版发行：清华大学出版社
　　网　　址：http://www.tup.com.cn，http://www.wqbook.com
　　地　　址：北京清华大学学研大厦 A 座　　邮　　编：100084
　　社 总 机：010-62770175　　邮　　购：010-62786544
　　投稿与读者服务：010-62776969，c-service@tup.tsinghua.edu.cn
　　质 量 反 馈：010-62772015，zhiliang@tup.tsinghua.edu.cn
印 装 者：三河市铭诚印务有限公司
经　　销：全国新华书店
开　　本：190mm×260mm　　**印　　张：**16.75　　**字　　数：**429 千字
版　　次：2021 年 2 月第 1 版　　**印　　次：**2021 年 2 月第 1 次印刷
定　　价：69.00 元

产品编号：089003-01

前　　言

TensorFlow 从诞生之初即作为全球人工智能领域最受使用者欢迎的人工智能开源框架，荣获了太多的赞誉与光环，见证了人工智能在全球范围的兴起并引领了全行业的研究方向，改变了固有的人类处理问题和解决问题的方法和认知，引领了深度学习和人工智能领域的全面发展和成长壮大。它的出现使得深度学习的学习门槛被大大降低，不仅是数据专家，就连普通的程序设计人员甚至于相关专业的学生都可以用其来开发新的 AI 程序，而不需要深厚的算法理论和编程功底。

可以说，TensorFlow 是现代社会人类一项最有前途和意义的发明，并且将继续发扬光大。

如同人类的孩子一样，TensorFlow 自 2016 年诞生以来，在不断发展和前行的这 3 年里，在承受荣誉的同时，TensorFlow 也遭到了大量的批评，遇到了很多对手。但是 TensorFlow 的创造者和用户并没有因此而懊恼，而是不断学习，吸收大量使用者的建议，以及竞争对手中好的易用的特性与方法，从而不断充实和壮大自己。

终于在 TensorFlow 年满 3 岁之际，TensorFlow 迎来了一项革命性的变化，TensorFlow 2 横空出世，作为一个重要的里程碑，其理解和目标由注重自身框架结构的完整和逻辑性转向为偏重于“易用性”，使得初学者和使用者能够在极低的门槛上掌握和使用，TensorFlow 2 的目标就是让每个人都能使用人工智能技术帮助自己的学习和生活的提高。

本书以 TensorFlow 2.1 版本为基础进行编写，从 TensorFlow 2.1 的基础语法开始，到使用 TensorFlow 2.1 进行深度学习程序的设计和实战编写，全面介绍 TensorFlow 2.1 核心内容和各方面涉及的相关知识。

本书对 TensorFlow 2.1 核心内容进行深入分析，重要内容均结合代码进行实战讲解，围绕深度学习原理介绍大量实战案例，读者通过这些案例可以深入地了解和掌握 TensorFlow 2.1 的内容，并对深度学习有进一步的了解。

本书是一本面向初级和中级读者的优秀教程。通过本书的学习，读者能够掌握使用深度学习的基本内容和在 TensorFlow 框架下进行神经网络使用的知识要点，以及从模型的构建到应用程序的编写一整套应用技巧。

本书特色

1. 版本新，易入门

本书详细地介绍从 TensorFlow 2.1 的安装到使用、TensorFlow 默认 API，以及使用官方所推荐的 Keras 的编程方法与技巧等。

2. 作者经验丰富，代码编写细腻

作者是长期奋战在科研和工业界的一线算法设计和程序编写人员，实战经验丰富，对代

码中可能会出现的各种问题和“坑”有丰富的处理经验，使得读者能够少走很多弯路。

3. 理论扎实，深入浅出

在代码设计的基础上，本书还深入浅出地介绍深度学习需要掌握的一些基本理论知识，通过大量的公式与图示结合的方式对理论做介绍，是一本难得的好书。

4. 对比多种应用方案，实战案例丰富

本书采用了大量的实例，同时也提供了一些实现同类功能的其他解决方案，覆盖了使用 TensorFlow 进行深度学习开发中常用的知识。

本书内容及知识体系

本书基于 TensorFlow 2.1 版本的新架构模式和框架，完整介绍 TensorFlow 2.1 使用方法和一些进阶教程，主要内容如下：

第 1 章详细介绍 TensorFlow 2.1 版本的安装方法以及对应的运行环境的安装，并且通过一个简单的例子验证 TensorFlow 2.1 的安装效果，并将其作为贯穿全书学习的主线。在本章还介绍了 TensorFlow 硬件的采购。请记住，一块能够运行 TensorFlow 2.0 GPU 版本的显卡能让你的学习事半功倍。

第 2 章是本书的重点，从模型的设计开始，循序渐进地介绍 TensorFlow 2.1 的编程方法和步骤，包括结合 Keras 进行 TensorFlow 2.1 模型设计的完整步骤，以及自定义层的方法。第 2 章的内容看起来很简单，却是本书的基础内容和核心精华，读者一定要反复阅读，认真掌握所有内容和代码的编写。

第 3 章是 TensorFlow 2.1 的理论部分，介绍反馈神经网络的实现和最核心的两个算法，作者通过图示并结合理论公式的方式认真详细地介绍理论和原理并且手动实现一个反馈神经网络。

使用卷积神经网络去识别物体是深度学习一个经典内容，第 4 章详细介绍卷积神经网络的原理、各个模型的使用和自定义内容，借助卷积神经网络（CNN）算法构建一个简单的 CNN 模型进行 MNIST 数字识别。此章和第 2 章同为本书的重点内容，能够极大地协助读者对 TensorFlow 框架的使用和程序的编写。

第 5 章是 TensorFlow 新版本的数据读写部分，详细介绍使用 TensorFlow 2.1 自带的 Dataset API 对数据的序列化存储，并通过简单的方法使用 TensorFlow Dataset 对数据进行读取和调用。

第 6 章介绍 ResNet 的基本思想和内容。ResNet 是一个具有里程碑性质的框架，标志着粗犷的卷积神经网络设计向着精确化和模块化的方向转化。ResNet 本身的程序编写非常简单，其中蕴含的设计思想却是跨越性的。

第 7 章主要介绍自然语言处理最基本的词嵌入的训练和使用，从一个有趣的问题引导读者从文本清洗开始，到词嵌入的计算以及利用文本的不同维度和角度对文本进行拆分。

第 8 章开始进行了更为细化的自然语言处理部分，即复习本书前面章节学习和掌握的自然语言处理手段，练习使用不同的技巧实战前面部分的文本分类，扎扎实实地解决一个事实中存在的问题。

第 9、10 章向读者展示目前自然语言处理研究的最先进手段，即利用编码器和解码器对数据进行处理。本书分别使用编码器模型和解码器模型去解决一个实际问题，并通过对其细节的不同做出对比，向读者更加完整详细地介绍编码器与解码器的应用场景和不同，为后续的学习打下基础。这也是自然语言处理研究的方向。

源码下载与技术支持邮箱

本书配套的示例源码，请用微信扫描清华网盘二维码获取。如果学习过程中发现问题，请联系 booksaga@163.com，邮件主题为“TensorFlow+Keras 自然语言处理实战”。

适合阅读本书的读者

- 人工智能入门读者；
- 深度学习入门读者
- 机器学习入门读者；
- 自然语言处理入门读者；
- 各级人工智能院校的学生；
- 专业培训机构的学员；
- 其他对智能化、自动化感兴趣的开发者。

勘误和支持

限于作者水平，加上编写时间跨度较长、TensorFlow 的演进较快，书中的内容难免会出现欠妥之处，恳请读者来信批评指正。

感谢所有编辑们，在本书编写中提供无私的帮助和宝贵的建议，正是他们耐心地鼓励和支持才让本书得以出版。感谢家人对我的支持和理解，这些都给了我莫大的动力，让自己的努力更加有意义。

王晓华

2021 年 1 月

目　录

第 1 章

自然语言之道

如果读者初识自然语言处理，那么本章就显得格外重要了。本章内容都是自然语言处理的前置知识，一开始并不讲述如何使用深度学习或者 TensorFlow 进行自然语言处理，而是向读者初步介绍自然语言的一些基本研究内容和最新趋势，相信读者在阅读完这些内容后会对自然语言处理有一个大概的了解。之后本章讲解最基础的环境搭建，让读者能动手编写最基本的代码。最后通过一个接地气的实战让读者融会贯通自然语言的理论和代码。

1.1 何谓自然语言处理

我们对“语言”可能不陌生，对“自然语言”有点陌生，对“自然语言处理”就真的有点陌生了。

不妨设想如下场景：

> 当你加完班回到家中，疲惫地往沙发上一躺，随口一句“打开电视”，沙发前的电视按命令开启，然后一个温柔的声音会向你问候，“今天想看什么类型的电影？”或者是主动向你推荐目前最为流行的一些影片。

其实这些场景不再是设想，它正在悄悄地走进你我的生活。

1.1.1 自然语言处理是门技术

2018 年谷歌在开发者大会上演示了一个预约理发店的聊天机器人，语气惟妙惟肖，表现相当令人惊艳。相信很多读者都接到过人工智能的推销电话，不去仔细分辨的话，根本不知道电话那头只是一个自然语言处理程序。

“人机对话”“机器人客服”“文档结构化处理”是自然语言处理应用较为广泛的部分，也是商业价值较高的一些方向。除此之外，还有文本写作、机器人作诗等一些带有娱乐性质的应用。这些统统是“自然语言处理”。

自然语言处理（Natural Language Processing，NLP）是研究计算机处理人类语言的一门技术，包括：

- 句法语义分析——对于给定的句子，进行分词、词性标记、命名实体识别和链接、句法分析、语义角色识别、多义词消歧。
- 信息抽取——从给定文本中抽取重要的信息，比如时间、地点、人物、事件、原因、结果、数字、日期、货币、专有名词等。通俗说来，就是要了解谁在什么时候、什么原因、对谁、做了什么事、有什么结果，涉及实体识别、时间抽取、因果关系抽取等关键技术。
- 文本挖掘（或者文本数据挖掘）——包括文本聚类、分类、信息抽取、摘要、情感分析以及对挖掘的信息和知识的可视化、交互式的表达界面。目前主流的技术都基于统计机器学习。
- 机器翻译——把输入的源语言文本通过自动翻译获得另外一种语言的文本。根据输入媒介不同，可以细分为文本翻译、语音翻译、手语翻译、图形翻译等。机器翻译从最早的基于规则的方法到二十年前基于统计的方法，再到今天基于神经网络（编码_解码）的方法，逐渐形成了一套比较严谨的方法体系。
- 信息检索——对大规模的文档进行索引。可简单对文档中的词汇赋之以不同的权重来建立索引，也可利用 1，2，3 的技术来建立更加深层的索引。在查询的时候，对输入的查询表达式（比如一个检索词或者一个句子）进行分析，然后在索引里面查找匹配的候选文档，再根据一个排序机制把候选文档排序，最后输出排序得分最高的文档。
- 问答系统——对一个自然语言表达的问题，由问答系统给出一个精准的答案。需要对自然语言查询语句进行某种程度的语义分析，包括实体链接、关系识别，形成逻辑表达式，然后到知识库中查找可能的候选答案并通过一个排序机制找出最佳的答案。
- 对话系统——系统通过一系列的对话，跟用户进行聊天、回答、完成某一项任务，涉及用户意图理解、通用聊天引擎、问答引擎、对话管理等技术。此外，为了体现上下文相关，要具备多轮对话能力。同时，为了体现个性化，要开发用户画像以及基于用户画像的个性化回复。

当然，实际上自然语言处理并不仅限于上文所说的这些，实际上随着人们对深度学习的了解，更多应用正在不停地开发出来，相信读者会亲眼见证这一切的发生。

1.1.2 传统自然语言处理

自然语言处理经历了长时间的发展，基本上可以说随着计算机在科学界和工业界的应用而不停地向前发展：

- 1950 年前，主流：阿兰·图灵的图灵测试。人和机器进行交流，如果人无法判断自己交流的对象是人还是机器，就说明这个机器具有智能。

- 1950—1970 年，主流：基于规则形式语言理论。根据数学中的公理化方法研究自然语言，采用代数和集合论把形式语言定义为符号的序列。它试图使用有限的规则描述无限的语言现象，发现人类普遍的语言机制，建立所谓的普遍语法。
- 1970—2010 年，主流：基于统计。主要是谷歌、微软、IBM 等公司。20 世纪 70 年代，弗里德里克·贾里尼克及其领导的 IBM 华生实验室将语音识别率从 70%提升到 90%。1988 年，IBM 的彼得·布朗提出了基于统计的机器翻译方法。2005 年，谷歌机器翻译打败基于规则的 Sys Tran。
- 2010 年以后，逆袭：机器学习。AlphaGo 先后战胜李世石、柯洁等，掀起人工智能热潮。深度学习、人工神经网络成为热词，涉及领域包括语音识别、图像识别、机器翻译、自动驾驶和智能家居。

简单来说，自然语言处理可以分为以下几个阶段：

（1）可以说最早的自然语言处理是基于语法的，这也是最容易想到的点。一开始这一想法受到了众多专家的支持和追捧。科学家们认为可以通过总结一些语法规则来控制“自然语言处理系统”。

后来这套方法里的一个致命的弊病开始显露出来，就是这个方法的算法复杂性会变得非常高。因为人类语言本身的复杂性，可能要分析一个并不长的段落需要数十条规则，这些规则彼此之间可能是相悖的，需要不断地增加规则。最终可以想象处理一篇文章需要大量的规则，而这样海量的规则背后对应非常可怕的算法复杂度，这也远远超出了普通计算机的处理能力。

于是这种思想很快就被研究人员抛弃了。

（2）后来的自然语言处理更多的是基于统计的，目前来说发展也是比较成熟的。这一阶段的自然语言处理项目所强调的核心就是统计学方法，比如著名的贝叶斯定理。这一部分其实也是人工智能里相对比较好入手的部分。这一部分中的许多技术已经有数十年的历史，早已成为我们日常生活的一部分。可能甚至大家都没有意识到它的存在，其中的典型案例有反垃圾邮件和文章情感分析等。

（3）传统的自然语言处理总是有些啃不动的问题，比如词汇的分词问题、词义消歧问题（同一句话里的代词，究竟指代谁）、方法的模糊性问题，以及潜在含义问题（如何去理解一些俗语或者汉语里的成语这种知识点）。目前，自然语言处理的重点和前沿是要实现结合了深度学习的自然语言处理。也就是说，随着深度学习的发展，自然语言处理被提供了无限的可能和机遇。许许多多之前非常硬核的问题如今也可以使用深度学习去推动解决。

1.2 自然语言处理为什么难——以最简单的情感分析为例

本节主要谈谈自然语言处理的难点。

自然语言处理的目标是让计算机理解人类的语言，从而弥补人类交流（自然语言）和计算机理解（机器语言）之间的差距。为了达到这个目标，自然语言处理被分为三大核心任务：自然语言理解、自然语言生成，以及综合这两方面的自然语言交互。

- 自然语言理解（Natural Language Understanding，NLU）：自然语言理解在很大程度上被视为自然语言处理的一个子集，专注于单词的实际含义，可能与它们在语义结构上的方式不一致。它提供了对在涉及讽刺、反讽、情感、幽默、俗语等情况下如何使用术语的理解。根据摩尔（Moore）的说法，在大多数依赖 NLP 的文本分析平台中，通常 NLU 是其中的一部分，因为大多数人现在并不希望单独进行情感或上下文分析或提取。所以，它们肯定是结合在一起的。
- 自然语言生成（Natural Language Generation，NLG）：自然语言生成与自然语言理解的观点相反，它不是对语言的语义含义的分析，而是对语言的产生或生成（通常是文本或语音）的分析。
- 自然语言交互（Natural Language Interaction，NLI）：自然语言交互在某种程度上是这些技术的结合——尽管它不需要涉及 NLU，用户通过自然语言与系统进行通信和唤起响应。“这是你通过输入或说出命令来发出命令的能力”，摩尔表示。

所以，自然语言处理包含很多任务，比如词性标注、命名实体识别、信息抽取、文本分类、信息检索、机器翻译、文本生成等。自然语言难以通过计算机系统进行处理的根本原因是语言本身就是无结构数据，由表面的文字符号组合成背后所要表达的语义，形成一种错综复杂的符号系统。自然语言处理就是要学习语言序列所表示的语义，受谈话人（主观性）、谈话场景（语境）、谈话时间（旧词新意）等影响，因此自然语言处理存在诸多难点。

以情感分析为例，拿比较熟悉的场景来说，“高档酒店不提供免费的洗漱套装？”这句话的场景发生在酒店，描述的虽然是洗漱套装，但是评价的却是酒店的服务，表达了一种负向的情感。那么，机器如何来对上述语句进行情感分析呢？

情感分析（Sentiment Analysis）的目的在于自动地从文本中发现和归纳人们对产品、人物、公司、组织机构、事件、话题等的态度、意见和情绪等，对其中的主观情感信息进行挖掘。人类的主观情感因素影响着自身的行为，因此了解人们对某个事物的情感态度，对于预测其行为并针对性地做出应对决策有着十分重要的意义。同样，当人们在通过网络购物平台进行购物时，可以参考其他消费者对该物品或服务的评论，进而做出购买决定；从企业角度来说，企业可以通过网络文本了解消费者对其提供的产品和服务的评价，进而帮助公司做出生产、销售和宣传的决策。

按照文本的不同粒度，文本情感分析分为词语级、句章级和属性级情感分析。

- 词语级情感分析包括情感词的抽取和情感词的表示学习。情感词是指语料中带有情感倾向的词语。
- 句章级情感分析是指对整句文本或整篇文档进行一个总体的情感极性的判别，常用于微博、电影、酒店、餐饮等文本数据的分析中。
- 属性级情感分析是指针对文本中的特定实体（属性）进行情感极性的判别，常用于不同商品特定属性的数据分析中。

自然语言处理关键是语义表示，从语言的粒度上看，语言是由词构成句子、句子构成篇章的。对于情感分析任务，同样可以从词级、句子级、篇章级来解决语义表示问题。

早期的词语级情感分析任务主要是对文本中的情感词进行抽取，通常是情感分析的基础任务。因此，这部分工作研究广泛，情感词抽取方法大致可分为两大类，分别是：基于知识库的方法和基于语料库的方法。

（1）基于知识库的方法主要借助知识库资源（如 WordNet、HowNet 等）中词与词之间的关系，比如同义词关系、反义词关系等来判断词语的情感极性。虽然基于知识库的方法可以较易地获得大量情感词典，但是这种方法不适用于特定领域或特定场景的情感分析。

（2）基于语料库的方法假设具有相同情感极性的词通常在同一句子中。因此，这类方法首先通过人工标注一小部分种子情感词，然后通过词与词之间的共现关系来判断情感词的极性。

基于语料库的方法召回率比较低，如果一个情感词不与任何种子情感词共现，那么这个情感词就很难被识别。近年来，随着深度学习和表示学习技术应用于自然语言处理中，词的表示学习受到研究者的重视，词向量的学习成为自然语言处理领域中最基本的任务。

因此，在面向情感分析任务时，通常会先学习情感词向量。情感词向量模型的目标是在输入语料上学习一组词向量，使得学习到的词向量不仅具有语法和语义上的相似性，还具有情感极性的区分性。

情感词向量的学习模型基本是在已有的词向量学习模型基础上添加有监督的学习过程得到的。近两年，随着大规模预训练语言模型的兴起，情感词向量的学习已经不是情感分析任务必做的步骤了，更偏向于做句子和篇章级情感分析对文档的整体情感极性进行判别。

按照学习方式的不同，可以分为有监督学习方法和无监督学习方法。在有监督学习方法中，大多数利用传统机器学习方法，首先提取文本的特征，再进行特征的选择和筛选，最后利用诸如支持向量机等分类器进行分类。

在无监督学习方法中，利用词的互信息关系、种子词等方法进行情感极性判别。随着机器学习和深度学习的发展，文本特征的表示成为近十年自然语言处理领域的重要研究内容。特别是表示学习技术可以自动地从数据中抽象出数据的特征表示，并进行语义组合，最终得到文本的抽象表示，利用这个表示进行文本的情感分类。

常用的方法包括卷积神经网络、循环神经网络、Transformer 以及若干神经网络组合的方法。这些方法从不同角度，在一定范围内提升了文本句子和篇章情感分析的准确率。但是在一些情感分析问题上，仍然缺少丰富的语言学知识和丰富的情感语义组合性。

回到开始的例子“高档酒店不提供免费的洗漱套装？”，该例子属于隐式情感分析，没有显式的情感词，需要背景知识或者常识知识才有可能解决。因此，面对人类这种具备强大的表达力、具有丰富的知识体系和复杂语境的自然语言，机器还有很长的路要走。

1.3　自然语言处理的展望

语言学是一门古老的学科，人类为什么会有语言？动物为什么没有发展出人类这样复杂高级的语言？语言机制是人类大脑中先天就有的，还是像其他能力一样后天获得的？语言是如何形成和发展的？语言本身服从一些怎样的规律？无数的不解之谜等待着科学家来回答。计算语言学或者自然语言处理既是一门科学，也是一门应用技术。

从科学角度说，像其他计算机科学一样，它是一种从模拟角度来研究语言的学科。自然语言处理并不直接研究人类语言的机制，而是试图让机器去模拟人类的语言能力。如果说计算机拥有了像人一样的语言能力，从某种角度就可以说我们理解了人类的语言机制。由于理解自然语言需要关于外在世界的广泛知识以及运用操作这些知识的能力，所以自然语言处理是一个人工智能完备（AI-Complete）的问题，并被视为人工智能的核心问题之一。

1.3.1 自然语言处理对于人工智能的意义

有人把人的智能分为三大类：感知智能、运动智能和认知智能。

- 感知智能：包括听觉、视觉、触觉等。最近两年，深度学习的引入大幅度提高了语音和图像的识别率，所以计算机在感知智能层面已经做得相当不错，在一些典型的测试下，达到或者超过了人类的平均水平。
- 运动智能：能够在复杂的环境中自由行动的能力。运动智能是机器人研究的核心问题之一。
- 认知智能：属于最高级的智能活动。动物也具有感知智能和运动智能，但在认知智能方面，却明显低于人类。认知智能是包括理解、运用语言的能力，掌握知识、运用知识的能力，以及在语言和知识基础上的推理、规划和决策能力。认知智能中最基础也是最重要的部分就是语言智能，研究语言智能的学科就是自然语言处理。

自然语言处理的研究对象是人类语言，如词语、短语、句子、篇章等。通过对这些语言单位的分析不仅希望理解语言所表达的字面含义，还希望能理解说话人所表达的情感，以及说话人通过语言所传达的意图。没有成功的自然语言处理，就不会有真正的认知智能。

自然语言理解和处理是人工智能中最难的部分。比如一幅图像，改变像素或者一个局部，对整个图像的内容影响并不太大。文字就不一样了，很多情况下，在一句话中改变一个字或者仅仅调整一个字的位置，意思就会完全不一样。

很多深度学习技术，在图像识别领域已经获得了很大的成功，但在自然语言处理领域还处于起步阶段。基于深层神经网络的深度学习方法从根本上改变了自然语言处理技术的面貌。

在深度学习技术引入自然语言处理之前，自然语言处理所使用的数学工具跟语音、图像、视频处理所使用的数学工具截然不同，这些不同模态之间的信息流动存在巨大的壁垒。而深度学习的应用，把自然语言处理和语音、图像、视频处理所使用的数学工具统一起来了，从而打破了这些不同模态信息之间的壁垒，使得多模态信息的处理和融合成为可能。

1.3.2 自然语言在金融、法律、医疗健康等方面的应用

在金融、法律、医疗健康等领域，自然语言处理技术也得到了越来越广泛的应用。

- 在金融领域，自然语言处理可以为证券投资提供各种分析数据，如热点挖掘、舆情分析等，还可以进行金融风险分析、欺诈识别等。
- 在法律领域，自然语言处理可以帮助进行案例搜索、判决预测、法律文书自动生成、法律文本翻译、智能问答等。
- 在医疗健康领域，自然语言处理技术更是有着广阔的应用前景，如病历的辅助录入、医学资料的检索和分析、辅助诊断等。现代医学资料浩如烟海，新的医学手段、方法发展迅猛，没有任何医生和专家能够掌握所有的医学发展的动态，自然语言处理可以帮助医生快速准确地找到各种疑难病症最近的研究进展，使得病人最快地享受医学技术进步的成果。

自然语言处理的应用和推广会让大家的生活越来越方便。比如打客服电话，不用再选择一大堆的语音菜单。语音助手可以理解需求，贴心地完成日常生活中的各种任务。机器甚至可以帮你写报告、写诗、写情书等。

与此同时，技术的进步也会给我们的生活带来一些冲击。比如就业方面，机器取代人工会造成一些人失业。新技术的应用让一些职业消失的同时，又会创造出大量新的就业机会。个人应该主动积极地想办法去适应这种变化，而不是消极等待和抱怨。

总之，深度学习的应用使得自然语言处理达到了前所未有的水平，也使得自然语言处理应用的范围大大扩展。可以说，自然语言处理的春天已经来临。

1.4　搭建环境 1：安装 Python

Python 是深度学习的首选开发语言，很多第三方提供了集成大量科学计算类库的 Python 标准安装包，最常用的是 Anaconda。

Python 是一个脚本语言，如果不使用 Anaconda，那么第三方库的安装会较为困难，各个库之间的依赖性就很难连接得很好。因此，这里推荐安装 Anaconda 来替代 Python 语言的安装。

1.4.1　Anaconda 的下载与安装

1. 下载和安装

可以从 Anaconda 官方网站下载，界面如图 1.1 所示。

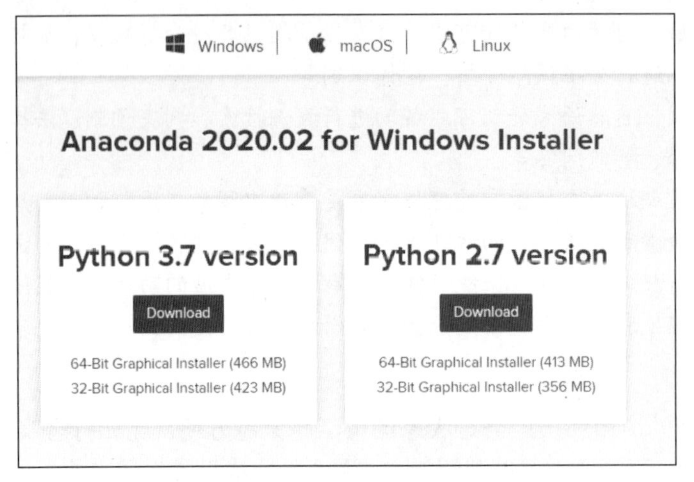

图 1.1　Anaconda 下载页面

目前提供的是集成了 Python 3.7 版本的 Anaconda 下载，不过无论是 3.7 还是 3.6 版本的 Python，都不会影响 TensorFlow 2.1 的使用。读者可以根据自己的操作系统选择下载。

（1）推荐使用 Windows Python 3.6 的版本。集成 Python 3.6 版本的 Anaconda 可以在清华大学 Anaconda 镜像网站下载，地址为 https://mirrors.tuna.tsinghua.edu.cn/anaconda/archive/，打开后如图 1.2 所示。

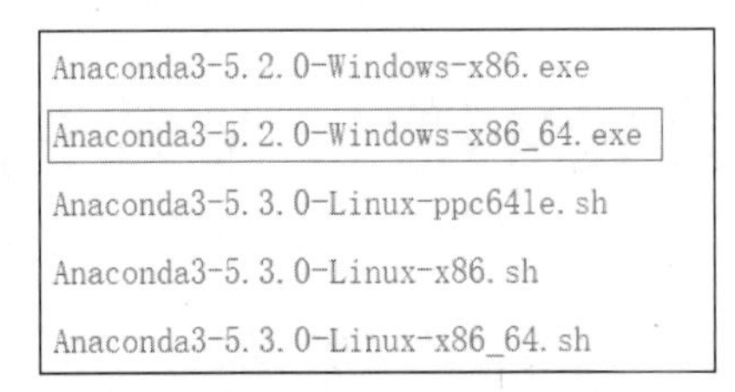

图 1.2　清华大学 Anaconda 镜像网站提供的副本

注　意

如果读者使用的是 64 位操作系统，选择以 Anaconda3 开头、以 64 结尾的安装文件，不要下载错了！

（2）下载完成后得到的文件是 exe 版本，直接运行即可进入安装过程。安装完成以后，出现如图 1.3 所示的目录结构，说明安装正确。

« Programs › Anaconda3 (64-bit)　　搜索"Anaconda3 (64-bit)"

名称	修改日期	类型
Anaconda Navigator	2019/2/21 11:05	快捷方式
Anaconda Prompt	2019/2/21 11:05	快捷方式
Jupyter Notebook	2019/2/21 11:05	快捷方式
Reset Spyder Settings	2019/2/21 11:05	快捷方式
Spyder	2019/2/21 11:05	快捷方式

图 1.3　Anaconda 安装目录

2. 打开控制台

之后依次单击“开始→所有程序→Anaconda3→Anaconda Prompt”命令，打开 Anaconda Prompt 窗口。与 CMD 控制台类似，在 Anaconda Prompt 窗口中输入命令就可以控制和配置 Python。在 Anaconda 中最常用的是 conda 命令，可以执行一些基本操作。

3. 验证 Python

接下来在控制台中输入“python”，若安装正确，则会打印出版本号以及控制符号。在控制符后输入代码：

```
print("hello Python")
```

输入结果如图 1.4 所示。

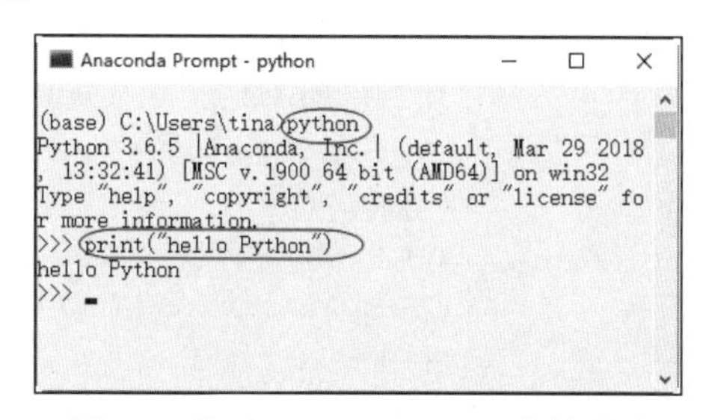

图 1.4　验证 Anaconda Python 安装成功

4. 使用 conda 命令

使用 Anaconda 的好处在于，它能够很方便地帮助读者安装和使用大量第三方类库。查看已安装的第三方类库的代码是：

```
conda list
```

注　意

如果此时命令行还在>>>状态，可以输入“exit()”退出。

在 Anaconda Prompt 控制台输入“conda list”，结果如图 1.5 所示。

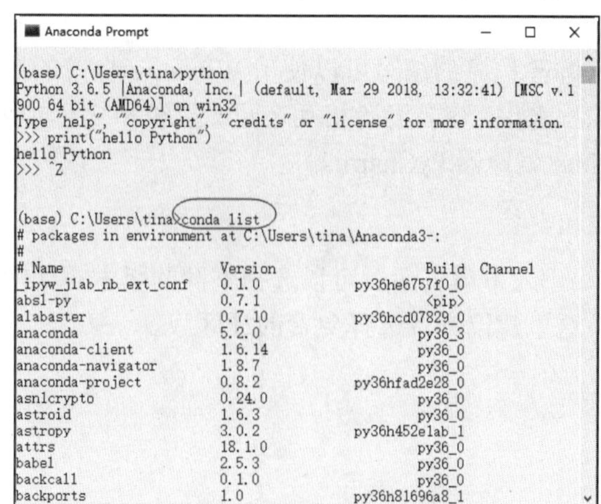

图 1.5　列出已安装的第三方类库

Anaconda 中使用 conda 进行操作的方法还有很多，其中最重要的是安装第三方类库，命令如下：

```
conda install name
```

这里的 name 是需要安装的第三方类库名，例如需要安装 Numpy 包（这个包已经安装过）时，输入的命令是：

```
conda install numpy
```

运行结果如图 1.6 所示。

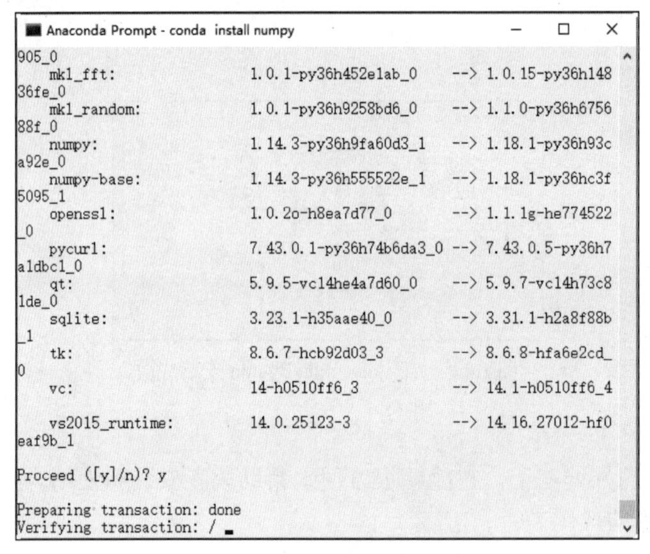

图 1.6　自动获取或更新依赖类库

使用 Anaconda 的一个好处就是默认安装了大部分学习所需的第三类库，避免使用者在安装和使用某个特定类库时可能出现的依赖类库缺失的情况。

1.4.2　Python 编译器 PyCharm 的安装

和其他语言类似，Python 程序的编写可以使用 Windows 自带的控制台进行。但是这种方式对于较为复杂的程序工程来说，容易混淆相互之间的层级和交互文件，因此在编写程序工程时，建议使用专用的 Python 编译器 PyCharm。

1. PyCharm 的下载和安装

（1）访问官方网站，进入下载页面后可以选择不同的版本，如图 1.7 所示，包括收费的专业版和免费的社区版。这里建议读者选择免费的社区版。

图 1.7　PyCharm 的免费版

（2）双击运行后进入安装界面，如图 1.8 所示。直接单击 Next 按钮，采用默认安装即可。

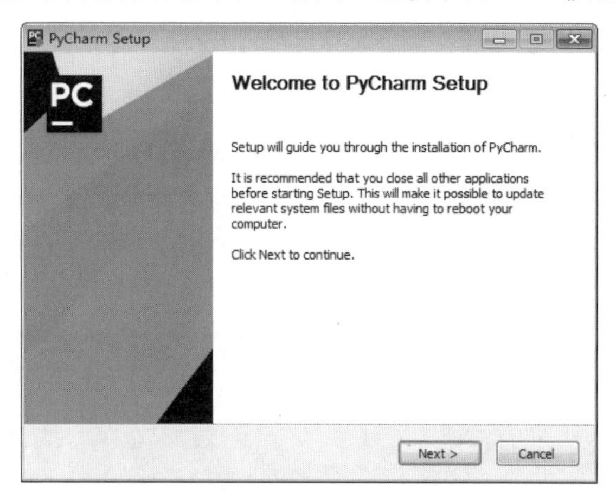

图 1.8　PyCharm 的安装文件

（3）在安装 PyCharm 的过程中需要对安装的位数进行选择，如图 1.9 所示。建议选择与已安装的 Python 相同位数的文件。

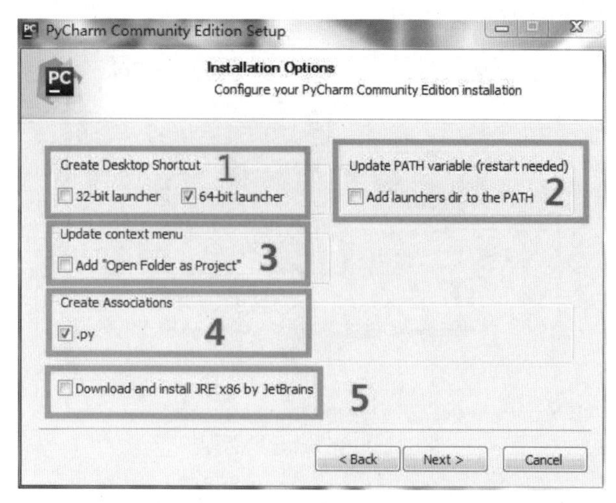

图 1.9　PyCharm 的配置选择（按个人真实情况选择）

（4）安装完成后出现 Finish 按钮，如图 1.10 所示，单击该按钮安装完成。

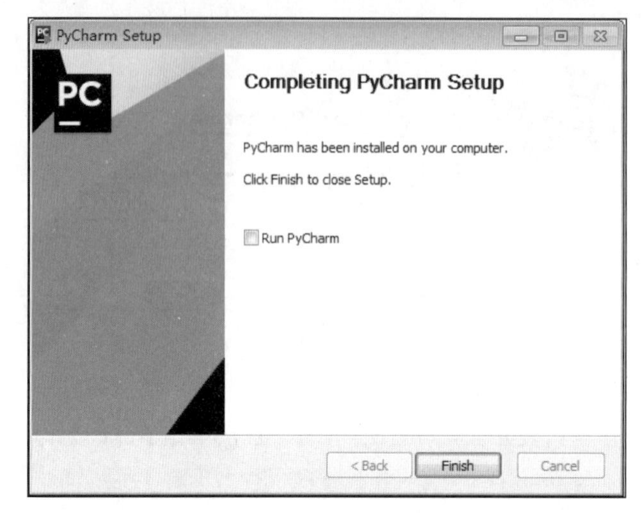

图 1.10　PyCharm 安装完成

2．使用 PyCharm 创建程序

（1）单击桌面上新生成的图标进入 PyCharm 程序界面，首先是第一次启动的定位，如图 1.11 所示。这里是对程序存储的定位，一般建议选择第 2 个：由 PyCharm 自动指定即可。之后单击弹出的 Accept 按钮，接受相应的协议。

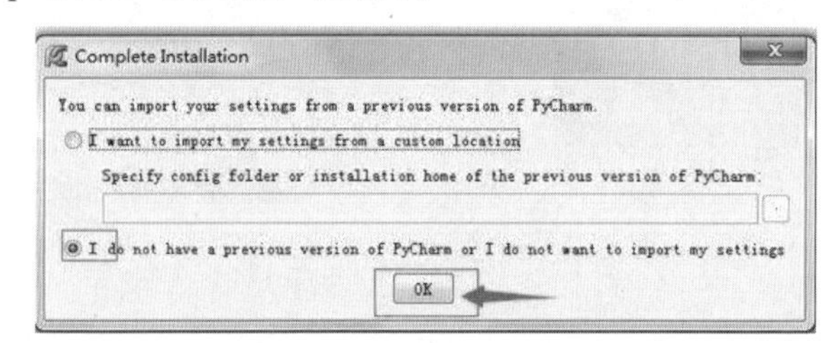

图 1.11　PyCharm 启动定位

（2）接受协议后进入界面配置选项，如图 1.12 所示。

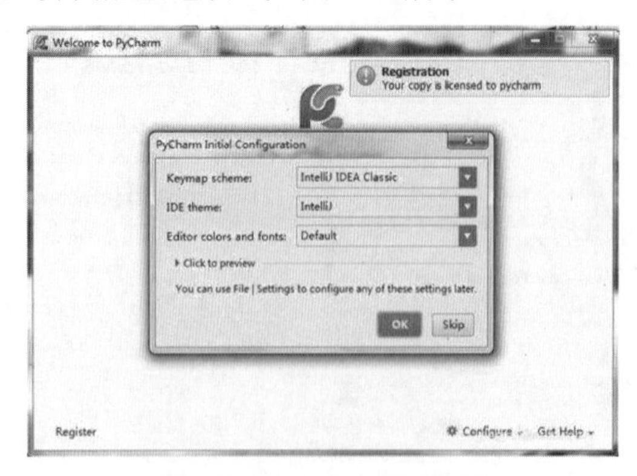

图 1.12　PyCharm 界面配置

（3）在配置区域可以选择自己的使用风格，对 PyCharm 的界面进行配置，如果对其不熟

悉的话，直接单击 OK 按钮，使用默认配置即可。

（4）创建一个新的工程，如图 1.13 所示。

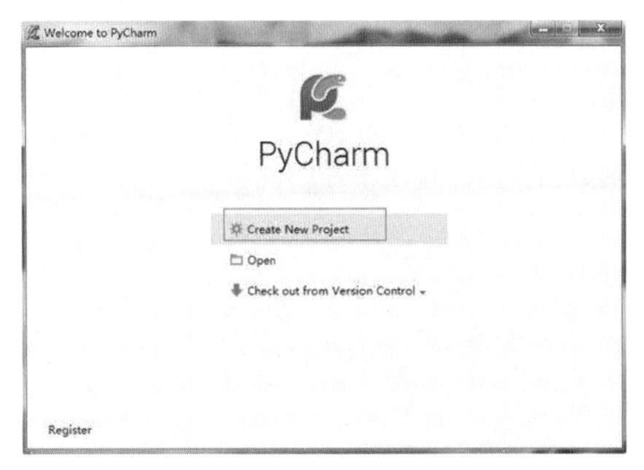

图 1.13　PyCharm 工程创建界面

这里，建议新建一个 PyCharm 的工程文件，结果如图 1.14 所示。

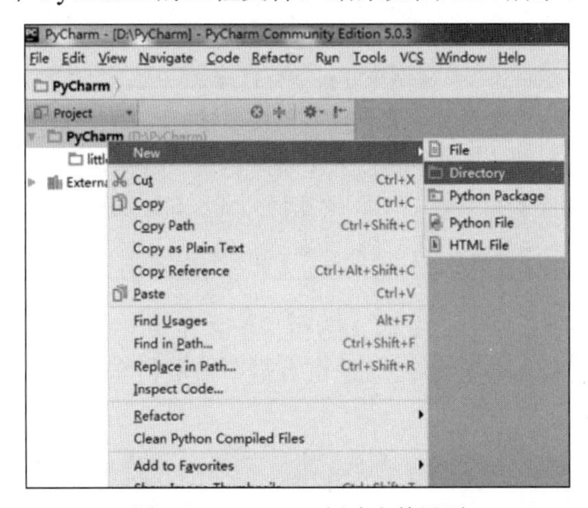

图 1.14　PyCharm 新建文件界面

之后右击新建的工程名 PyCharm，选择 New→Python File 菜单新建一个 helloworld 文件，如图 1.15 所示。

图 1.15　PyCharm 工程创建界面

输入代码并单击菜单栏的 Run→run...运行代码，或者直接右击 helloworld.py 文件名，在弹出的快捷菜单中选择 run 命令。如果成功输出 hello world，那么恭喜你，Python 与 PyCharm 的配置完成了！

1.4.3 使用 Python 计算 softmax 函数

对于 Python 科学计算来说，最简单的想法就是将数学公式直接表达成程序语言，可以说 Python 满足了这个想法。本节将使用 Python 实现和计算一个深度学习中最为常见的函数——softmax 函数。至于这个函数的作用，现在不加以说明，这里只是带领读者尝试实现其程序的编写。

首先 softmax 计算公式如下所示：

$$S_{\mathrm{i}} = \frac{e^{v_i}}{\sum_{0}^{j} e^{v_i}}$$

其中，V_i 是长度为 j 的数列 V 中的一个数，带入 softmax 的结果其实就是先对每一个 V_i 取以 e 为底的指数计算变成非负，然后除以所有项之和进行归一化，之后每个 V_i 就可以解释成：在观察到的数据集类别中特定的 V_i 属于某个类别的概率，或者称作似然（Likelihood）。

提　示

softmax 用以解决概率计算中概率结果大而占绝对优势的问题。例如，函数计算结果中有 2 个值 a 和 b，且 $a>b$，如果简单地以值的大小为单位衡量，那么在后续的使用过程中，a 永远被选用，而 b 使用由于数值较小而不会被选择，但是有时候也需要使用数值小的 b，那么 softmax 就可以解决这个问题了。

softmax 按照概率选择 a 和 b，由于 a 的概率值大于 b，在计算时 a 经常会被取得，而 b 由于概率较小，取得的可能性也较小，但是也有概率被取得。

公式 softmax 的代码如下所示。

【程序 1-1】

```
 import numpy
 def softmax(inMatrix):
m,n = numpy.shape(inMatrix)
outMatrix = numpy.mat(numpy.zeros((m,n)))
soft_sum = 0
for idx in range(0,n):
    outMatrix[0,idx] = math.exp(inMatrix[0,idx])
    soft_sum += outMatrix[0,idx]
for idx in range(0,n):
    outMatrix[0,idx] = outMatrix[0,idx] / soft_sum
return outMatrix
```

可以看到，当传入一个数列后，分别计算每个数值所对应的指数函数值，之后将其相加后计算每个数值在数值和中的概率。

```
a = numpy.array([[1,2,1,2,1,1,3]])
```

结果如下所示：

```
[[ 0.05943317  0.16155612  0.05943317  0.16155612  0.05943317  0.05943317
   0.43915506]]
```

1.5　搭建环境 2：安装 TensorFlow 2.1

Python 运行环境调试完毕后，下面的重点就是安装本书的主角 TensorFlow 2.1。

1.5.1　安装 TensorFlow 2.1 的 CPU 版本

首先是对于版本的选择，读者可以直接在 Anaconda 命令端输入一个错误的命令：

```
pip install tensorflow==3.0
```

这个命令是错误的，目的是查询当前的 TensorFlow 版本。笔者在写作这本书时所能获取的 TensorFlow 版本如图 1.16 所示。

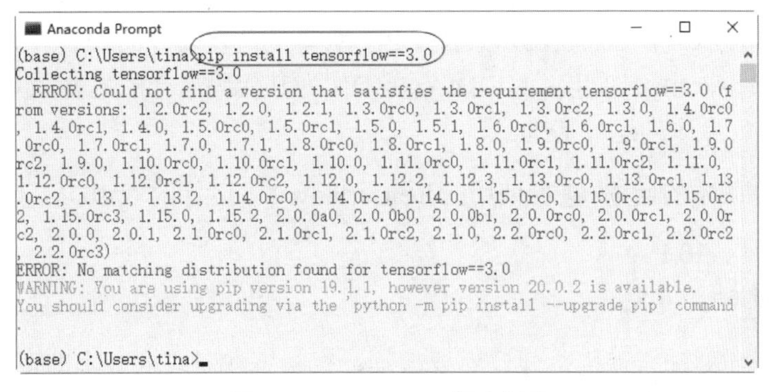

图 1.16　TensorFlow 版本汇总

可以看到，最新的版本是 2.1.0。其他名字中包含 rc 字样的一般为测试版，不建议安装。如果读者想安装 CPU 版本的 TensorFlow，那么直接在当前的 Anaconda 输入命令“pip install tensorflow==2.1.0”即可。

说　明

如果安装速度太慢，也可以选择国内的镜像源，通过-i 指明地址，如：

```
pip install -U tensorflow -© https://pypi.tuna.tsinghua.edu.cn/simple
```

1.5.2　安装 TensorFlow 2.1 的 GPU 版本

从 CPU 版本的 TensorFlow 2.1 开始深度学习之旅是完全可以的，但并不是笔者推荐的方式。相对于 GPU 版本的 TensorFlow 来说，CPU 版本的运行速度存在着极大的劣势，很有可能会让深度学习止步于前。

实际上，配置一块能够达到最低 TensorFlow 2.1 GPU 版本的显卡（见图 1.17）并不需要花费很多，从网上购买一块标准的 NVIDIA 750ti 显卡就能够基本满足读者起步阶段的基本需求。在这里需要强调的是，最好购置显存为 4GB 的版本。如果有更好的条件，NVIDIA 1050ti 4GB 版本也是一个不错的选择。

图 1.17　深度学习显卡

注　意
推荐购买 NVIDIA 系列的显卡，并且优先考虑大显存的。

下面是本节的重头戏，TensorFlow 2.1 GPU 版本的前置软件的安装。对于 GPU 版本的 TensorFlow 2.1 来说，由于调用了 NVIDIA 显卡作为其代码运行的主要工具，因此额外需要 NVIDIA 提供的运行库作为运行基础。

（1）首先也是版本的问题，笔者使用的 TensorFlow 2.1 运行的 NVIDIA 运行库版本如下：

- CUDA 版本：10.1。
- CuDNN 版本：7.6.5。

对应的版本一定要配合使用，建议不要改动，直接下载对应的版本即可。

CUDA 的下载界面如图 1.18 所示，直接下载 local 版本安装即可。

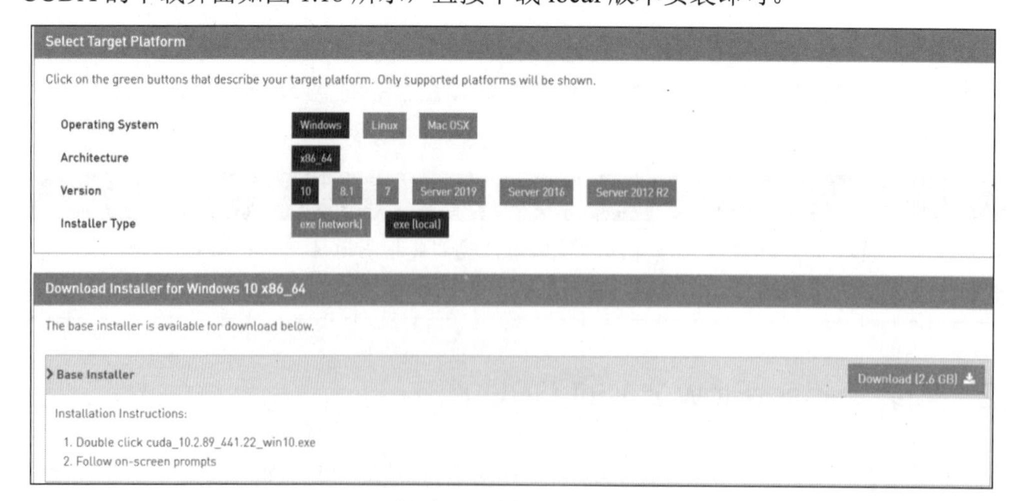

图 1.18　下载 CUDA 文件

（2）下载下来的是一个 exe 文件，自行安装即可。注意，不要修改其中的路径信息，完全使用默认路径安装即可。

（3）下载和安装对应的 cuDNN 文件。cuDNN 的下载需要先注册一个用户，相信读者可以很快完成，之后直接进入下载页面，如图 1.19 所示。

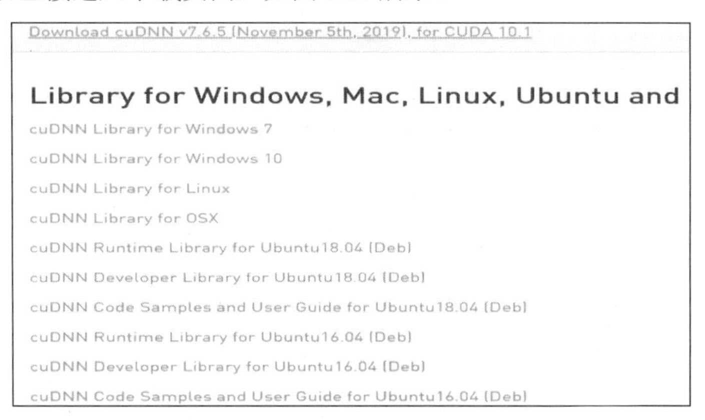

图 1.19　下载 cuDNN 文件

注　意

不要选择错误的版本，一定要找到对应的版本号。

（4）下面是 cuDNN 的安装问题。下载的 cuDNN 是一个压缩文件，直接将其解压到 CUDA 安装目录即可，如图 1.20 所示。

此电脑 › 本地磁盘 (C:) › Program Files › NVIDIA GPU Computing Toolkit › CUDA › v10.1

名称	修改日期	类型	大小
bin	2020/4/25 8:41	文件夹	
doc	2020/4/25 8:40	文件夹	
extras	2020/4/25 8:40	文件夹	
include	2020/4/25 8:41	文件夹	
jre	2019/9/20 10:20	文件夹	
lib	2020/4/25 8:40	文件夹	
libnvvp	2019/9/20 10:20	文件夹	
nvml	2020/4/25 8:40	文件夹	
nvvm	2020/4/25 8:40	文件夹	
src	2020/4/25 8:40	文件夹	
tools	2020/4/25 8:40	文件夹	
CUDA_Toolkit_Release_Notes.txt	2019/2/9 13:57	文本文档	9 KB
EULA.txt	2019/2/9 13:57	文本文档	59 KB
NVIDIA_SLA_cuDNN_Support.txt	2019/10/27 15:16	文本文档	39 KB
version.txt	2019/2/9 13:57	文本文档	1 KB

图 1.20　CUDA 安装目录

（5）接下来对环境变量进行设置，这里需要将 CUDA 的运行路径加载到环境变量的 Path 路径中，如图 1.21 所示。

图 1.21　将 CUDA 路径加载到环境变量的 Path 中

（6）最后完成 TensorFlow 2.1 GPU 版本的安装，只需一行简单的代码即可：

```
pip install tensorflow-GPU=2.1.0
```

具体运行结果如图 1.22 所示。

```
(C:\anaconda3) C:\Users\xiaohua>pip install tensorflow-gpu
Looking in indexes: https://pypi.tuna.tsinghua.edu.cn/simple
Collecting tensorflow-gpu
  Downloading https://pypi.tuna.tsinghua.edu.cn/packages/b8/e7/172a9eeee2bf
142/tensorflow_gpu-2.1.0-cp36-cp36m-win_amd64.whl (356.5 MB)
                                               | 10.9 MB 152 kB/s eta 0:37:49
```

图 1.22　安装 TensorFlow 2.1 GPU

1.5.3　练习——Hello TensorFlow

至此，我们完成了 TensorFlow 的安装。依次输入如下命令可以验证安装是否成功，效果如图 1.23 所示。

```
Python
import tensorflow as tf
tf.constant(1.)+ tf.constant(1.)
```

```
2020-04-16 13:00:49.772282: I tensorflow/core/common_runtime/gpu/gpu_device.cc:1102]
<tf.Tensor: shape=(), dtype=float32, numpy=2.0>
>>>
```

图 1.23　验证 TensorFlow 2.1 安装

在图 1.23 中展示了计算结果，即 numpy=2.0（以 numpy 通用格式存储的一个浮点数 2.0）。

或者打开前面安装的 PyCharm IDE，新建一个项目，再新建一个.py 文件，输入如下代码：

【程序 1-2】

```
import tensorflow as tf
text = tf.constant("Hello Tensorflow 2.1")
print(text)
```

打印结果如下：

```
Skipping registering GPU devices...
2020-04-16 13:02:22.292951: I tensorflow/core/platform/cpu_f
2020-04-16 13:02:22.293477: I tensorflow/core/common_runtime
2020-04-16 13:02:22.293589: I tensorflow/core/common_runtime
tf.Tensor(b'Hello Tensorflow 2.1', shape=(), dtype=string)
```

1.6　实战——酒店评论的情感分类

本章开始介绍的是纯理论知识，目的是向读者阐述自然语言的传统方法和深度学习方法的差异，并介绍了其不同和各自的优缺点。接着搭建好了开发环境，让读者可以动手编写代码。下面以酒店评论为例，使用深度学习方法和 Python 语言做一个简单情感分类。

说　明

本例的目的是为了演示一个 demo，如果读者已经安装好开发环境，可以直接运行；如果没有，可学完本章后再回头练习。笔者会在后续的章节中详细介绍每一步的过程和设计方法。

1.6.1　第一步：数据的准备

深度学习的第一步（也是重要的步骤）就是数据的准备。数据的来源多种多样，既有不同类型的数据集，也有根据项目需求由项目组自行准备的数据集。本例中笔者准备一份酒店评论的数据集，形式如图 1.24 所示。

1,绝对是超三星标准，地处商业区，购物还是很方便的，对门有家羊杂店，绝对正宗。
1,"1. 设施一般，在北京不算好。2. 服务还可以。3. 出入还是比较方便的。"
1,总的来说可以，总是在这里住，公司客人还算满意。就是离公司超近，上楼上班，下楼下班。
0,标准间太差，房间还不如三星的，而且设施非常陈旧。建议酒店把老的标准间重新改善一下。
0,服务态度极差，前台接待好像没有受过培训，连基本的礼貌都不懂，竟然同时接待多个客人。
0,地理位置还不错，到哪里都比较方便，但是服务不像是豪生集团管理的，比较差。
0,我住的是靠马路的标准间。房间内设施简陋，并且房间玻璃窗户外还有一层幕墙玻璃。

图 1.24　一份酒店评论的数据集

这里由逗号将一个文本分成两部分，分别是情感分类和评价主体。其中标记为数字“1”的是正面评论，标注为数字“0”的是负面评论。

1.6.2 第二步：数据的处理

准备好数据后遇到的第一个问题就是数据的处理。对于计算机来说，直接的文本文字是计算机所不能理解的，因此一个最简单的办法是将文字转化成数字符号进行替代，之后对每个数字生成一个独一无二的“指纹”，也就是“词嵌入（embedding）”。在这里读者只需要将其理解成使用一个“指纹”来替代汉字字符。代码处理如下：

（1）创建 3 个“容器”，对切分出的字符进行存储。

```
Labels = []                              #用于存储情感分类，形如[1,1,1,0,0,0,1]
vocab = set()                            #set 类型，用以存放不重复的字符
context = []                             #存放文本列表
```

（2）读取字符和文本。

```
With open("ChnSentiCorp.txt",mode="r",encoding="UTF-8") as emotion_file:
    for line in emotion_file.readlines():   #读取 txt 文件
        line = line.strip().split(",")      #将每行数据以“,”进行分隔
        labels.append(int(line[0]))         #读取分类 label

        text = line[1]                      #获取每行的文本
        context.append(text)                #存储文本内容
        for char in text:vocab.add(char) #将字符依次读取到字库中，确保不产生重复
```

（3）读取字符并获得字符的长度。

```
Voacb_list = list(sorted(vocab))          #将 set 类型的字库排序并转化成 list 格式
print(len(voacb_list))                    #打印字符的个数：3508
```

（4）将文本内容转换成数字符号，并对长度进行补全。

```
Token_list = []                           #创建一个存储句子数字的列表
for text in context:                      #依次读取存储的每个句子
    #将句子中每个字依次读取并查询字符中的序号
    token = [voacb_list.index(char) for char in text]
    #以 80 个字符为长度对句子进行截取或者补全
    token = token[:80] + [0]*(80 - len(token))
    token_list.append(token)              #存储在 token_list 中
token_list = np.array(token_list)         #对存储的数据集进行格式化处理
labels = np.array(labels)                 #对存储的数据集进行格式化处理
```

1.6.3 第三步：模型的设计

对于深度学习而言，模型的设计是一个非常重要的内容，本例只是演示，采用的是最为简单的一个判别模型，代码如下（仅供读者演示，详细的内容在后续章节中介绍）：

```
    import tensorflow as tf                         #导入 TensorFlow 框架

    input_token = tf.keras.Input(shape=(80,))         #创建一个占位符，固定输入的格式
    #创建 embedding 层
    embedding = 
tf.keras.layers.Embedding(input_dim=3508,output_dim=128)(input_token)
    #使用双向 GRU 对数据特征进行提取
    embedding = 
tf.keras.layers.Bidirectional(tf.keras.layers.GRU(128))(embedding)
    #使用全连接层做分类器，对数据进行分类
    output = tf.keras.layers.Dense(2,activation=tf.nn.softmax)(embedding)

    model = tf.keras.Model(input_token,output) #组合模型
```

1.6.4　第四步：模型的训练

下面一步是对模型的训练，需要定义模型的一些训练参数，如优化器、损失函数、准确率的衡量、训练的循环次数等。代码如下（这里不要求读者理解，能够运行即可）：

```
    model.compile(optimizer='adam', 
loss=tf.keras.losses.sparse_categorical_crossentropy, metrics=['accuracy'])
                        #定义优化器、损失函数以及准确率

    model.fit(token_list, labels,epochs=10,verbose=2)  #输入训练数据和 label
```

完整的程序代码如程序 1-3 所示。

【程序 1-3】

```
    import numpy as np

    labels = []
    context = []
    vocab = set()
    with open("ChnSentiCorp.txt",mode="r",encoding="UTF-8") as emotion_file:
        for line in emotion_file.readlines():
            line = line.strip().split(",")
            labels.append(int(line[0]))

            text = line[1]
            context.append(text)
            for char in text:vocab.add(char)

    voacb_list = list(sorted(vocab))    #3508
    print(len(voacb_list))

    token_list = []
    for text in context:
        token = [voacb_list.index(char) for char in text]
        token = token[:80] + [0]*(80 - len(token))
```

```
        token_list.append(token)

    token_list = np.array(token_list)
    labels = np.array(labels)

    import tensorflow as tf

    input_token = tf.keras.Input(shape=(80,))
    embedding =
tf.keras.layers.Embedding(input_dim=3508,output_dim=128)(input_token)
    embedding =
tf.keras.layers.Bidirectional(tf.keras.layers.GRU(128))(embedding)
    output = tf.keras.layers.Dense(2,activation=tf.nn.softmax)(embedding)

    model = tf.keras.Model(input_token,output)

    model.compile(optimizer='adam',
loss=tf.keras.losses.sparse_categorical_crossentropy, metrics=['accuracy'])
    # 模型拟合，即训练
    model.fit(token_list, labels,epochs=10,verbose=2)
```

1.6.5 第五步：模型的结果和展示

最后一步是模型的结果展示，笔者使用了 epochs=10，即运行 10 轮对数据进行训练，结果如图 1.25 所示。

```
7765/7765 - 5s - loss: 0.1538 - accuracy: 0.9397
Epoch 7/10
7765/7765 - 5s - loss: 0.1333 - accuracy: 0.9428
Epoch 8/10
7765/7765 - 5s - loss: 0.1173 - accuracy: 0.9540
Epoch 9/10
7765/7765 - 5s - loss: 0.0946 - accuracy: 0.9624
Epoch 10/10
7765/7765 - 5s - loss: 0.0844 - accuracy: 0.9668
```

图 1.25 结果展示

可以看到，经过 10 轮训练后，准确率达到了 96%，这是一个不错的成绩。

1.7 本章小结

本章是本书的前言部分，也是开始，笔者向读者介绍了自然语言处理的相关内容，也实战了一个简单的例子，以告诉读者自然语言处理并不难。当然，在读者真正掌握处理的步骤和方法之前，还是有很长一段路要走的。

第 2 章

Hello TensorFlow & Keras

本章开始将正式进入自然语言进行处理的学习。

“工欲善其事，必先利其器。”使用深度学习理论对自然语言进行处理，一个得心应手的工具是必不可少的，而 TensorFlow 就是这个工具。第 1 章给出了情感分类的实战供读者参考，相信读者一定会对使用 TensorFlow 解决情感分类的问题所涉及的代码量感到吃惊，事实上也是如此。

在第 1 章中，笔者使用 TensorFlow 官方所推荐的 Keras 完成了代码编写，本章将以此为重点，在介绍 TensorFlow 专用 API 后会立刻转向使用 TensorFlow 官方推荐的高级 API-Keras 的后续学习。

2.1　TensorFlow & Keras

神经网络专家 Rachel Thomas 曾经说过，“接触 TensorFlow 后，我感觉我还是不够聪明，但有了 Keras 之后，事情会变得简单一些。”

他所提到的 Keras 是一个高级别的 Python 神经网络框架、能在 TensorFlow 上运行的一种高级的 API 框架。Keras 拥有丰富的对数据的封装和一些先进的模型的实现，避免了“重复造轮子”。换言之，Keras 对于提升开发者的开发效率意义重大。

在图 2.1 中，左边的 K 代表 Keras，右边的是 TensorFlow，形成的就是 Keras+TensorFlow。

图 2.1　TensorFlow +Keras

“不要重复造轮子。”这是 TensorFlow 引入 Keras API 的最终目的，然而本书还是以 TensorFlow 代码编写为主、Keras 为辅，目的是为了简化程序编写，这点请读者一定要注意。

本章非常重要，强烈建议读者独立完成每个完整代码和代码段的编写。

2.1.1 模型！模型！还是模型！

深度学习的核心是模型。建立神经网络模型去拟合目标的形态就是深度学习的精髓和最重要的部分。

任何一个神经网络的主要设计思想和功能都集中在其模型中。TensorFlow 也是如此。

TensorFlow 或者其使用的高级 API-Keras 核心数据结构是模型，一种组织网络层的方式。最简单的模型是 Sequential 顺序模型，由多个网络层线性堆叠。对于更复杂的结构，应该使用 Keras 函数式 API（本书的重点就是函数式 API 编写），其允许构建任意的神经网络图。

为了便于理解和易于上手，首先从顺序 Sequential 开始。一个标准的顺序 Sequential 模型如下：

```
# Flatten
model = tf.keras.models.Sequential()                    #创建一个 Sequential 模型
# Add layers
model.add(tf.keras.layers.Dense(256, activation="relu"))       #依次添加层
model.add(tf.keras.layers.Dense(128, activation="relu"))       #依次添加层
model.add(tf.keras.layers.Dense(2, activation="softmax"))      #依次添加层
```

可以看到，这里首先创建了一个 Sequential 模型，之后根据需要逐级向其中添加不同的全连接层。全连接层的作用是进行矩阵计算，而相互之间又通过不同的激活函数进行激活计算。（这种没有输入输出值的编程方式对有经验的程序设计人员来说并不友好，仅供举例。）

对于损失函数的计算，根据不同拟合方式和数据集的特点，需要建立不同的损失函数从最大程度上反馈拟合曲线错误。这里的损失函数采用交叉熵函数（softmax_crossentroy），使得数据计算分布能够最大限度地拟合目标值。如果对此陌生，那么只需要记住这些名词和下面的代码编写即可继续往下学习。具体代码如下：

```
logits = model(_data)                    #固定的写法
loss_value = tf.reduce_mean(tf.keras.losses.categorical_crossentropy(y_true
= lable,y_pred = logits))                            #固定写法
```

首先通过模型计算出对应的值。这里内部采用的是前向调用函数，读者知道即可。之后 tf.reduce_mean 计算出损失函数。

模型建立完毕后，准备数据。一份简单而标准的数据，一个简单而具有指导思想的例子往往事半功倍。深度学习中最常用的一个入门起手例子 iris 分类，下面就从这个例子开始，最终使用 TensorFlow 的 Keras 模式实现一个 iris 鸢尾花分类的例子。

2.1.2 使用 Keras API 实现鸢尾花分类的例子（顺序模式）

iris 数据集是常用的分类实验数据集，由 Fisher 于 1936 年收集整理。iris 也称鸢尾花卉数

据集，是一类多重变量分析的数据集。iris 数据集包含 150 个数据集，分为 3 类，每类 50 个数据，每个数据包含 4 个属性，可通过花萼长度、花萼宽度、花瓣长度、花瓣宽度 4 个属性预测鸢尾花（见图 2.2）属于 Setosa、Versicolour、Virginica 这 3 个种类中的哪一类。

图 2.2　鸢尾花

1. 数据的准备

不需要读者下载这个数据集，一般常用的机器学习工具自带 iris 数据集，引入数据集的代码如下：

```
from sklearn.datasets import load_iris
data = load_iris()
```

这里调用的是 sklearn 数据库中的 iris 数据集，直接载入即可。

其中的数据以 key-value 值对应存放，key 值如下：

```
dict_keys(['data', 'target', 'target_names', 'DESCR', 'feature_names'])
```

由于本例中需要 iris 的特征与分类目标，因此这里只需要获取 data 和 target，代码如下：

```
from sklearn.datasets import load_iris
data = load_iris()
iris_target = data.target
iris_data = np.float32(data.data)                    #将其转化为float类型的list
```

数据打印结果如图 2.3 所示。

```
[[5.1 3.5 1.4 0.2]
 [4.9 3.  1.4 0.2]
 [4.7 3.2 1.3 0.2]
 [4.6 3.1 1.5 0.2]
 [5.  3.6 1.4 0.2]]
[0 0 0 0 0]
```

图 2.3　数据打印结果

这里分别打印了前 5 条数据。可以看到 iris 数据集中分成了 4 个不同特征进行数据记录，而每条特征又对应于一个分类表示。

2. 数据的处理

下面是数据处理部分，对特征的表示不需要变动。分类 label 的打印结果如图 2.4 所示。

```
[0 0 0 0 0 0 0 0 0 0 0 0 0 0 0 0 0 0 0 0 0 0 0 0 0 0 0 0 0 0 0 0 0 0 0 0 0
 0 0 0 0 0 0 0 0 0 0 0 0 0 1 1 1 1 1 1 1 1 1 1 1 1 1 1 1 1 1 1 1 1 1 1 1 1
 1 1 1 1 1 1 1 1 1 1 1 1 1 1 1 1 1 1 1 1 1 1 1 1 1 1 2 2 2 2 2 2 2 2 2 2 2
 2 2 2 2 2 2 2 2 2 2 2 2 2 2 2 2 2 2 2 2 2 2 2 2 2 2 2 2 2 2 2 2 2 2 2 2 2
 2 2]
```

图 2.4　数据处理

这里按数字分成了 3 类，0、1 和 2 分别代表 3 种类型。按直接计算的思路可以将数据结果向固定的数字进行拟合，这是一个回归问题，即通过回归曲线去拟合出最终结果。本例实际上是一个分类任务，因此需要对其进行分类处理。

分类处理的一个非常简单的方法就是进行 one-hot 处理，即将一个序列化数据分到不同的数据领域空间进行表示，如图 2.5 所示。

```
[[1. 0. 0.]
 [1. 0. 0.]
 [1. 0. 0.]
 [1. 0. 0.]
 [1. 0. 0.]
 [1. 0. 0.]
```

图 2.5　one-hot 处理

具体在程序处理上，读者可以手动实现 one-hot 的代码表示，也可以使用 Keras 自带的分散工具对数据进行处理，代码如下：

```
    iris_target =
np.float32(tf.keras.utils.to_categorical(iris_target,num_classes=3))
```

这里的 num_classes 分成了 3 类，由一行三列对每个类别进行表示。

交叉熵函数与分散化表示的方法超出了本书的讲解范围，这里不再过多介绍，读者只需要知道交叉熵函数需要和 softmax 配合，从分布上向离散空间靠拢即可。

```
    Iris_data = tf.data.Dataset.from_tensor_slices(iris_data).batch(50)
    iris_target = tf.data.Dataset.from_tensor_slices(iris_target).batch(50)
```

当生成的数据读取到内存中并准备以批量的形式打印时使用的是 tf.data.Dataset.from_tensor_slices 函数，并且可以根据具体情况对 batch 进行设置。Tf.data.Dataset 函数更多的细节和用法在后面章节中会专门介绍。

3. 梯度更新函数的写法

梯度更新函数是根据误差的幅度对数据进行更新方法，代码如下：

```
    grads = tape.gradient(loss_value, model.trainable_variables)
    opt.apply_gradients(zip(grads, model.trainable_variables))
```

与前面线性回归例子的差别是，使用的模型直接获取参数的方式对数据进行不断更新而非人为指定，这点请读者注意。人为的指定和排除某些参数的方法属于高级程序设计，在后面的章节会提到。

【程序 2-1】

```
    import tensorflow as tf
    import numpy as np
    from sklearn.datasets import load_iris
    data = load_iris()
    iris_target = data.target
    iris_data = np.float32(data.data)
    iris_target =
np.float32(tf.keras.utils.to_categorical(iris_target,num_classes=3))
    iris_data = tf.data.Dataset.from_tensor_slices(iris_data).batch(50)
    iris_target = tf.data.Dataset.from_tensor_slices(iris_target).batch(50)
    model = tf.keras.models.Sequential()
    # Add layers
    model.add(tf.keras.layers.Dense(32, activation="relu"))
    model.add(tf.keras.layers.Dense(64, activation="relu"))
    model.add(tf.keras.layers.Dense(3,activation="softmax"))
    opt = tf.optimizers.Adam(1e-3)
    for epoch in range(1000):
        for _data,lable in zip(iris_data,iris_target):
            with tf.GradientTape() as tape:
                logits = model(_data)
                loss_value =
tf.reduce_mean(tf.keras.losses.categorical_crossentropy(y_true = lable,y_pred =
logits))
                grads = tape.gradient(loss_value, model.trainable_variables)
                opt.apply_gradients(zip(grads, model.trainable_variables))
        print('Training loss is :', loss_value.numpy())
```

最终打印结果如图 2.6 所示。可以看到损失值在符合要求的条件下不停降低，达到了预期目标。

```
Training loss is : 0.06653369
Training loss is : 0.066514015
Training loss is : 0.0664944
Training loss is : 0.06647475
Training loss is : 0.06645504

Process finished with exit code 0
```

图 2.6　打印结果

2.1.3　使用 Keras 函数式编程实现鸢尾花分类的例子（重点）

我们在前面也说了，对于有编程经验的程序设计人员来说，顺序编程过于抽象，同时缺乏过多的自由度，因此在较为高级的程序设计中达不到程序设计的目标。

Keras 函数式编程是定义复杂模型（如多输出模型、有向无环图，或具有共享层的模型）的方法。

让我们从一个简单的例子开始，程序 2-1 建立模型的方法时使用顺序编程，即通过逐级添加的方式将数据“add”到模型中。这种方式在较低级水平的编程上可以较好地减轻编程的难度，但是在自由度方面会有非常大的影响，例如当需要对输入的数据进行重新计算时，顺序编程方法就不合适。

函数式编程方法类似于传统的编程。只需要建立模型导入输出和输出“形式参数”即可。有 TensorFlow1.X 编程基础的读者可以将其看作是一种新的格式的“占位符”。代码使用如下：

```
inputs = tf.keras.layers.Input(shape=(4,))
# 层的实例是可调用的，以张量为参数，并且返回一个张量
x = tf.keras.layers.Dense(32, activation='relu')(inputs)
x = tf.keras.layers.Dense(64, activation='relu')(x)
predictions = tf.keras.layers.Dense(3, activation='softmax')(x)
# 这部分创建了一个包含输入层和 3 个全连接层的模型
model = tf.keras.Model(inputs=inputs, outputs=predictions)
```

下面开始逐渐对其进行分析。

1. 输入端

首先是 Input 的形参：

```
inputs = tf.keras.layers.Input(shape=(4,))
```

这一点需要从源码上来看，代码如下：

```
tf.keras.Input(
    shape=None,
    batch_size=None,
    name=None,
    dtype=None,
    sparse=False,
    tensor=None,
    **kwargs
)
```

Input 函数用于实例化 Keras 张量，Keras 张量是来自底层后端输入的张量对象，其中增加了某些属性，使其能够通过了解模型的输入和输出来构建 Keras 模型。

Input 函数的参数：

- shape：形状元组（整数），不包括批量大小。例如，shape=(32,)表示预期的输入将是 32 维向量的批次。
- batch_size：可选的静态批量大小（整数）。
- name：图层的可选名称字符串。在模型中应该是唯一的（不要重复使用相同的名称两次）。如果未提供，它将自动生成。
- dtype：数据类型，即预期输入的数据格式，一般有 float32、float64、int32 等类型。

- sparse：一个布尔值，指定是否创建占位符是稀疏的。
- tensor：可选的现有张量包裹到 Input 图层中。如果设置，图层将不会创建占位符张量。
- **kwargs：其他的一些参数。

上面是官方对其参数所做的解释。可以看到，这里的 Input 函数就是根据设定的维度大小生成一个可供存放对象的张量空间，维度就是 shape 中设定的维度。

注 意
与传统的 TensorFlow 不同，这里的 batch 大小并不显式地定义在输入 shape 中。

举例来说，在一个后续的学习中会遇到 MNIST 数据集，即一个手写图片分类的数据集，每张图片的大小用 4 维来表示，比如[1,28,28,1]。第 1 个数字是每个批次的大小，第 2、3 个数字是图片的尺寸大小，第 4 个 1 是图片通道的个数。因此，输入到 input 中的数据为：

```
#举例说明，这里 4 维变成 3 维，batch 信息不设定
inputs = tf.keras.layers.Input(shape=(28,28,1))
```

2. 中间层

下面每个层的写法与使用顺序模式也是不同的：

```
x = tf.keras.layers.Dense(32, activation='relu')(inputs)
```

在这里每个类被直接定义，之后将值作为类实例化以后的输入值进行输入计算。

```
X = tf.keras.layers.Dense(32, activation='relu')(inputs)
x = tf.keras.layers.Dense(64, activation='relu')(x)
predictions = tf.keras.layers.Dense(3, activation='softmax')(x)
```

因此，可以看到这里与顺序最大的区别就在于实例化类以后有对应的输入端，这点较为符合一般程序的编写习惯。

3. 输出端

输出端不需要额外的表示，直接将计算的最后一个层作为输出端即可：

```
predictions = tf.keras.layers.Dense(3, activation='softmax')(x)
```

4. 模型的组合方式

模型的组合方式也是很简单的，直接将输入端和输出端在模型类中显式地注明，Keras 即可在后台将各个层级通过输入和输出对应的关系连接在一起。

```
Model = tf.keras.Model(inputs=inputs, outputs=predictions)
```

完整的代码如下所示。

【程序 2-2】

```
import tensorflow as tf
import numpy as np
from sklearn.datasets import load_iris
data = load_iris()
```

```
    iris_target = data.target
    iris_data = np.float32(data.data)
    iris_target = np.float32(tf.keras.utils.to_categorical(iris_target,
num_classes=3))
    print(iris_target)
    iris_data = tf.data.Dataset.from_tensor_slices(iris_data).batch(50)
    iris_target = tf.data.Dataset.from_tensor_slices(iris_target).batch(50)
    inputs = tf.keras.layers.Input(shape=(4,))
    # 层的实例是可调用的，它以张量为参数，并且返回一个张量
    x = tf.keras.layers.Dense(32, activation='relu')(inputs)
    x = tf.keras.layers.Dense(64, activation='relu')(x)
    predictions = tf.keras.layers.Dense(3, activation='softmax')(x)
    # 这部分创建了一个包含输入层和 3 个全连接层的模型
    model = tf.keras.Model(inputs=inputs, outputs=predictions)
    opt = tf.optimizers.Adam(1e-3)
    for epoch in range(1000):
        for _data,lable in zip(iris_data,iris_target):
            with tf.GradientTape() as tape:
                logits = model(_data)
                loss_value = tf.reduce_mean(tf.keras.losses.categorical_
crossentropy(y_true = lable,y_pred = logits))
                grads = tape.gradient(loss_value, model.trainable_variables)
                opt.apply_gradients(zip(grads, model.trainable_variables))
    print('Training loss is :', loss_value.numpy())
    model.save('./saver/the_save_model.h5')
```

程序 2-2 的基本架构对照前面的例子没有多少变化，损失函数和梯度更新方法是固定的写法，这里最大的不同点在于，代码使用了 model 自带的 saver 函数对数据进行保存。在 TensorFlow 2.1 中，数据的保存由 Keras 完成，即将图和对应的参数完整地保存在 h5 格式中。

2.1.4 使用保存的 Keras 模式对模型进行复用

前面已经说过，对于保存的文件，Keras 是将所有的信息都保存在 h5 文件中，这里包含所有模型的结构信息和训练过的参数信息。

```
    New_model = tf.keras.models.load_model('./saver/the_save_model.h5')
```

tf.keras.models.load_model 函数是从给定的地址中载入 h5 模型，载入完成后会依据存档自动建立一个新的模型。

模型的复用可直接调用模型 predict 函数：

```
    new_prediction = new_model.predict(iris_data)
```

这里直接将 iris 数据作为预测数据进行输入。全部代码如下所示：

【程序 2-3】

```
    import tensorflow as tf
    import numpy as np
    from sklearn.datasets import load_iris
```

```
    data = load_iris()
    iris_data = np.float32(data.data)
    iris_target = (data.target)
    iris_target = np.float32(tf.keras.utils.to_categorical(iris_target,
num_classes=3))
    #载入模型
    new_model = tf.keras.models.load_model('./saver/the_save_model.h5')
    new_prediction = new_model.predict(iris_data)  #进行预测

    print(tf.argmax(new_prediction,axis=-1))   #打印预测结果
```

最终结果如图 2.7 所示，可以看到计算结果被完整打印出来。

```
tf.Tensor(
[0 0 0 0 0 0 0 0 0 0 0 0 0 0 0 0 0 0 0 0 0 0 0 0 0 0 0 0 0 0 0 0 0 0 0 0 0
 0 0 0 0 0 0 0 0 0 0 0 0 0 1 1 1 1 1 1 1 1 1 1 1 1 1 1 1 1 1 1 1 1 2 1 1 1
 1 1 1 1 1 1 1 1 1 2 1 1 1 1 1 1 1 1 1 1 1 1 1 1 1 1 2 2 2 2 2 2 2 2 2 2 2
 2 2 2 2 2 2 2 2 2 2 2 2 2 2 2 2 2 2 2 2 2 2 1 2 2 2 2 2 2 2 2 2 2 2 2 2 2
 2 2], shape=(150,), dtype=int64)
```

图 2.7　打印结果

2.1.5　使用 TensorFlow 标准化编译对 iris 模型进行拟合

在 2.1.3 节中，笔者使用了符合传统 TensorFlow 习惯的梯度更新方式对参数进行更新。然而实际这种看起来符合编程习惯的梯度计算和更新方法，可能并不符合大多数有机器学习使用经验的读者使用。本节以修改后的 iris 分类为例，讲解标准化 TensorFlow 的编译方法。

对于大多数机器学习的程序设计人员来说，往往习惯了使用 fit 函数和 compile 函数对数据进行数据载入和参数分析。代码如下（请读者先运行，后面会有更为详细的运行分析）：

【程序 2-4】

```
    import tensorflow as tf
    import numpy as np
    from sklearn.datasets import load_iris
    data = load_iris()
    iris_data = np.float32(data.data)
    iris_target = (data.target)
    iris_target = np.float32(tf.keras.utils.to_categorical(iris_target,
num_classes=3))
    train_data = tf.data.Dataset.from_tensor_slices((iris_data,
iris_target)).batch(128)
    input_xs  = tf.keras.Input(shape=(4,), name='input_xs')
    out = tf.keras.layers.Dense(32, activation='relu', name='dense_1')(input_xs)
    out = tf.keras.layers.Dense(64, activation='relu', name='dense_2')(out)
    logits = tf.keras.layers.Dense(3, activation="softmax",name=
'predictions')(out)
    model = tf.keras.Model(inputs=input_xs, outputs=logits)
    opt = tf.optimizers.Adam(1e-3)
    model.compile(optimizer=tf.optimizers.Adam(1e-3),
loss=tf.losses.categorical_crossentropy,
```

```
    metrics = ['accuracy'])
    model.fit(train_data, epochs=500)
    score = model.evaluate(iris_data, iris_target)
    print("last score:",score)
```

下面我们详细分析一下代码。

1. 数据的获取

本例还是使用了 sklearn 中的 iris 数据集作为数据来源，之后将 target 转化成 one-hot 的形式进行存储。顺便提一句，TensorFlow 本身也带有 one-hot 函数，即 tf.one_hot，有兴趣的读者可以自行学习。

数据读取之后的处理在后文讲解，这个问题先放一下，请读者继续按顺序往下阅读。

2. 模型的建立和参数更新

这里不准备采用新模型的建立方法，对于读者来说，熟悉函数化编程已经能够应付绝大多数的深度学习模型的建立。在后面章节中，我们将教会读者自定义某些层的方法。

对于梯度的更新，到目前为止的程序设计中都是采用类似回传调用等方式对参数进行更新，这是由程序设计者手动完成的。然而 TensorFlow 推荐使用自带的梯度更新方法，代码如下：

```
    model.compile(optimizer=tf.optimizers.Adam(1e-3),
loss=tf.losses.categorical_crossentropy,metrics = ['accuracy'])
    model.fit(train_data, epochs=500)
```

compile 函数是模型适配损失函数和选择优化器的专用函数，而 fit 函数的作用是把训练参数加载进模型中。下面分别对其进行讲解。

（1）compile。

compile 函数的作用是用于配置训练模型专用编译函数。源码如下：

```
    compile(optimizer, loss=None, metrics=None, loss_weights=None,
sample_weight_mode=None, weighted_metrics=None, target_tensors=None)
```

这里我们主要介绍其中 3 个重要的参数 optimizer、loss 和 metrics。

- optimizer：字符串（优化器名）或者优化器实例。
- loss：字符串（目标函数名）或目标函数。如果模型具有多个输出，可以通过传递损失函数的字典或列表在每个输出上使用不同的损失。模型最小化的损失值将是所有单个损失的总和。
- metrics：在训练和测试期间的模型评估标准。通常会使用 metrics = ['accuracy']。要为多输出模型的不同输出指定不同的评估标准，还可以传递一个字典，如 metrics = {'output_a': 'accuracy'}。
- 可以看到，优化器（optimizer）被传入了选定的优化器函数，loss 是损失函数，这里也被传入选定的多分类 crossentry 函数。Metrics 用来评估模型的标准，一般用准确率表示。

实际上，compile 编译函数是一个多重回调函数的集合，对于所有的参数来说，实际上就是根据对应函数的“地址”回调对应的函数，并将参数传入。

举个例子，在上面的编译器中我们传递的是一个 TensorFlow 自带的损失函数，实际上往往是针对不同的计算和误差需要不同的损失函数，这里自定义一个均方差（MSE）损失函数，代码如下：

```
def my_MSE(y_true , y_pred):
    my_loss = tf.reduce_mean(tf.square(y_true - y_pred))
    return my_loss
```

这个损失函数接收 2 个参数，分别是 y_true 和 y_pred，即预测值和真实值的形式参数。之后根据需要计算出真实值和预测值之间的误差。

损失函数名作为地址传递给 compile 后，即可作为自定义的损失函数在模型中进行编译，代码如下：

```
opt = tf.optimizers.Adam(1e-3)
def my_MSE(y_true , y_pred):
    my_loss = tf.reduce_mean(tf.square(y_true - y_pred))
    return my_loss
model.compile(optimizer=tf.optimizers.Adam(1e-3), loss=my_MSE,metrics =
['accuracy'])
```

至于优化器的自定义，实际上也是可以的。一般情况下，优化器的编写需要比较高的编程技巧以及对模型的理解，这里读者直接使用 TensorFlow 自带的优化器即可。

（2）fit。

fit 函数的作用是以给定数量的轮次（数据集上的迭代）训练模型。其主要参数有如下 4 个：

- x：训练数据的 Numpy 数组（如果模型只有一个输入），或者是 Numpy 数组的列表（如果模型有多个输入）。如果模型中的输入层被命名，也可以传递一个字典，将输入层名称映射到 Numpy 数组。如果从本地框架张量馈送（例如 TensorFlow 数据张量）数据，x 可以是 None（默认）。
- y：目标（标签）数据的 Numpy 数组（如果模型只有一个输出），或者是 Numpy 数组的列表（如果模型有多个输出）。如果模型中的输出层被命名，也可以传递一个字典，将输出层名称映射到 Numpy 数组。如果从本地框架张量馈送（例如 TensorFlow 数据张量）数据，y 可以是 None（默认）。
- batch_size：整数或 None。每次梯度更新的样本数。如果未指定，默认为 32。
- epochs：整数。训练模型迭代轮次。一个轮次是在整个 x 和 y 上的一轮迭代。注意，与 initial_epoch 一起，epochs 被理解为“最终轮次”。模型并不是训练了 epochs 轮，而是到第 epochs 轮停止训练。

fit 函数的主要作用就是对输入的数据进行修改，如果读者已经成功运行了程序 2-4，那么现在换一种略微修改后的代码，重新运行 iris 数据集，代码如下：

【程序 2-5】

```
import tensorflow as tf
```

```
    import numpy as np
    from sklearn.datasets import load_iris
    data = load_iris()
    #数据的形式
    iris_data = np.float32(data.data)           #数据读取
    iris_target = (data.target)
    iris_target =
np.float32(tf.keras.utils.to_categorical(iris_target,num_classes=3))
    input_xs  = tf.keras.Input(shape=(4,), name='input_xs')
    out = tf.keras.layers.Dense(32, activation='relu', name='dense_1')(input_xs)
    out = tf.keras.layers.Dense(64, activation='relu', name='dense_2')(out)
    logits = tf.keras.layers.Dense(3,
activation="softmax",name='predictions')(out)
    model = tf.keras.Model(inputs=input_xs, outputs=logits)
    opt = tf.optimizers.Adam(1e-3)
    model.compile(optimizer=tf.optimizers.Adam(1e-3),
loss=tf.losses.categorical_crossentropy,metrics = ['accuracy'])
    #fit 函数载入数据
    model.fit(x=iris_data,y=iris_target,batch_size=128, epochs=500)
    score = model.evaluate(iris_data, iris_target)
    print("last score:",score)
```

对比程序 2-4 和程序 2-5 可以看到，它们最大的不同在于数据读取方式的变化。更为细节地做出比较，在程序 2-4 中，数据的读取方式和 fit 函数的载入方式如下：

```
    iris_data = np.float32(data.data)
    iris_target = (data.target)
    iris_target = np.float32(tf.keras.utils.to_categorical(iris_target,
num_classes=3))
    train_data = tf.data.Dataset.from_tensor_slices((iris_data,
iris_target)).batch(128)
    ……
    model.fit(train_data, epochs=500)
```

iris 的数据读取被分成两个部分：数据特征部分和 label 部分。label 部分使用 Keras 自带的工具进行离散化处理。

离散化后处理的部分又被 tf.data.Dataset API 整合成一个新的数据集，并且依 batch 被切分成多个部分。

此时 fit 的处理对象是一个被 tf.data.Dataset API 处理后的 Tensor 类型数据，并且在切分的时候依照整合的内容被依次读取。fit 是一个 Tensor 类型的数据，在读取的过程中 fit 内部的 batch_size 划分不起作用，而是使用生成数据 tf 中的数据生成器的 batch_size 划分。如果还是不理解，可以使用如下代码段打印重新整合后的 train_data 中的数据：

```
    for iris_data,iris_target in train_data
```

回到程序 2-5 中，对应于数据读取和载入的部分如下：

```
    #数据的形式
    iris_data = np.float32(data.data)           #数据读取
    iris_target = (data.target)
```

```
    iris_target =
np.float32(tf.keras.utils.to_categorical(iris_target,num_classes=3))
    ……
    #fit 函数载入数据
    model.fit(x=iris_data,y=iris_target,batch_size=128, epochs=500)
```

可以看到，数据在读取和载入的过程中没有变化，将处理后的数据直接输入到 fit 函数中供模式使用。此时由于是直接对数据进行操作，对数据的划分由 fit 函数负责，因此 fit 函数中的 batch_size 被设定为 128。

2.1.6 多输入单一输出 TensorFlow 编译方法（选学）

在前面内容的学习中，我们采用的是标准化的深度学习流程，即数据的准备、处理，数据的输入与计算，以及最后结果的打印。虽然在真实情况中可能会遇到各种各样的问题，但是基本步骤是不会变的。

这里存在一个非常重要的问题，在模型的计算过程中如果遇到多个数据输入端应该怎么处理，如图 2.8 所示。

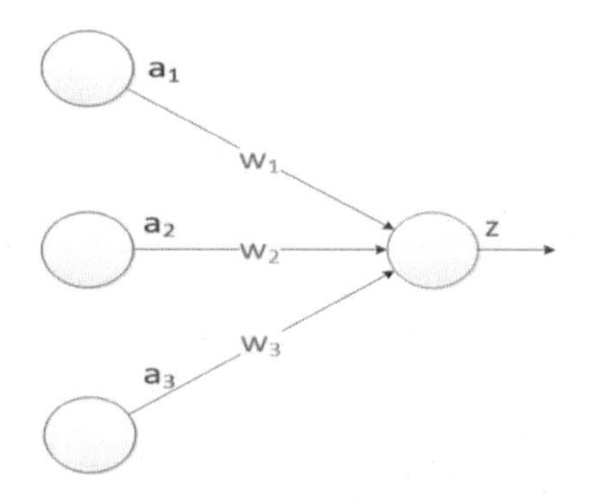

图 2.8 多个数据输入端

以 Tensor 格式的数据为例，在数据的转化部分就需要将数据进行“打包”处理，即将不同的数据按类型进行打包，如下所示：

```
输入 1，输入 2，输入 3，标签 -> (输入 1，输入 2，输入 3)，标签
```

注意小括号的位置，这里将数据分成 2 个部分：输入与标签两类。多输入的部分被使用小括号打包在一起形成一个整体。

下面以 iris 数据集为例讲解多数据输入的问题。

（1）第一步：数据的获取与处理。

从前面的介绍可以知道，iris 数据集每行是一个由 4 个特征组合在一起表示的特征集合，此时可以人为地将其切分，即将长度为 4 的特征转化成一个长度为 3 和一个长度为 1 的两个特征集合，代码如下：

```
import tensorflow as tf
import numpy as np
```

```
from sklearn.datasets import load_iris
data = load_iris()
iris_data = np.float32(data.data)
iris_data_1 = []
iris_data_2 = []
for iris in iris_data:
   iris_data_1.append(iris[0])
   iris_data_2.append(iris[1:4])
```

打印其中一条数据，如下所示：

```
5.1
[3.5 1.4 0.2]
```

可以看到，一行 4 列的数据被拆分成 2 组特征。

（2）第二步：模型的建立。

接下来就是模型的建立，这里数据被人为地拆分成 2 个部分，因此在模型的输入端也要能够对应处理 2 组数据的输入。

```
Input_xs_1  = tf.keras.Input(shape=(1,), name='input_xs_1')
input_xs_2  = tf.keras.Input(shape=(3,), name='input_xs_2')
input_xs = tf.concat([input_xs_1,input_xs_2],axis=-1)
```

可以看到代码中分别建立了 input_xs_1 和 input_xs_2 作为数据的接收端接收传递进来的数据，之后通过一个 concat 重新将数据组合起来，恢复成一条 4 特征的集合。

```
Out = tf.keras.layers.Dense(32, activation='relu', name='dense_1')(input_xs)
out = tf.keras.layers.Dense(64, activation='relu', name='dense_2')(out)
logits = tf.keras.layers.Dense(3,
activation="softmax",name='predictions')(out)
model = tf.keras.Model(inputs=[input_xs_1,input_xs_2], outputs=logits)
```

对剩余部分的部分数据处理没有变化，按前文程序处理即可。

（3）第三步：数据的组合。

切分后的数据需要重新进行组合，生成能够符合模型需求的 Tensor 数据。这里最为关键的是在模型中对输入输出格式的定义，把模式的输入输出格式拆分如下：

```
input = 【输入 1，输入 2】，outputs = 输出        #请注意 model 中的中括号
```

因此，在 Tensor 建立的过程中，也要按模型输入的格式创建对应的数据集。格式如下：

```
((输入 1，输入 2),输出)
```

我们采用了 2 层括号对数据进行包裹，即首先将输入 1 和输入 2 包裹成一个输入数据，之后重新打包输出，共同组成一个数据集。转化 Tensor 数据代码如下：

```
train_data =
tf.data.Dataset.from_tensor_slices(((iris_data_1,iris_data_2),iris_target)).ba
tch(128)
```

注 意

一定要注意小括号的层数。

完整代码如下所示：

【程序 2-6】

```
    import tensorflow as tf
    import numpy as np
    from sklearn.datasets import load_iris
    data = load_iris()
    iris_data = np.float32(data.data)
    iris_data_1 = []
    iris_data_2 = []
    for iris in iris_data:
        iris_data_1.append(iris[0])
        iris_data_2.append(iris[1:4])
    iris_target = np.float32(tf.keras.utils.to_categorical(data.target,
num_classes=3))
    #注意数据的包裹层数
    train_data = tf.data.Dataset.from_tensor_slices(((iris_data_1,iris_data_2),
iris_target)).batch(128)
    input_xs_1  = tf.keras.Input(shape=(1,), name='input_xs_1') #接收输入参数一
    input_xs_2  = tf.keras.Input(shape=(3,), name='input_xs_2') #接收输入参数二
    input_xs = tf.concat([input_xs_1,input_xs_2],axis=-1)       #重新组合参数
    out = tf.keras.layers.Dense(32, activation='relu', name='dense_1')(input_xs)
    out = tf.keras.layers.Dense(64, activation='relu', name='dense_2')(out)
    logits = tf.keras.layers.Dense(3, activation="softmax",name=
'predictions')(out)
    #请注意 model 中的中括号
    model = tf.keras.Model(inputs=[input_xs_1,input_xs_2], outputs=logits)
    opt = tf.optimizers.Adam(1e-3)
    model.compile(optimizer=tf.optimizers.Adam(1e-3),
loss=tf.losses.categorical_crossentropy,metrics = ['accuracy'])
    model.fit(x = train_data, epochs=500)
    score = model.evaluate(train_data)
    print("多头 score: ",score)
```

最终结算结果如图 2.9 所示。

```
1/2 [==============>...............] - ETA: 0s - loss: 0.1158 - accuracy: 0.9609
2/2 [==============================] - 0s 0s/step - loss: 0.0913 - accuracy: 0.9667
Epoch 500/500

1/2 [==============>...............] - ETA: 0s - loss: 0.1157 - accuracy: 0.9609
2/2 [==============================] - 0s 0s/step - loss: 0.0912 - accuracy: 0.9667

1/2 [==============>...............] - ETA: 0s - loss: 0.1155 - accuracy: 0.9609
2/2 [==============================] - 0s 31ms/step - loss: 0.0829 - accuracy: 0.9667
多头score:  [0.08285454660654068, 0.96666664]
```

图 2.9 打印结果

对于认真阅读本书的读者来说，这个最终的打印结果应该见过很多次了，在这里

TensorFlow 默认输出了每个循环结束后的 loss 值，并且按 compile 函数中设定的内容输出准确率（accuracy）值。最后的 evaluate 函数是通过对测试集中的数据进行重新计算而获取在测试集中的损失值和准确率。本例使用训练数据代替测试数据。

在程序 2-6 中数据的准备是使用 tf.data API 完成的，即通过打包的方式将数据输出，也可以直接将输入的数据输入到模型中进行训练，代码如下：

【程序 2-7】

```
    import tensorflow as tf
    import numpy as np
    from sklearn.datasets import load_iris
    data = load_iris()
    iris_data = np.float32(data.data)
    iris_data_1 = []
    iris_data_2 = []
    for iris in iris_data:
       iris_data_1.append(iris[0])
    iris_data_2.append(iris[1:4])
    iris_data_1 = np.array(iris_data_1)
    iris_data_2 = np.array(iris_data_2)
    iris_target = np.float32(tf.keras.utils.to_categorical(data.target,
num_classes=3))
    input_xs_1  = tf.keras.Input(shape=(1,), name='input_xs_1')
    input_xs_2  = tf.keras.Input(shape=(3,), name='input_xs_2')
    input_xs = tf.concat([input_xs_1,input_xs_2],axis=-1)
    out = tf.keras.layers.Dense(32, activation='relu', name='dense_1')(input_xs)
    out = tf.keras.layers.Dense(64, activation='relu', name='dense_2')(out)
    logits = tf.keras.layers.Dense(3, activation="softmax",
name='predictions')(out)
    model = tf.keras.Model(inputs=[input_xs_1,input_xs_2], outputs=logits)
    opt = tf.optimizers.Adam(1e-3)
    model.compile(optimizer=tf.optimizers.Adam(1e-3),
loss=tf.losses.categorical_crossentropy,metrics = ['accuracy'])
    model.fit(x = ([iris_data_1,iris_data_2]),y=iris_target,batch_size=128,
epochs=500)
    score = model.evaluate(x=([iris_data_1,iris_data_2]),y=iris_target)
    print("多头 score: ",score)
```

最终打印结果请读者自行验证，需要注意的是其中数据的包裹情况。

2.1.7 多输入多输出 TensorFlow 编译方法（选学）

读者知道了对于多输入单一输出的 TensorFlow 的写法，那么在实际编程中有没有可能遇到多输入多输出的情况呢？

事实上是有的。虽然遇到的情况会很少，但是在必要的时候还是需要设计多输出的神经网络模型去进行训练，例如“bert”模型。

对于多输出模型的写法，实际上也可以仿照单一输出模型改为多输入模型的写法，将

output 的数据使用中括号进行包裹。

```
    Iris_data_1 = []
    iris_data_2 = []
    for iris in iris_data:
        iris_data_1.append(iris0:[2])
        iris_data_2.append(iris[2:])
    iris_label = data.target
    iris_target =
np.float32(tf.keras.utils.to_categorical(data.target,num_classes=3))
    train_data = tf.data.Dataset.from_tensor_slices(((iris_data_1,iris_data_2),
    (iris_target,iris_label))).batch(128)
```

首先是对数据的修正和设计，数据的输入被平均分成 2 组，每组有 2 个特征。这实际上没有什么变化。对于特征的分类，在引入 one-hot 处理的分类数据集外，还保留了数据分类本身的真实值做目标的辅助分类计算结果。无论是多输入还是多输出，都要使用打包的形式将数据重新打包成一个整体的数据集合。

在 fit 函数中，直接调用打包后的输入数据即可。

```
    Model.fit(x = train_data, epochs=500)
```

完整代码如下所示：

【程序 2-8】

```
    import tensorflow as tf
    import numpy as np
    from sklearn.datasets import load_iris
    data = load_iris()
    iris_data = np.float32(data.data)
    iris_data_1 = []
    iris_data_2 = []
    for iris in iris_data:
        iris_data_1.append(iris[:2])
        iris_data_2.append(iris[2:])
    iris_label = np.array(data.target,dtype=np.float)
    iris_target = tf.one_hot(data.target,depth=3,dtype=tf.float32)

    iris_data_1 = np.array(iris_data_1)
    iris_data_2 = np.array(iris_data_2)

    input_xs_1  = tf.keras.Input(shape=(2), name='input_xs_1')
    input_xs_2  = tf.keras.Input(shape=(2), name='input_xs_2')
    input_xs = tf.concat([input_xs_1,input_xs_2],axis=-1)
    out = tf.keras.layers.Dense(32, activation='relu', name='dense_1')(input_xs)
    out = tf.keras.layers.Dense(64, activation='relu', name='dense_2')(out)
    logits = tf.keras.layers.Dense(3,
activation="softmax",name='predictions')(out)
    label = tf.keras.layers.Dense(1,name='label')(out)
    model = tf.keras.Model(inputs=(input_xs_1,input_xs_2),
outputs=(logits,label))
```

```
    opt = tf.optimizers.Adam(1e-3)
    def my_MSE(y_true , y_pred):
        my_loss = tf.reduce_mean(tf.square(y_true - y_pred))
        return my_loss
    model.compile(optimizer=tf.optimizers.Adam(1e-3), loss={'predictions':
tf.losses.categorical_crossentropy, 'label':
my_MSE},loss_weights={'predictions': 0.1, 'label': 0.5},metrics = ['accuracy'])
    model.fit(x = (iris_data_1,iris_data_2),y=(iris_target,iris_label),
epochs=500)
```

输出结果如图 2.10 所示。

```
ETA: 0s - loss: 0.0106 - predictions_loss: 0.0463 - label_loss: 0.0118 - predictions_accuracy: 0.9844 - label_accurac
0s 3ms/step - loss: 0.0075 - predictions_loss: 0.0304 - label_loss: 0.0071 - predictions_accuracy: 0.9867 - label_acc

ETA: 0s - loss: 0.0107 - predictions_loss: 0.0474 - label_loss: 0.0120 - predictions_accuracy: 0.9844 - label_accurac
0s 53ms/step - loss: 0.0064 - predictions_loss: 0.0304 - label_loss: 0.0067 - predictions_accuracy: 0.9867 - label_ac
```

图 2.10 数据结果

限于篇幅关系，这里也只给出一部分结果，相信读者能够理解输出的数据内容。

2.2 全连接层详解

学完前面的内容后，读者对 TensorFlow 程序设计有了比较深入的理解，甚至会觉得自己很厉害，那么笔者的目的也就达到了。

不过又有一个问题来了，这里一直在使用的、反复提及的全连接层到底是什么样的存在？本节我们详解一下。

2.2.1 全连接层的定义与实现

全连接层的每一个结点都与上一层的所有结点相连，用来把前边提取到的特征综合起来。由于其全相连的特性，一般全连接层的参数也是最多的。图 2.11 所示的是一个简单的全连接网络。

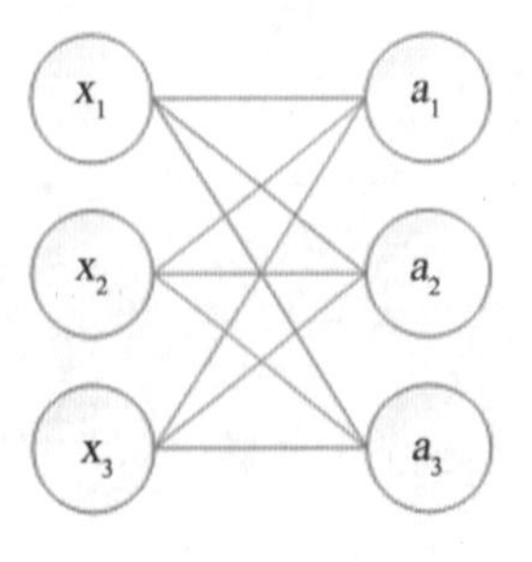

图 2.11 全连接层

其推导过程如下：

$$w_{11} \times x_1 + w_{12} \times x_2 + w_{13} \times x_3 = a_1$$
$$w_{21} \times x_1 + w_{22} \times x_2 + w_{23} \times x_3 = a_2$$
$$w_{31} \times x_1 + w_{32} \times x_2 + w_{33} \times x_3 = a_3$$

将推导公式转化一下写法，具体如下：

$$\begin{bmatrix} w_{11} & w_{12} & w_{13} \\ w_{21} & w_{22} & w_{23} \\ w_{31} & w_{32} & w_{33} \end{bmatrix} \times \begin{bmatrix} x_1 \\ x_2 \\ x_3 \end{bmatrix} = \begin{bmatrix} a_1 \\ a_2 \\ a_3 \end{bmatrix}$$

可以看到，全连接的核心操作就是矩阵向量乘积：$w \times x = y$。

下面举一个例子，使用 TensorFlow 自带的 API 实现一个简单的矩阵计算。

[1,1]　[1]
[2,2]*　[1]= [?]

首先笔者通过公式计算对数据做一个先行验证，按推导公式计算如下：

$(1\times1 + 1\times1) + 0.17 = 2.17$
$(2\times1 + 2\times1) + 0.17 = 4.17$

这样最终形成了一个新的矩阵[2.17,4.17]，代码如下：

【程序 2-9】

```
import tensorflow as tf
weight = tf.Variable([[1.],[1.]])                    #创建参数 weight
bias  = tf.Variable([[0.17]])                        #创建参数 bias
input_xs = tf.constant([[1.,1.],[2.,2.]])            #创建输入值
matrix = tf.matmul(input_xs,weight) + bias           #计算结果
print(matrix)                                        #打印结果
```

最终打印结果如下：

```
tf.Tensor([[2.17] [4.17]], shape=(2, 1), dtype=float32)
```

可以看到，最终计算出一个 Tensor，大小为 shape=(2, 1)，类型为 float32，其值为[[2.17] [4.17]]。

计算本身非常简单，全连接的计算方法相信读者也很容易掌握。现在回到代码中，请注意我们在定义参数和定义输入值的时候采用的不同写法：

```
weight = tf.Variable([[1.],[1.]])
input_xs = tf.constant([[1.,1.],[2.,2.]])
```

这里对参数的定义，笔者使用的是 Variable 函数。对于输入值的定义，笔者使用的是 constant 函数，将其对应内容打印如下：

```
<tf.Variable 'Variable:0' shape=(2, 1) dtype=float32, numpy=array([[1.], [1.]],
dtype=float32)>
```

input_xs 打印如下：

```
tf.Tensor([[1. 1.]
      [2. 2.]], shape=(2, 2), dtype=float32)
```

通过对比可以看到，这里的 weight 被定义成一个可变参数 Variable 类型，供在后续的反向计算中进行调整。Constant 函数是直接读取数据并将其定义成 Tensor 格式。

2.2.2 使用 TensorFlow 自带的 API 实现全连接层

读者千万不要有错误的理解，在上一节中编写的程序 2-9 仅仅是为了向读者介绍全连接层的计算方法而不是介绍全连接层。全连接本质就是由一个特征空间线性变换到另一个特征空间。目标空间的任一维（也就是隐藏层的一个节点）都认为会受到源空间每一维的影响。可以不那么严谨地说，目标向量是源向量的加权和。

全连接层一般是接在特征提取网络之后，用作对特征的分类器。全连接常出现在最后几层，用于对前面设计的特征做加权和。前面的网络相当于做特征工程，后面的全连接相当于做特征加权。

具体的神经网络差值反馈算法将在第 3 章介绍。

下面我们就使用自定义的方法实现某一个可以加载到 model 中的“自定义全连接层”。

1. 自定义层的继承

在 TensorFlow 中，任何一个自定义的层都是继承自 tf.keras.layers.Layer 的，我们将其称为“父层”，如图 2.12 所示。这里所谓的自定义层实际上是父层的一个具体实现。

```
Layer(module.Module)
    __init__(self, trainable=True, name=None, dtype=None, dynamic=False, **kwargs)
    build(self, input_shape)
    call(self, inputs, **kwargs)
    add_weight(self, name=None, shape=None, dtype=None, initializer=None, regularizer
    get_config(self)
    from_config(cls, config)
    compute_output_shape(self, input_shape)
    compute_output_signature(self, input_signature)
    compute_mask(self, inputs, mask=None)
```

图 2.12　父层

从图 2.12 可以看到，Layer 层中又是由多个函数构成的，因此基于继承的关系，如果想要实现自定义的层，那么必须对其中的函数进行实现。

2. “父层”函数介绍

所谓的“父层”，就是指这里自定义的层继承自哪里，告诉 TensorFlow 框架代码遵守“父层”的函数，请实现代码自定义的功能。

Layer 层中需要自定义的函数有很多，但是在实际使用时一般只需要定义那些必须使用的函数。例如 build、call 函数，以及初始化所必需的__init__函数。

（1）__init__函数：首先是一些必要参数的初始化，这些参数的初始化写在 def __init__(self,) 中。写法如下：

```
class MyLayer(tf.keras.layers.Layer):                    #显示继承自 Layer 层
    def __init__(self, output_dim):                      #init 中显示确定参数
        self.output_dim = output_dim                     #载入参数进类中
        super(MyLayer, self).__init__()                  #向父类注册
```

可以看到，init 函数中最重要的就是显式地确定所需要的一些参数。特别值得注意的是，对于输入的 init 中的参数，输入 Tensor 不会在这里进行标注，**init 值初始化的是模型参数。**输入值不属于“模型参数”。

（2）build 函数：build 函数的内容主要是**声明需要更新的参数部分，**如权重等，一般使用 self.kernel = tf.Variable(shape=[ ])等来声明需要更新的参数变量。

```
def build(self, input_shape): #build 函数参数中的 input_shape 形参是固定不变的写法
        self.weight =
tf.Variable(tf.random.normal([input_shape[-1],self.output_dim]),
name="dense_weight")
        self.bias = tf.Variable(tf.random.normal([self.output_dim]),
name="bias_weight",trainable=self.trainable)
        super(MyLayer, self).build(input_shape)  # Be sure to call this
somewhere!
```

Build 函数参数中的 input_shape 形参是固定不变的写法，读者不要修改即可，其中自定义的参数需要加上 self，表明是在类中使用的全局参数。

对于代码最后的 super(MyLayer, self).build(input_shape)，目前读者只需要记得这种写法即可，在 build 的最后确定参数定义结束。

（3）call 函数：最重要的函数，这部分代码包含了主要层的实现。

Init 是对参数做定义和声明；build 函数是对权重可变参数做声明。

这两个函数只是定义了一些初始化的参数以及一些需要更新的参数变量，真正实现所定义类的作用是在 call 方法中。

```
Def call(self, input_tensor):                             #这里声明输入 Tensor
out = tf.matmul(input_tensor,self.weight) + self.bias    #计算
out = tf.nn.relu(out)                                     #计算
out = tf.keras.layers.Dropout(0.1)(out)                   #计算
return out                                                #输出结果
```

可以看到 call 中的一系列操作是对__init__和 build 中变量参数的应用，所有的计算都在 call 函数中完成，并且需要注意的是输入的参数也在这里出现，经过计算后将计算值返回。

```
Class MyLayer(tf.keras.layers.Layer):
     def __init__(self, output_dim,trainable = True):
    self.output_dim = output_dim
    self.trainable = trainable
    super(MyLayer, self).__init__()

  def build(self, input_shape):
    self.weight =
```

```
tf.Variable(tf.random.normal([input_shape[-1],self.output_dim]), name=
"dense_weight")
        self.bias = tf.Variable(tf.random.normal([self.output_dim]), name=
"bias_weight")
        super(MyLayer, self).build(input_shape)  # Be sure to call this somewhere!

    def call(self, input_tensor):
        out = tf.matmul(input_tensor,self.weight) + self.bias
        out = tf.nn.relu(out)
        out = tf.keras.layers.Dropout(0.1)(out)
        return out
```

下面我们就使用自定义的层修改 iris 模型。程序如下所示：

【程序 2-10】

```
    import tensorflow as tf
    import numpy as np
    from sklearn.datasets import load_iris
    data = load_iris()
    iris_data = np.float32(data.data)
    iris_target = (data.target)
    iris_target =
np.float32(tf.keras.utils.to_categorical(iris_target,num_classes=3))
    train_data = tf.data.Dataset.from_tensor_slices((iris_data,
iris_target)).batch(128)
    #自定义的层-全连接层
    class MyLayer(tf.keras.layers.Layer):
        def __init__(self, output_dim):
            self.output_dim = output_dim
            super(MyLayer, self).__init__()
        def build(self, input_shape):
            self.weight = tf.Variable(tf.random.normal([input_shape[-1],
self.output_dim]), name="dense_weight")
            self.bias = tf.Variable(tf.random.normal([self.output_dim]),
name="bias_weight")
            super(MyLayer, self).build(input_shape)  # Be sure to call this
somewhere!
        Def call(self, input_tensor):
            out = tf.matmul(input_tensor,self.weight) + self.bias
            out = tf.nn.relu(out)
            out = tf.keras.layers.Dropout(0.1)(out)
            return out

    input_xs  = tf.keras.Input(shape=(4,), name='input_xs')
    out = tf.keras.layers.Dense(32, activation='relu', name='dense_1')(input_xs)
    out = MyLayer(32)(out)                        #自定义层
    out = MyLayer(48)(out)                        #自定义层
    out = tf.keras.layers.Dense(64, activation='relu', name='dense_2')(out)
    logits = tf.keras.layers.Dense(3, activation="softmax",
name='predictions')(out)
```

```
    model = tf.keras.Model(inputs=input_xs, outputs=logits)
    opt = tf.optimizers.Adam(1e-3)
    model.compile(optimizer=tf.optimizers.Adam(1e-3),
loss=tf.losses.categorical_crossentropy,metrics = ['accuracy'])
    model.fit(train_data, epochs=1000)
    score = model.evaluate(iris_data, iris_target)
    print("last score:",score)
```

我们首先定义了 MyLayer 作为全连接层，之后正如使用 TensorFlow 自带的层一样，直接生成类函数并显式指定输入参数，最终将所有的层加入 model 中。最终打印结果如图 2.13 所示。

```
1/2 [==============>...............] - ETA: 0s - loss: 0.1278 - accuracy: 0.9531
2/2 [==============================] - 0s 4ms/step - loss: 0.0812 - accuracy: 0.9600

 32/150 [=====>........................] - ETA: 0s - loss: 3.6322e-07 - accuracy: 1.0000
150/150 [==============================] - 0s 592us/sample - loss: 0.0792 - accuracy: 0.9800
last score: [0.0791539035427498, 0.98]
```

图 2.13 打印结果

2.2.3 打印显示已设计的 model 结构和参数

在程序 2-10 中我们使用自定义层实现了 model。如果读者认真学习了这部分内容，那么相信你一定可以实现自己的自定义层。

似乎还有一个问题，对于自定义的层来说，这里的参数名（也就是在 build 中定义的参数名）都是一样。在层生成的过程中似乎并没有对每个层进行重新命名或者将其归属于某个命名空间中。这似乎与传统的 TensorFlow 1.X 模型的设计结果相冲突。

实践是解决疑问的最好办法。TensorFlow 中提供了打印模型结构的函数，代码如下：

```
print(model.summary())
```

使用时将这个函数置于构建后的 model 下，即可打印模型的结构与参数。

【程序 2-11】

```
    import tensorflow as tf
    import numpy as np
    from sklearn.datasets import load_iris
    data = load_iris()
    iris_data = np.float32(data.data)
    iris_target = (data.target)
    iris_target = np.float32(tf.keras.utils.to_categorical(iris_target,
num_classes=3))
    train_data = tf.data.Dataset.from_tensor_slices((iris_data,
iris_target)).batch(128)
    class MyLayer(tf.keras.layers.Layer):
        def __init__(self, output_dim):
            self.output_dim = output_dim
            super(MyLayer, self).__init__()
```

```
        def build(self, input_shape):
            self.weight = tf.Variable(tf.random.normal([input_shape[-1],
self.output_dim]), name="dense_weight")
            self.bias = tf.Variable(tf.random.normal([self.output_dim]),
name="bias_weight")
            super(MyLayer, self).build(input_shape)  # Be sure to call this
somewhere!
        Def call(self, input_tensor):
            out = tf.matmul(input_tensor,self.weight) + self.bias
            out = tf.nn.relu(out)
            out = tf.keras.layers.Dropout(0.1)(out)
            return out
    input_xs  = tf.keras.Input(shape=(4,), name='input_xs')
    out = tf.keras.layers.Dense(32, activation='relu', name='dense_1')(input_xs)
    out = MyLayer(32)(out)
    out = MyLayer(48)(out)
    out = tf.keras.layers.Dense(64, activation='relu', name='dense_2')(out)
    logits = tf.keras.layers.Dense(3,
activation="softmax",name='predictions')(out)
    model = tf.keras.Model(inputs=input_xs, outputs=logits)
    print(model.summary())
```

打印结果如图 2.14 所示。

```
Model: "model"
_________________________________________________________________
Layer (type)                 Output Shape              Param #
=================================================================
input_xs (InputLayer)        [(None, 4)]               0
_________________________________________________________________
dense_1 (Dense)              (None, 32)                160
_________________________________________________________________
my_layer (MyLayer)           (None, 32)                1056
_________________________________________________________________
my_layer_1 (MyLayer)         (None, 48)                1584
_________________________________________________________________
dense_2 (Dense)              (None, 64)                3136
_________________________________________________________________
predictions (Dense)          (None, 3)                 195
=================================================================
Total params: 6,131
Trainable params: 6,131
Non-trainable params: 0
```

图 2.14 打印结果

从打印出的模型结构可以看到，这里每一层都根据层的名称重新命名，而且由于名称相同，TensorFlow 框架自动根据其命名方式对其进行层数的增加（名称）。

对于读者更为关心的参数问题，从对应行的第三列 param 可以看到，不同的层，其参数个数也不相同，因此可以认为在 TensorFlow 中重名的模型被自动赋予一个新的名称，并存在于不同的命名空间之中。

2.3　懒人的福音——Keras 模型库

TensorFlow 官方使用 Keras 作为高级接口的额外一个好处就是可以使用大量已编写好的模型作为一个自定义层而直接使用，不需要使用者亲手对模型进行编写。

举例来说，一般常用的深度学习模型，例如 VGG 和 ResNet（重点模型！后面章节会完整详细地介绍）等，可以直接从 tf.keras.applications 这个模型下直接导入。图 2.15 列出了 Keras 自带的模型数目。

```
from tensorflow.python.keras.api._v2.keras.applications import densenet
from tensorflow.python.keras.api._v2.keras.applications import inception_resnet_v2
from tensorflow.python.keras.api._v2.keras.applications import inception_v3
from tensorflow.python.keras.api._v2.keras.applications import mobilenet
from tensorflow.python.keras.api._v2.keras.applications import mobilenet_v2
from tensorflow.python.keras.api._v2.keras.applications import nasnet
from tensorflow.python.keras.api._v2.keras.applications import resnet50
from tensorflow.python.keras.api._v2.keras.applications import vgg16
from tensorflow.python.keras.api._v2.keras.applications import vgg19
from tensorflow.python.keras.api._v2.keras.applications import xception
from tensorflow.python.keras.applications import DenseNet121
from tensorflow.python.keras.applications import DenseNet169
from tensorflow.python.keras.applications import DenseNet201
from tensorflow.python.keras.applications import InceptionResNetV2
from tensorflow.python.keras.applications import InceptionV3
from tensorflow.python.keras.applications import MobileNet
from tensorflow.python.keras.applications import MobileNetV2
from tensorflow.python.keras.applications import NASNetLarge
from tensorflow.python.keras.applications import NASNetMobile
from tensorflow.python.keras.applications import ResNet50
from tensorflow.python.keras.applications import VGG16
from tensorflow.python.keras.applications import VGG19
from tensorflow.python.keras.applications import Xception
```

图 2.15　Keras 自带的模型数目

可以看到，对于大多数的图像处理模型，applications 模块都已经将其打包到内部可以直接调用。本章将以 ResNet50 为例，详细地介绍直接 TensorFlow 中预定义的 ResNet 模型的调用和参数的载入方式，但是具体使用将在第 6 章讲解。

2.3.1　ResNet50 模型和参数的载入

首先是模型的载入，笔者选择 ResNet50 模型作为载入的目标，即将图 2.15 中倒数第 4 个模型作为载入，导入代码如下：

```
resnet = tf.keras.applications.ResNet50()          #（载入可能卡住，下文有解决办法）
```

如果是第一次载入这个模型，就会在终端里显示如图 2.16 所示的信息。

```
2020-01-28 20:45:51.049626: I tensorflow/core/common_runtime/gpu/gpu_device.cc:1200] 0:   N
2020-01-28 20:45:51.050203: I tensorflow/core/common_runtime/gpu/gpu_device.cc:1326] Created TensorFlow device (/job:localhost/replica:0/task:0/
Downloading data from https://github.com/fchollet/deep-learning-models/releases/download/v0.2/resnet50_weights_tf_dim_ordering_tf_kernels.h5
```

图 2.16　第一次载入

这是因为第一次载入时，Keras 在载入模型的同时将模型默认参数下载并载入，可能会由于网络原因卡住，因此模型终端有可能在此停止运行。解决的办法非常简单，使用下载工具将蓝色部分下载下来，之后显式地告诉 Keras 参数的位置即可，代码如下：

```
    resnet = tf.keras.applications.ResNet50
    (weights='C:/Users/xiaohua/Desktop/Tst/resnet50_weights_tf_dim_ordering_tf
_kernels_notop.h5')
    #如果可以自行设置 weights 读取的方式
```

这里 weight 函数显式地告诉模型所需要载入的参数位置。

注　意

由于是显式地引入参数地址，因此需要写成绝对地址。

下面看一下 ResNet50 模型在 Keras 中的源码定义，代码如图 2.17 所示。

```
def ResNet50(include_top=True,
             weights='imagenet',
             input_tensor=None,
             input_shape=None,
             pooling=None,
             classes=1000,
             **kwargs):
```

图 2.17　ResNet50 模型的源码定义

这里 classes 参数是 ResNet 基于 imagenet 数据集预训练的分类数，一般而言，使用预训练模型是用作特征提取而不是完整地使用模型作为同样的“分类器”，因此直接屏蔽掉最上面一层的分类层即可，代码可以改成如下：

```
    resnet = tf.keras.applications.resnet50.ResNet50
    (weights='C:/Users/xiaohua/Desktop/Tst/resnet50_weights_tf_dim_ordering_tf
_kernels_notop.h5',include_top=False)   #如果可以自行设置 weights 读取的方式

    print(resnet.summary())
```

使用 summary 函数可以将 ResNet50 模型的结构打印出来，如图 2.18 所示。

```
activation_47 (Activation)      (None, None, None, 5 0          bn5c_branch2b[0][0]
________________________________________________________________________________________
res5c_branch2c (Conv2D)         (None, None, None, 2 1050624    activation_47[0][0]
________________________________________________________________________________________
bn5c_branch2c (BatchNormalizati (None, None, None, 2 8192       res5c_branch2c[0][0]
________________________________________________________________________________________
add_15 (Add)                    (None, None, None, 2 0          bn5c_branch2c[0][0]
                                                                activation_45[0][0]
________________________________________________________________________________________
activation_48 (Activation)      (None, None, None, 2 0          add_15[0][0]
========================================================================================
Total params: 23,587,712
Trainable params: 23,534,592
Non-trainable params: 53,120
________________________________________________________________________________________
None
```

图 2.18　ResNet50 模型的结构

可以看到这里的模型最后几层的名称和参数多少，这是已经载入模型参数后的模型结构。

可能有读者对 include_top=False 这个参数设置有疑问，实际上笔者在这里做的是基于已训练模型为基础的“迁移学习”任务。迁移学习是将已训练模型去掉最高层的顶端输出层作为新任务的特征提取器，即这里利用“imagenet”预训练的特征提取方法迁移到目标数据集上，并根据目标任务追加新的层作为特定的“接口层”，从而在目标任务上快速、高效地学习新的任务。

【程序 2-12】

```
    import tensorflow as tf
    #加载预训练模型和预训练参数

    resnet = tf.keras.applications.resnet50.ResNet50(weights='imagenet',
include_top=False)
    #随机生成一个和图片维度相同的数据
    img = tf.random.truncated_normal([1,224,224,3])

    result = resnet(img)                                #使用模型进行计算
    print(result.shape)                                 #打印模型计算结果的维度
```

2.3.2 使用 ResNet50 作为特征提取层建立模型

下面使用 ResNet50 作为特征提取层建立一个特定的目标分类器，这里简单地进行二分类的分类。代码如下（讲解在代码后部）：

【程序 2-13】

```
    import tensorflow as tf

    resnet_layer = tf.keras.applications.resnet50.ResNet50
    (weights='imagenet',include_top=False,pooling = False)
    #载入 resnet 模型和参数

    #使用全局池化层进行数据压缩
    flatten_layer = tf.keras.layers.GlobalAveragePooling2D()
    drop_out_layer = tf.keras.layers.Dropout(0.1)       #使用 dropout 防止过拟合
    fc_layer = tf.keras.layers.Dense(2)                 #接上分类层

    #组合模型
    binary_classes = tf.keras.Sequential([resnet_layer,flatten_layer,
drop_out_layer,fc_layer])
    print(binary_classes.summary())                     #打印模型结构
```

一般来说，预训练的特征提取器放在自定义的模型第一层，主要是用作对数据集的特征提取，之后的全局池化层是对数据维度进行压缩，将 4 维的数据特征重新定义成 2 维，从而将特征从[batch_size,7,7,2048]降维到[batch_size,2048]，读者可以自行打印查看。

Drop_out_layer 是屏蔽掉某些层用作防止过拟合的层，而 fc_layer 是用作对特定目标的分类层，这里通过设置 unit 参数为 2 定义分类成 2 个类。

最后一步是对定义的各个层进行组合：

```
    Binary_classes =
tf.keras.Sequential([resnet_layer,flatten_layer,drop_out_layr,fc_layer])
```

Sequential 函数将各个层组合成一个完整的模型，打印的模型结构如图 2.19 所示。

```
Model: "sequential"
_________________________________________________________________
Layer (type)                 Output Shape              Param #
=================================================================
resnet50 (Model)             (None, None, None, 2048)  23587712
_________________________________________________________________
global_average_pooling2d (Gl (None, 2048)              0
_________________________________________________________________
dropout (Dropout)            (None, 2048)              0
_________________________________________________________________
dense (Dense)                (None, 2)                 4098
=================================================================
Total params: 23,591,810
Trainable params: 23,538,690
Non-trainable params: 53,120
_________________________________________________________________
None
```

图 2.19 组合成一个完整的模型

不同于直接对 ResNet50 预训练模型的结构，这里仅仅将 ResNet50 当成了一个自定义的层来使用，因此可以看到在结构打印上这里依次显示了各个层的名称和参数，最下方是模型参数的总数。

下面还有一个问题是关于参数的，可以看到基本上所有的参数都是可训练的，也就是在模型的训练过程中所有的参数都参与了计算和更新。对于某些任务来说，预训练模型的参数是不需要更新的，因此可以对 ResNet50 模型进行设置，代码如下：

【程序 2-14】

```
    import tensorflow as tf

    resnet_layer = tf.keras.applications.resnet50.ResNet50(weights='imagenet',
include_top=False,pooling = False)
    resnet_layer.trainable = False                 #显式地设置 resnet 层为不可训练
    flatten_layer = tf.keras.layers.GlobalAveragePooling2D()
    drop_out_layer = tf.keras.layers.Dropout(0.1)
    fc_layer = tf.keras.layers.Dense(2)

    binary_classes = tf.keras.Sequential([resnet_layer,flatten_layer,
drop_out_layer,fc_layer])
    print(binary_classes.summary())
```

相对于上一个代码段，这里额外设置了 **resnet_layer.trainable = False**，显式地标注了 resnet 为不可训练的层，因此 resnet 的参数在模型中不参与训练。

这里有一个小技巧：通过模型的大概描述比较参数的训练多少，显示结果如图 2.20 所示。

```
Model: "sequential"
_________________________________________________________________
Layer (type)                 Output Shape              Param #
=================================================================
resnet50 (Model)             (None, None, None, 2048)  23587712
_________________________________________________________________
global_average_pooling2d (Gl (None, 2048)              0
_________________________________________________________________
dropout (Dropout)            (None, 2048)              0
_________________________________________________________________
dense (Dense)                (None, 2)                 4098
=================================================================
Total params: 23,591,810
Trainable params: 4,098
Non-trainable params: 23,587,712
_________________________________________________________________
None
```

图 2.20　模型展示

从图 2.20 可以看到，这里 Non-trainable 的参数占了大部分，也就是 resnet 模型参数不参与训练。读者可以自行比较。

注　意

在使用 ResNet 模型做特征提取器的时候，由于 Keras 中的 ResNet50 模型是使用 imagenet 数据集做的预训练模型，输入的数据最低为[224,224,3]，因此如果使用相同的方法进行预训练模型的自定义，那么输入的数据维度最小要为[224,224,3]。

其他模型的调用请有兴趣的读者自行完成。

2.4　本章小结

本章介绍 TensorFlow 的入门知识，我们为读者完整地演示了 TensorFlow 高级 API Keras 的使用与自定义用法。相信读者对使用一个简单的全连接网络去完成一个基本的计算已经得心应手。

这只是 TensorFlow 和深度学习的入门部分。下一章将介绍 TensorFlow 中最重要的“反向传播”算法，这是 TensorFlow 能够权重更新和计算的核心内容。第 4 章将介绍 TensorFlow 中另外一个重要的层：卷积层。

最后一部分使用 Keras 的模型库，这里仅仅是为了演示，告诉读者可以使用预训练模型做特征提取器，并不鼓励读者完全使用预定义模型去进行特定任务的求解。建议读者认真地学习本书，从而掌握完整的深度学习的模型设计和编写。

第3章

深度学习的理论基础

上一章介绍了 TensorFlow 的基本使用方法，并通过两个简单的入门例子向读者演示了 TensorFlow 的一个入门程序——Hello TensorFlow &Keras!

虽然从代码来看通过 TensorFlow 构建一个可用的神经网络程序对回归进行拟合分析并不是一件很难的事，但是从代码量上来看构建一个普通的神经网络是比较简单的，其背后的原理不容小觑。

从本章开始，笔者将从 BP 神经网络（见图 3.1）的开始说起，介绍其概念、原理以及背后的数学原理。如果本章的后半部分阅读有一定的困难，读者可以自行决定是否阅读。

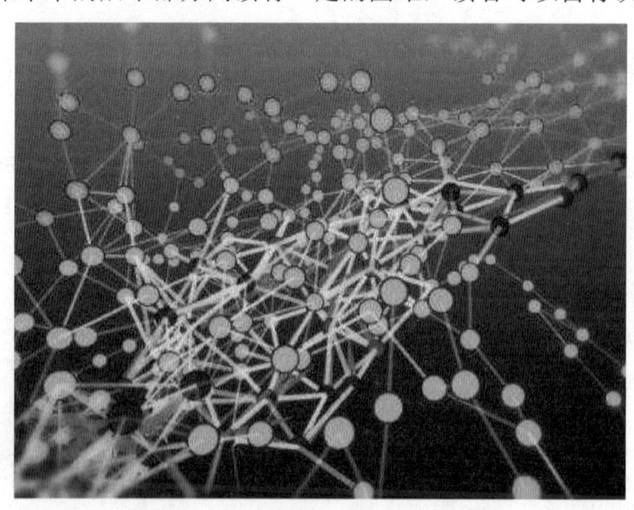

图 3.1 BP

3.1 BP 神经网络简介

在介绍 BP 神经网络之前，人工神经网络是必须提到的内容。人工神经网络（Artificial Neural Network，ANN）从 20 世纪 40 年代初到 80 年代经历了大约半个世纪，经历了低潮和高潮几起几落的发展过程。

1930 年，B.Widrow 和 M.Hoff 提出了自适应线性元件网络（ADAptive LINear Neuron，ADALINE），是一种连续取值的线性加权求和阈值网络。后来，在此基础上发展了非线性多层自适应网络。Widrow-Hoff 的技术被称为最小均方误差（least mean square，LMS）学习规则，从此神经网络的发展进入第一个高潮期。

在有限范围内，感知机有较好的功能，并且收敛定理得到证明。单层感知机能够通过学习把线性可分的模式分开，但对像 XOR（异或）这样简单的非线性问题无法求解，这一点让人们大失所望，甚至开始怀疑神经网络的价值和潜力。

1939 年，麻省理工学院著名的人工智能专家 M.Minsky 和 S.Papert 出版了颇有影响力的 *Perceptron* 一书，从数学上剖析了简单神经网络的功能和局限性，并且指出多层感知器还不能找到有效的计算方法，由于 M.Minsky 在学术界的地位和影响，其悲观的结论被大多数人不做进一步分析而接受；加之当时以逻辑推理为研究基础的人工智能和数字计算机的辉煌成就大大减低了人们对神经网络研究的热情。

20 世纪 30 年代末期，人工神经网络的研究进入了低潮。尽管如此，神经网络的研究并未完全停顿下来，仍有不少学者在极其艰难的条件下致力于这一研究。1972 年，T.Kohonen 和 J.Anderson 不约而同地提出具有联想记忆功能的新神经网络。1973 年，S.Grossberg 与 G.A.Carpenter 提出了自适应共振理论（Adaptive Resonance Theory，ART），并在以后的若干年内发展了 ART1、ART2、ART3 这 3 个神经网络模型，从而为神经网络研究的发展奠定了理论基础。

1943 年，心理学家 W • McCulloch 和数理逻辑学家 W • Pitts 在分析、总结神经元基本特性的基础上提出神经元的数学模型（McCulloch-Pitts 模型，简称 MP 模型），标志着神经网络研究的开始。受当时研究条件的限制，很多工作不能模拟，在一定程度上影响了 MP 模型的发展。尽管如此，MP 模型对后来的各种神经元模型及网络模型都有很大的启发作用，在此后的 1949 年，D.O.Hebb 从心理学的角度提出了至今仍对神经网络理论有着重要影响的 Hebb 法则。

1945 年，冯 • 诺依曼领导的设计小组试制成功存储程序式电子计算机，标志着电子计算机时代的开始。1948 年，他在研究工作中比较了人脑结构与存储程序式计算机的根本区别，提出了以简单神经元构成的再生自动机网络结构。但是，指令存储式计算机技术的发展非常迅速，迫使他放弃了神经网络研究的新途径，继续投身于指令存储式计算机技术的研究，并在此领域做出了巨大贡献。虽然，冯 • 诺依曼的名字是与普通计算机联系在一起的，但他也是人工神经网络研究的先驱（见图 3.2）之一。

图 3.2　人工神经网络研究的先驱们

1958 年，F • Rosenblatt 设计制作了“感知机”，它是一种多层的神经网络。这项工作首次把人工神经网络的研究从理论探讨付诸工程实践。感知机由简单的阈值性神经元组成，初步具备了诸如学习、并行处理、分布存储等神经网络的一些基本特征，从而确立了从系统角度进行人工神经网络研究的基础。

进入 20 世纪 80 年代，特别是 80 年代末期，对神经网络的研究从复兴很快转入了新的热潮。这主要是因为：一方面经过十几年迅速发展的、以逻辑符号处理为主的人工智能理论和冯 • 诺依曼计算机在处理诸如视觉、听觉、形象思维、联想记忆等智能信息处理问题上受到了挫折；另一方面，并行分布处理的神经网络本身的研究成果，使人们看到了新的希望。

1982 年，美国加州工学院的物理学家 J.Hoppfield 提出了 HNN（Hoppfield Neural Network）模型，并首次引入了网络能量函数概念，使网络稳定性研究有了明确的判据，其电子电路实现为神经计算机的研究奠定了基础，同时也开拓了神经网络用于联想记忆和优化计算的新途径。

1983 年，K.Fukushima 等提出了神经认知机网络理论；D.Rumelhart 和 J.McCelland 等提出了 PDP（parallel distributed processing）理论，致力于认知微观结构的探索，同时发展了多层网络的 BP 算法，使 BP 网络成为目前应用最广的网络。1985 年，D.H.Ackley、G.E.Hinton 和 T.J.Sejnowski 将模拟退火概念移植到 Boltzmann 机模型的学习之中，以保证网络能收敛到全局最小值。

反向传播（backpropagation，如图 3.3 所示）一词的使用出现在 1983 年，它的广泛使用是在 1985 年 D.Rumelhart 和 J.McCelland 所著的 *Parallel Distributed Processing* 这本书出版以后。1987 年，T.Kohonen 提出了自组织映射（self organizing map，SOM）。1987 年，美国电气和电子工程师学会 IEEE（institute for electrical and electronic engineers）在圣地亚哥（San Diego）召开了盛大规模的神经网络国际学术会议，国际神经网络学会（international neural networks society）也随之诞生。

1988 年，国际神经网络学会的正式杂志 Neural Networks 创刊。从 1988 年开始，国际神经网络学会和 IEEE 每年联合召开一次国际学术年会。1990 年 IEEE 神经网络会刊问世，各种期刊的神经网络特刊层出不穷，神经网络的理论研究和实际应用进入了一个蓬勃发展的时期。

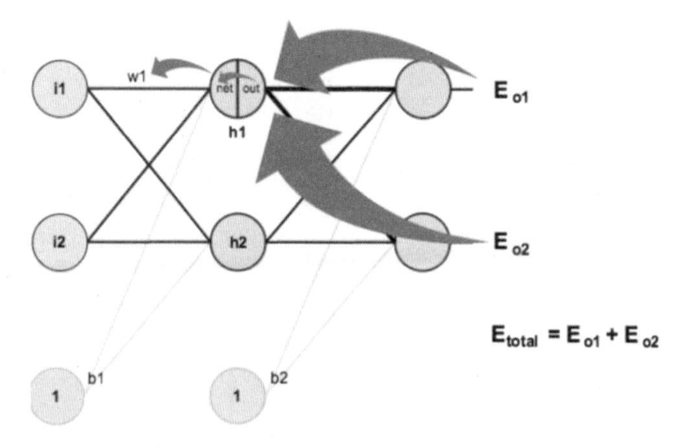

图 3.3　反向传播

BP 神经网络（见图 3.4）的代表者是 D.Rumelhart 和 J.McCelland，是一种按误差逆传播算法训练的多层前馈网络，是目前应用最广泛的神经网络模型之一。

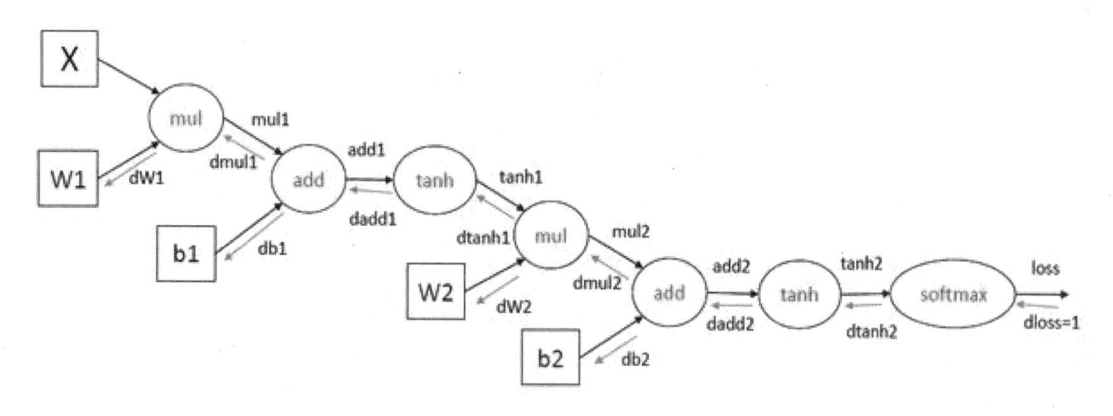

图 3.4　BP 神经网络

BP 算法（反向传播算法）的学习过程由信息的正向传播和误差的反向传播两个过程组成。

- 输入层：各神经元负责接收来自外界的输入信息，并传递给中间层各神经元。
- 中间层：中间层是内部信息处理层，负责信息变换，根据信息变化能力的需求，中间层可以设计为单隐藏层或者多隐藏层结构。
- 最后一个隐藏层：传递到输出层各神经元的信息，经进一步处理后，完成一次学习的正向传播处理过程，由输出层向外界输出信息处理结果。

当实际输出与期望输出不符时，进入误差的反向传播阶段。误差通过输出层按误差梯度下降的方式修正各层权值，向隐藏层、输入层逐层反传。周而复始的信息正向传播和误差反向传播过程是各层权值不断调整的过程，也是神经网络学习训练的过程，此过程一直进行到网络输出的误差减少到可以接受的程度或者预先设定的学习次数为止。

目前神经网络的研究方向和应用很多，反映了多学科交叉技术领域的特点，主要的研究工作集中在以下几个方面：

- 生物原型研究。从生理学、心理学、解剖学、脑科学、病理学等生物科学方面研究神经细胞、神经网络、神经系统的生物原型结构及其功能机理。
- 建立理论模型。根据生物原型的研究，建立神经元、神经网络的理论模型。其中包括概念模型、知识模型、物理化学模型、数学模型等。
- 网络模型与算法研究。在理论模型研究的基础上构建具体的神经网络模型，以实现计算机模拟或硬件的仿真，并且还包括网络学习算法的研究。这方面的工作也称为技术模型研究。
- 人工神经网络应用系统。在网络模型与算法研究的基础上，利用人工神经网络组成实际的应用系统。例如，完成某种信号处理或模式识别的功能、构建专家系统、制造机器人等。

纵观当代新兴科学技术的发展历史，人类在征服宇宙空间、基本粒子、生命起源等科学技术领域的进程中历经了崎岖不平的道路。我们也会看到，探索人脑功能和神经网络的研究将伴随着重重困难的克服而日新月异。

3.2 BP 神经网络两个基础算法详解

在正式介绍 BP 神经网络之前，需要首先介绍两个非常重要的算法，即随机梯度下降算法和最小二乘法。

最小二乘法是统计分析中最常用的逼近计算的一种算法，其交替计算结果使得最终结果尽可能地逼近真实结果。随机梯度下降算法充分利用了 TensorFlow 框架的图运算特性的迭代和高效性，通过不停地判断和选择当前目标下的最优路径，使得能够在最短路径下达到最优的结果，从而提高大数据的计算效率。

3.2.1 最小二乘法（LS 算法）详解

LS 算法是一种数学优化技术，也是一种机器学习常用算法。它通过最小化误差的平方和寻找数据的最佳函数匹配。利用最小二乘法可以简便地求得未知的数据，并使得这些求得的数据与实际数据之间误差的平方和为最小。最小二乘法还可用于曲线拟合。其他一些优化问题也可通过最小化能量或最大化熵用最小二乘法来表达。

最小二乘法不是本章的重点内容，笔者只通过一个图示演示一下 LS 算法的原理。LS 算法原理如图 3.5 所示。

从图 3.5 可以看到，若干个点依次分布在向量空间中，如果希望找出一条直线和这些点达到最佳匹配，那么最简单的一个方法就是希望这些点到直线的值最小，即下面最小二乘法实现公式最小。

$$f(x) = ax + b$$

$$\delta = \sum (f(x_i) - y_i)^2$$

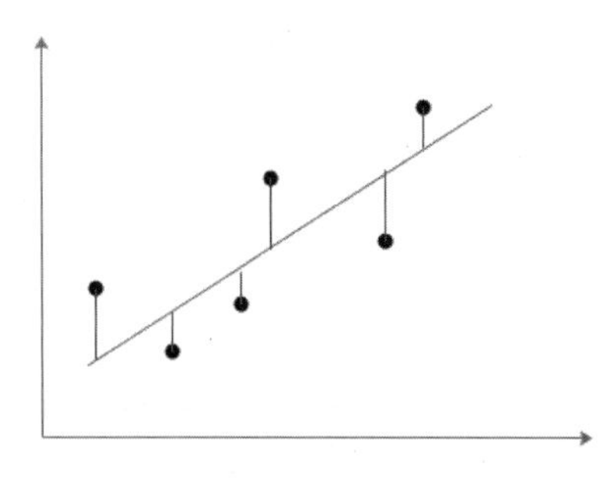

图 3.5　最小二乘法原理

这里直接引用的是真实值与计算值之间的差的平方和，具体而言，这种差值有个专门的名称为“残差”。基于此，表达残差的方式有以下 3 种：

- ∞-范数：残差绝对值的最大值 $\max\limits_{1\leqslant i\leqslant m}|r_i|$，即所有数据点中残差距离的最大值。
- L1-范数：绝对残差和 $\sum_{i=1}^{m}|r_i|$，即所有数据点残差距离之和。
- L2-范数：残差平方和 $\sum_{i=1}^{m}r_i^2$。

可以看到，所谓的最小二乘法也就是 L2 范数的一个具体应用。通俗地说，就是看模型计算出的结果与真实值之间的相似性。

因此，最小二乘法的定义可有如下定义：

对于给定的数据 $(x_i,y_i)(i=1,\ldots,m)$，在取定的假设空间 H 中，求解 $f(x)\in H$，使得残差 $\delta=\sum(f(x_i)-y_i)^2$ 的 L2–范数最小。

实际上函数 $f(x)$ 是一条多项式函数曲线：

$$f(x,w)=w_0+w_1x_0+w_2x_1+\cdots+w_nx_{n-1}$$

而使用最小二乘法就是找到一组权重 $[w_0,w_1,\ldots,w_n]$ 使得其对应的损失函数 $\delta=\frac{1}{2}\sum(f(x_i)-y_i))^2$ 值最小。那么问题又来了，如何能使得最小二乘法最小呢？

对于计算最小二乘法的最小化，可以通过数学上的微积分处理方法，这是一个求极值的问题，只需要对权值依次求偏导数，最后令偏导数为 0 即可求出极值点。

$$\frac{\partial\delta}{\partial w_0}=\sum(f(x_i)-y_i)=0$$
$$\frac{\partial\delta}{\partial w_1}=\sum(f(x_i)-y_i)\times w_1=0$$
$$\cdots$$
$$\frac{\partial\delta}{\partial w_n}=\sum(f(x_i)-y_i)\times w_n=0$$

具体实现了最小二乘法的代码如下所示：

【程序 3-1】

```
import numpy as np
from matplotlib import pyplot as plt
A = np.array([[5],[4]])
C = np.array([[4],[6]])
```

```
B = A.T.dot©
AA = np.linalg.inv(A.T.dot(A))
l=AA.dot(B)
P=A.dot(l)
x=np.linspace(-2,2,10)
x.shape=(1,10)
xx=A.dot(x)
fig = plt.figure()
ax= fig.add_subplot(111)
ax.plot(xx[0,:],xx[1,:])
ax.plot(A[0],A[1],'ko')
ax.plot([C[0],P[0]],[C[1],P[1]],'r-o')
ax.plot([0,C[0]],[0,C[1]],'m-o')
ax.axvline(x=0,color='black')
ax.axhline(y=0,color='black')
margin=0.1
ax.text(A[0]+margin, A[1]+margin, r"A",fontsize=20)
ax.text(C[0]+margin, C[1]+margin, r"C",fontsize=20)
ax.text(P[0]+margin, P[1]+margin, r"P",fontsize=20)
ax.text(0+margin,0+margin,r"O",fontsize=20)
ax.text(0+margin,4+margin, r"y",fontsize=20)
ax.text(4+margin,0+margin, r"x",fontsize=20)
plt.xticks(np.arange(-2,3))
plt.yticks(np.arange(-2,3))
ax.axis('equal')
plt.show()
```

最终结果如图 3.6 所示。

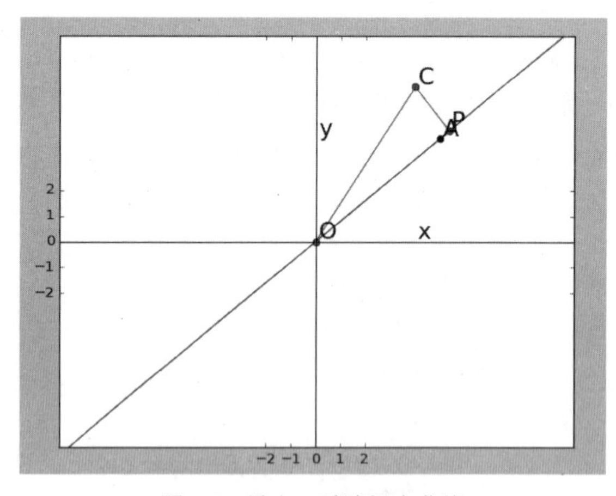

图 3.6 最小二乘法拟合曲线

3.2.2 道士下山的故事——梯度下降算法

在介绍随机梯度下降算法之前，给大家讲一个道士下山的故事，请看图 3.7。

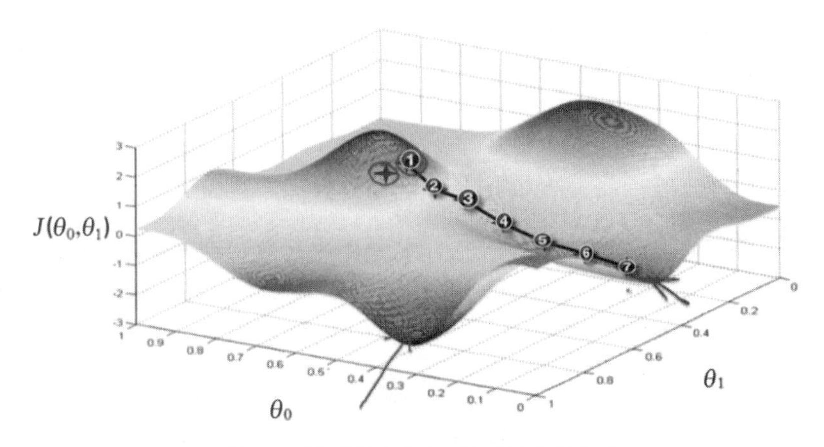

图 3.7　模拟随机梯度下降算法的演示图

这是一个模拟随机梯度下降算法的演示图。为了便于理解，我们将其比喻成道士想要出去游玩的一座山。

设想道士有一天和道友一起到一座不太熟悉的山上去玩，在兴趣盎然中很快登上了山顶。但是天有不测，下起了雨。如果这时需要道士和其同来的道友用最快的速度下山，那么怎么办呢？

如果想以最快的速度下山，那么最快的办法就是顺着坡度最陡峭的地方走下去。由于不熟悉路，道士在下山的过程中，每走过一段路程就需要停下来观望，从而选择最陡峭的下山路。这样一路走下来，就可以在最短时间内走到底。

图 3.7 中的路可以近似地表示为：

① → ② → ③ → ④ → ⑤ → ⑥ → ⑦

每个数字代表每次停顿的地点，这样只需要在每个停顿的地点选择最陡峭的下山路即可。

这就是道士下山的故事，随机梯度下降算法和这个类似。如果想要使用最迅捷的下山方法，最简单的办法就是在下降一个梯度的阶层后寻找一个当前获得的最大坡度继续下降。这就是随机梯度算法的原理。

从上面的例子可以看到，随机梯度下降算法就是不停地寻找某个节点中下降幅度最大的那个趋势进行迭代计算，直到将数据收缩到符合要求的范围为止。通过数学公式表达的方式计算的话，公式如下：

$$f(\theta)=\theta_0x_0+\theta_1x_1+\ldots+\theta_nx_n=\sum\theta_ix_i$$

在上一节讲最小二乘法的时候，我们通过最小二乘法说明了直接求解最优化变量的方法，也介绍了在求解过程中的前提条件是要求计算值与实际值的偏差的平方最小。

在随机梯度下降算法中，对于系数需要通过不停地求解出当前位置下最优化的数据。同样是使用数学方式表达的话就是不停地对系数θ 求偏导数，即公式如下所示：

$$\frac{\partial}{\partial\theta}f(\theta)=\frac{\partial}{\partial\theta}\frac{1}{2}\sum(f(\theta)-y_i)2=(f(\theta)-y)x_i$$

公式中的θ 会向着梯度下降的最快方向减少，从而推断出θ的最优解。

因此，随机梯度下降算法最终被归结为：通过迭代计算特征值，从而求出最合适的值。θ求解的公式如下：

$$\theta = \theta - \alpha(f(\theta) - y_i)x_i$$

公式中α是下降系数。用较为通俗的话表示就是用来计算每次下降的幅度大小。系数越大，每次计算中差值较大；系数越小，差值越小，但是计算时间也相对延长。

随机梯度下降算法将梯度下降算法通过一个模型来表示的话如图 3.8 所示。

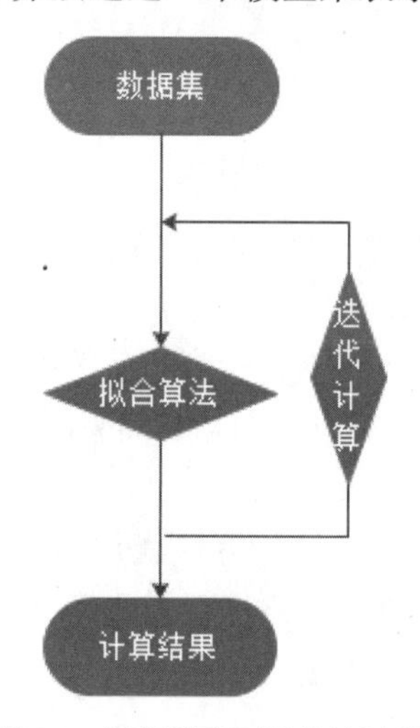

图 3.8　随机梯度下降算法过程

从图 3.8 中可以看到，实现随机梯度下降算法的关键是拟合算法的实现。本例的拟合算法实现较为简单，通过不停地修正数据值从而达到数据的最优值。

随机梯度下降算法在神经网络特别是机器学习中应用较广，由于其天生的缺陷，噪音较多，使得在计算过程中并不是都向着整体最优解的方向优化，往往可能只是一个局部最优解。为了克服这些困难，最好的办法就是增大数据量，在不停地使用数据进行迭代处理的时候能够确保整体的方向是全局最优解，或者最优结果在全局最优解附近。

【程序 3-2】

```
x = [(2, 0, 3), (1, 0, 3), (1, 1, 3), (1,4, 2), (1, 2, 4)]
y = [5, 6, 8, 10, 11]
epsilon = 0.002
alpha = 0.02
diff = [0, 0]
max_itor = 1000
error0 = 0
error1 = 0
cnt = 0
m = len(x)
theta0 = 0
theta1 = 0
```

```
    theta2 = 0
    while True:
        cnt += 1
        for i in range(m):
            diff[0] = (theta0 * x[i][0] + theta1 * x[i][1] + theta2 * x[i][2]) - y[i]
            theta0 -= alpha * diff[0] * x[i][0]
            theta1 -= alpha * diff[0] * x[i][1]
            theta2 -= alpha * diff[0] * x[i][2]
        error1 = 0
        for lp in range(len(x)):
            error1 += (y[lp] - (theta0 + theta1 * x[lp][1] + theta2 * x[lp][2])) **
2 / 2
        if abs(error1 - error0) < epsilon:
            break
        else:
            error0 = error1
    print('theta0 : %f, theta1 : %f, theta2 : %f, error1 : %f' % (theta0, theta1,
theta2, error1))
    print('Done: theta0 : %f, theta1 : %f, theta2 : %f' % (theta0, theta1, theta2))
    print('迭代次数: %d' % cnt)
```

最终结果打印如下：

```
theta0 : 0.100684, theta1 : 1.564907, theta2 : 1.920652, error1 : 0.569459
Done: theta0 : 0.100684, theta1 : 1.564907, theta2 : 1.920652
迭代次数: 2118
```

从结果上看，这里需要迭代 2118 次即可获得最优解。

3.3　反馈神经网络反向传播算法介绍

反向传播算法是神经网络的核心与精髓，在神经网络算法中取到一个举足轻重的地位。

用通俗的话说，反向传播算法就是复合函数的链式求导法则的一个强大应用，而且实际上的应用比理论上的推导强大得多。本节将主要介绍反向传播算法的一个简单模型的推导，虽然简单，但是这个简单的模型是反向传播算法应用最为广泛的基础。

3.3.1　深度学习基础

机器学习在理论上可以看作统计学在计算机科学上的一个应用。在统计学上，一个非常重要的内容就是拟合和预测，即基于以往的数据，建立光滑的曲线模型实现数据结果与数据变量的对应关系。

深度学习继承了统计学的应用领域，并且和统计学具有一样的目的，寻找结果与影响因素的一一对应关系，只不过样本点由狭义的 x 和 y 扩展到向量、矩阵等广义的对应点。此时，由于数据的复杂，对应关系模型的复杂度随之增加，而不能使用一个简单的函数表达。

数学上通过建立复杂的高次多元函数解决复杂模型拟合的问题，但是大多数都失败了，因为过于复杂的函数式是无法进行求解的，也就是其公式的获取不可能。

基于前人的研究，科研工作人员发现可以通过神经网络来表示这样的一个一一对应关系，而神经网络本质就是一个多元复合函数，通过增加神经网络的层次和神经单元可以更好地表达函数的复合关系。

图 3.9 是多层神经网络的一个图像表达方式，这与我们在前面 TensorFlow 游乐场中看到的神经网络模型类似。事实上也是如此，通过设置输入层、隐藏层与输出层可以形成一个多元函数以求解相关问题。

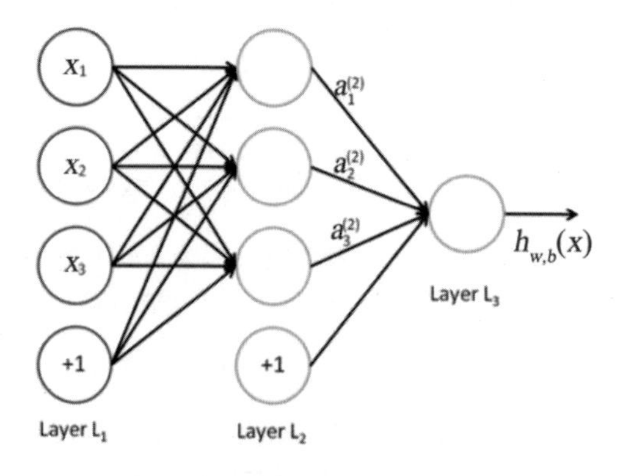

图 3.9　多层神经网络的表示

通过数学表达式将多层神经网络模型表达出来，如图 3.10 所示。

$$
\begin{aligned}
a_1 &= f(w_{11} \times x_1 + w_{12} \times x_2 + w_{13} \times x_3 + b_1) \\
a_2 &= f(w_{21} \times x_1 + w_{22} \times x_2 + w_{23} \times x_3 + b_2) \\
a_3 &= f(w_{31} \times x_1 + w_{32} \times x_2 + w_{33} \times x_3 + b_3) \\
h(x) &= f(w_{11} \times a_1 + w_{12} \times a_2 + w_{13} \times a_3 + b_1)
\end{aligned}
$$

图 3.10　多层神经网络的数学表达

其中，x 是输入数值，w 是相邻神经元之间的权重，也就是神经网络在训练过程中需要学习的参数。与线性回归类似的是，神经网络学习同样需要一个“损失函数”，即训练目标通过调整每个权重值 w 来使得损失函数最小。前面在讲解梯度下降算法的时候已经说过，如果权重过多或者指数过大，直接求解系数是一个不可能的事情，因此梯度下降算法是能够求解权重问题比较好的方法。

3.3.2　链式求导法则

在前面梯度下降算法的介绍中，没有对其背后的原理做出更为详细的介绍。实际上梯度下降算法就是链式法则的一个具体应用，如果把前面公式中损失函数以向量的形式表示为：

$$h(x) = f(w_{11}, w_{12}, w_{13}, w_{14}, \ldots, w_{ij})$$

那么其梯度向量为：

$$\nabla h = \frac{\partial f}{\partial W_{11}} + \frac{\partial f}{\partial W_{12}} + \ldots + \frac{\partial f}{\partial W_{ij}}$$

可以看到，其实所谓的梯度向量就是求出函数在每个向量上的偏导数之和。这也是链式法则善于解决的方面。

下面以 $e=(a+b)\times(b+1)$为例子，其中 $a=2$、$b=1$，计算其偏导数，如图 3.11 所示。

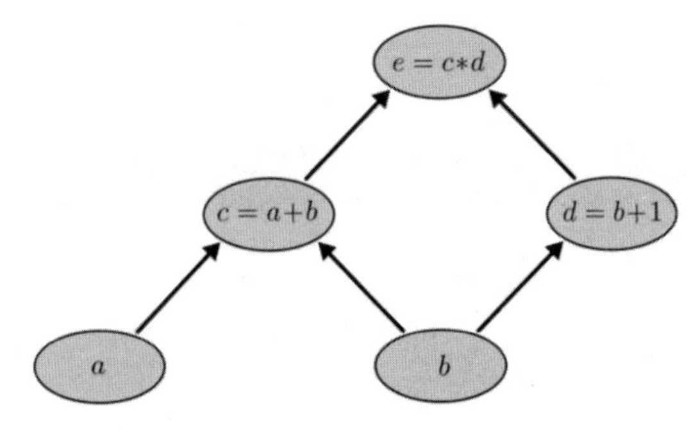

图 3.11　$e=(a+b)\times(b+1)$示意图

本例中为了求得最终值 e 对各个点的梯度，需要将各个点与 e 联系在一起，例如期望求得 e 对输入点 a 的梯度，则只需要求得：

$$\frac{\partial e}{\partial a} = \frac{\partial e}{\partial c} \times \frac{\partial c}{\partial a}$$

这样就把 e 与 a 的梯度联系在一起，同理可得：

$$\frac{\partial e}{\partial b} = \frac{\partial e}{\partial c} \times \frac{\partial c}{\partial b} + \frac{\partial e}{\partial d} \times \frac{\partial d}{\partial b}$$

用图表示如图 3.12 所示。

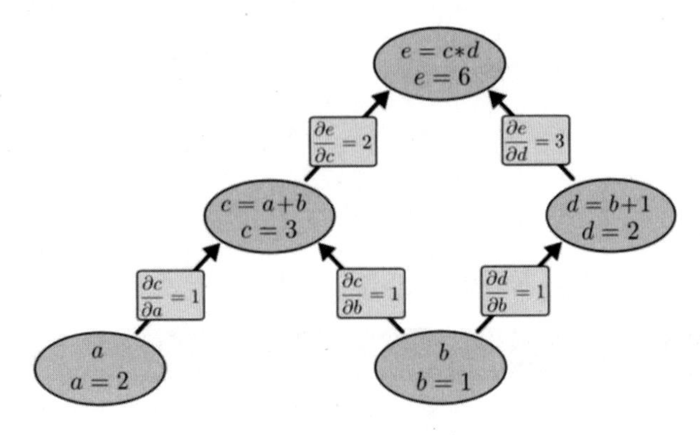

图 3.12　链式法则的应用

这样做的好处是显而易见的，求 e 对 a 的偏导数只要建立一个 e 到 a 的路径，图中经过 c，那么通过相关的求导链接就可以得到所需要的值。对于求 e 对 b 的偏导数，也只需要建立所有 e 到 b 路径中的求导路径从而获得需要的值。

3.3.3 反馈神经网络原理与公式推导

在求导过程中，如果拉长了求导过程或者增加了其中的单元，就会大大增加其中的计算过程，即很多偏导数的求导过程会被反复计算，因此在实际中对于权值达到上十万或者上百万的神经网络来说，这样的重复冗余所导致的计算量是很大的。

同样是为了求得对权重的更新，反馈神经网络算法将训练误差 E 看作以权重向量每个元素为变量的高维函数，通过不断更新权重，寻找训练误差的最低点，按误差函数梯度下降的方向更新权值。

提　示

反馈神经网络算法的具体计算公式在本节后半部分进行推导。

首先求得最后的输出层与真实值之间的差距，如图 3.13 所示。

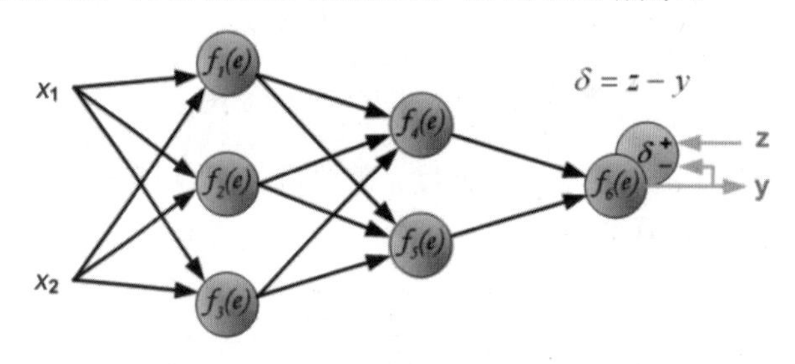

图 3.13　反馈神经网络最终误差的计算

之后以计算出的测量值与真实值为起点，反向传播到上一个节点，并计算出节点的误差值，如图 3.14 所示。

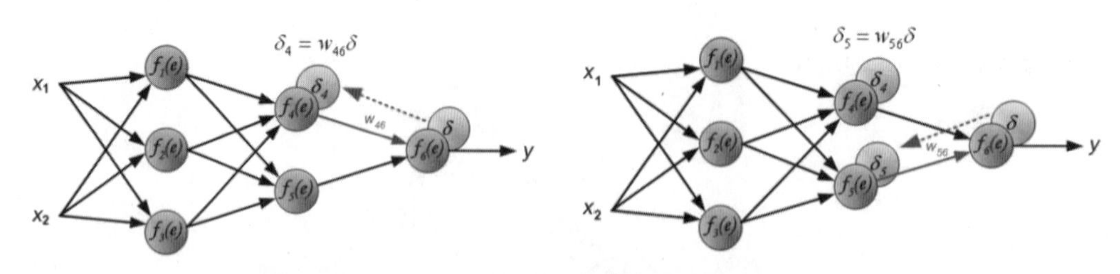

图 3.14　反馈神经网络输出层误差的传播

以后将计算出的节点误差重新设置为起点，依次向后传播误差，如图 3.15 所示。

注　意

对于隐藏层，误差并不是像输出层一样由单个节点确定而是由多个节点确定，因此对它的修正要计算所有与其连接的节点误差反馈值之和。

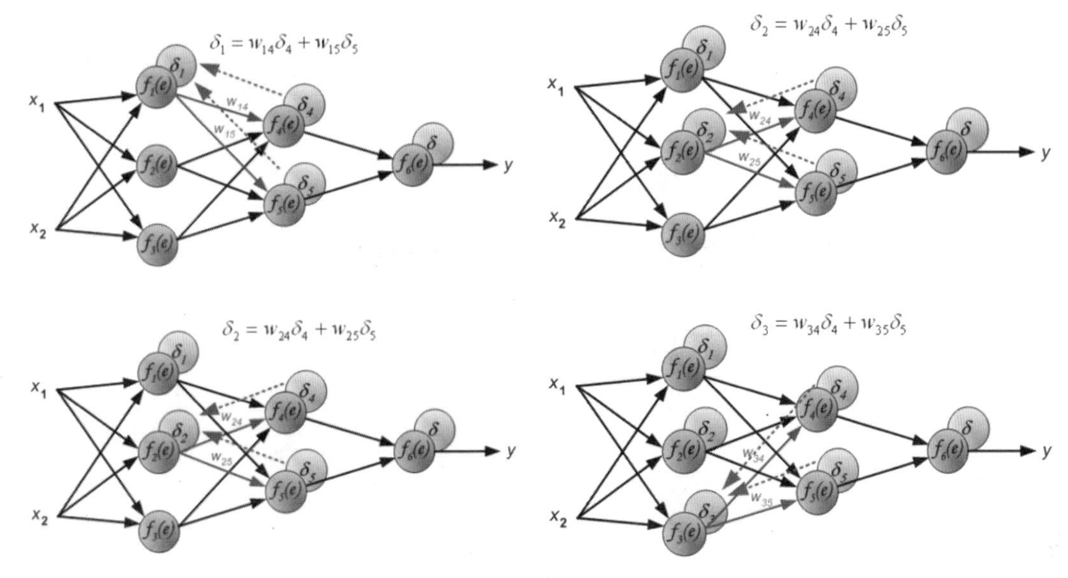

图 3.15　反馈神经网络隐藏层误差的计算

通俗地解释，一般情况下误差的产生是由于输入值与权重的计算产生了错误。输入值往往是固定不变的，因此对于误差的调节则需要对权重进行更新。权重的更新又是以输入值与真实值的偏差为基础的，当最终层的输出误差被反向一层层地传递回来后，每个节点被相应地分配适合其在神经网络地位中所担负的误差，即只需要更新其所需承担的误差量，如图 3.16 所示。

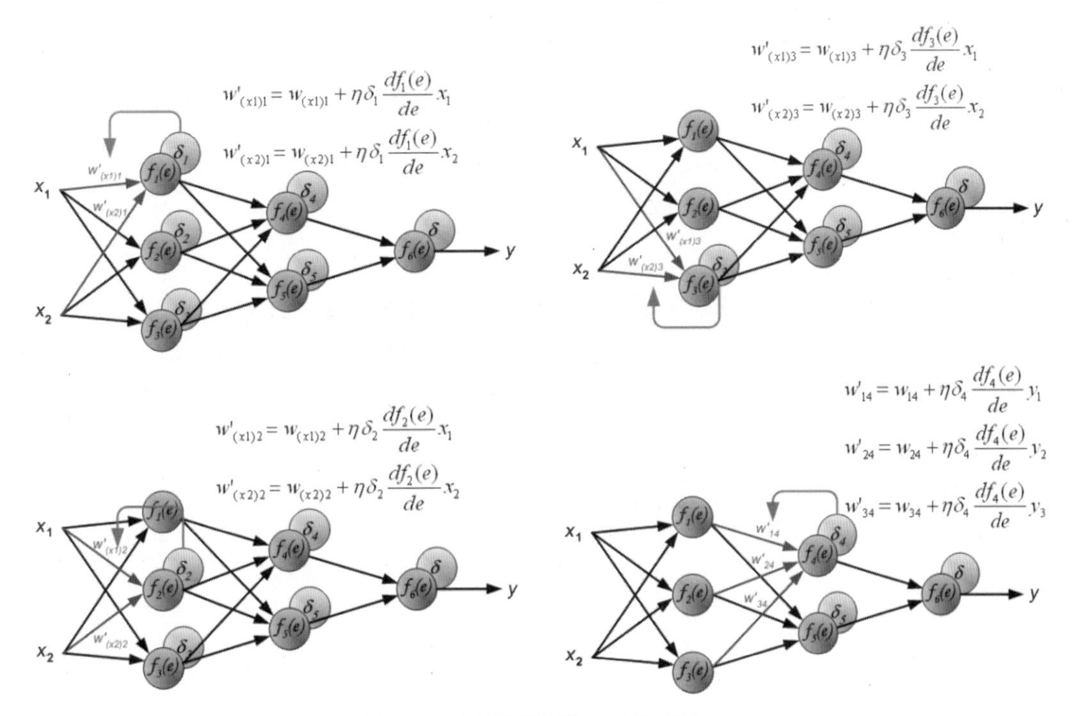

图 3.16　反馈神经网络权重的更新

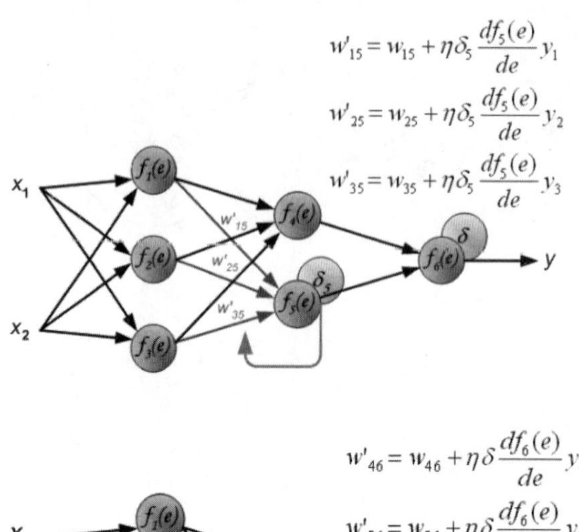

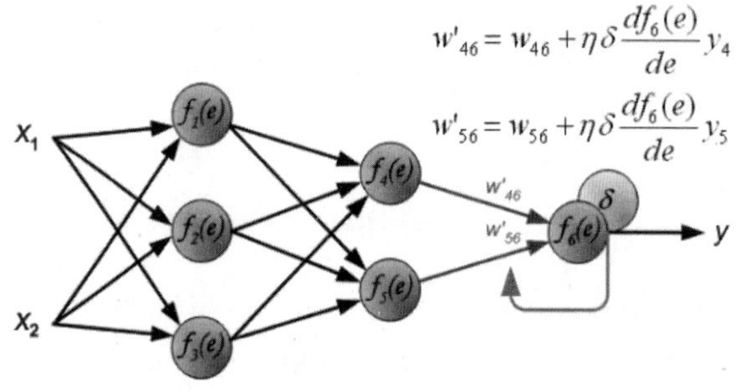

图 3.16（续）

在每一层，都需要维护输出对当前层的微分值，该微分值相当于被复用于之前每一层里权值的微分计算。因此，空间复杂度没有变化。同时也没有重复计算，每一个微分值都在之后的迭代中使用。

下面介绍一下公式的推导。公式的推导需要使用一些高等数学的知识，因此读者可以自由选择学习。

首先是算法的分析，前面已经说过，对于反馈神经网络算法，主要需要知道输出值与真实值之间的差值。

- 对输出层单元，误差项是真实值与模型计算值之间的差值。
- 对于隐藏层单元，由于缺少直接的目标值来计算隐藏层单元的误差，因此需要以间接的方式来计算隐藏层的误差项对受隐藏层单元 h 影响的每一个单元的误差进行加权求和。
- 权值的更新方面，主要依靠学习速率、该权值对应的输入以及单元的误差项。

【定义一】前向传播算法

对于前向传播的值传递，隐藏层输出值定义如下：

$$a_h^{H1}=W_h^{H1}\times X_i$$
$$b_h^{H1}=f(a_h^{H1})$$

其中，X_i 是当前节点的输入值，W_h^{H1} 是连接到此节点的权重，a_h^{H1} 是输出值。f 是当前阶段的激活函数，b_h^{H1} 为当年节点的输入值经过计算后被激活的值。

对于输出层，定义如下：

$$a_k = \sum W_{hk} \times b_h^{H1}$$

其中，W_{hk} 为输入的权重，b_h^{H1} 为输入到输出节点的输入值。这里对所有输入值进行权重计算后求得和值，作为神经网络的最后输出值 a_k。

【定义二】反向传播算法

与前向传播类似，首先需要定义两个值 δ_k 与 δ_h^{H1}：

$$\delta_k = \frac{\partial L}{\partial a_k} = (Y - T)$$

$$\delta_h^{H1} = \frac{\partial L}{\partial a_h^{H1}}$$

其中，δ_k 为输出层的误差项，其计算值为真实值与模型计算值之间的差值；Y 是计算值，T 是输出真实值；δ_h^{H1} 为输出层的误差。

提　示
对于 δ_k 与 δ_h^{H1} 来说，无论定义在哪个位置，都可以看作当前的输出值对于输入值的梯度计算。

通过前面的分析可以知道，神经网络反馈算法就是逐层地将最终误差进行分解，即每一层只与下一层打交道，如图 3.17 所示。据此可以假设每一层均为输出层的前一个层级，通过计算前一个层级与输出层的误差得到权重的更新。

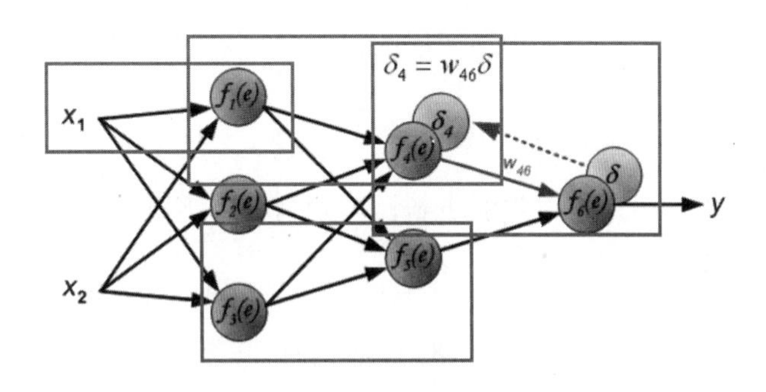

图 3.17　权重的逐层反向传导

因此，反馈神经网络计算公式定义为：

$$
\begin{aligned}
\delta_h^{H1} &= \frac{\partial L}{\partial a_h^{H1}} \\
&= \frac{\partial L}{\partial b_h^{H1}} \times \frac{\partial b_h^{H1}}{\partial a_h^{H1}} \\
&= \frac{\partial L}{\partial b_h^{H1}} \times f'(a_h^{H1}) \\
&= \frac{\partial L}{\partial a_k} \times \frac{\partial a_k}{\partial b_h^{H1}} \times f'(a_h^{H1}) \\
&= \delta_k \times \sum W_{hk} \times f'(a_h^{H1}) \\
&= \sum W_{hk} \times \delta_k \times f'(a_h^{H1})
\end{aligned}
$$

即当前层输出值对误差的梯度可以通过下一层的误差与权重和输入值的梯度乘积获得。在公式 $\sum W_{hk} \times \delta_k \times f'(a_h^{H1})$ 中，δ_k 若为输出层则可以通过 $\delta_k = \frac{\partial L}{\partial a_k} = (Y-T)$ 求得，δ_k 为非输出层时则可以使用逐层反馈的方式求得 δ_k 的值。

提　示

这里千万要注意，对于 δ_k 与 δ_h^{H1} 来说，其计算结果都是当前的输出值对于输入值的梯度计算，是权重更新过程中一个非常重要的数据计算内容。

或者换一种表述形式将前面的公式表示为：

$$\delta^1 = \sum W_{ij}^1 \times \delta_j^{l+1} \times f'(a_i^1)$$

可以看到，通过更为泛化的公式把当前层的输出对输入的梯度计算转化成求下一个层级的梯度计算值。

【定义三】权重的更新

反馈神经网络计算的目的是对权重的更新，因此与梯度下降算法类似，其更新可以仿照梯度下降对权值的更新公式：

$$\theta = \theta - \alpha(f(\theta) - y_i)x_i$$

即：

$$W_{ji} = W_{ji} + \alpha \times \delta_j^l \times x_{ji}$$

$$b_{ji} = b_{ji} + \alpha \times \delta_j^l$$

其中，ji 表示为反向传播时对应的节点系数，通过对 δ_j^l 的计算就可以更新对应的权重值。

W_{ji} 的计算公式如上所示。

对于没有推导的 b_{ji}，其推导过程与 W_{ji} 类似，但是在推导过程中输入值是被消去的，请读者自行学习。

3.3.4 反馈神经网络原理的激活函数

现在回到反馈神经网络的函数：

$$\delta^1 = \sum W_{ij}^1 \times \delta_j^{l+1} \times f'(a_i^1)$$

对于此公式中的 W_{ij}^1 和 δ_j^{l+1} 以及所需要计算的目标 δ^1 已经做了较为详尽的解释，对 $f'(a_i^1)$ 则一直没有做出介绍。

回到前面生物神经元的图示中，传递进来的电信号通过神经元进行传递，由于神经元的突触强弱是有一定敏感度的，也就是只会对超过一定范围的信号进行反馈。也就是说，这个电信号必须大于某个阈值，神经元才会被激活引起后续的传递。

在训练模型中同样需要设置神经元的阈值，即神经元被激活的频率用于传递相应的信息，模型中这种能够确定是否为当前神经元节点的函数被称为“激活函数”，如图 3.18 所示。

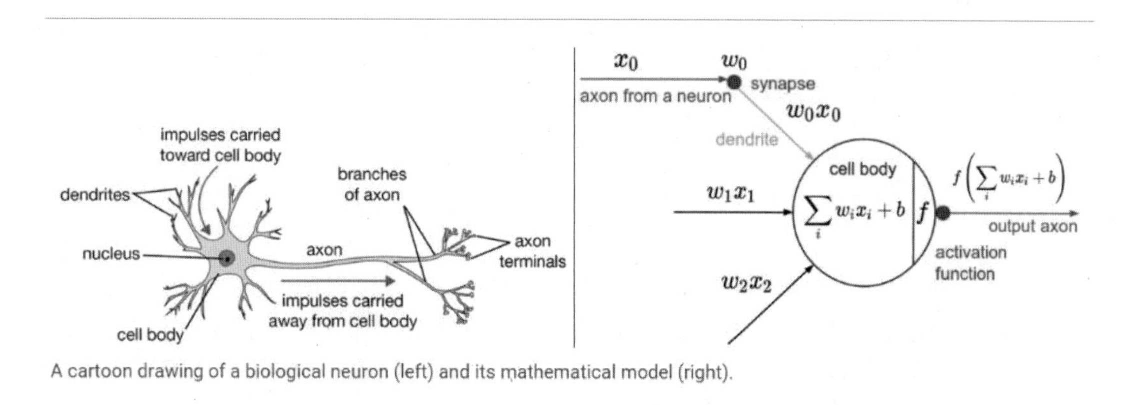

图 3.18 激活函数示意图

激活函数代表了生物神经元中接收到的信号强度，目前应用范围较广的是 sigmoid 函数。因为其在运行过程中只接受一个值，输出也是一个经过公式计算后的值，且其输出值为 0~1 之间。

$$y = \frac{1}{1+e^{-x}}$$

其图形如图 3.19 所示。

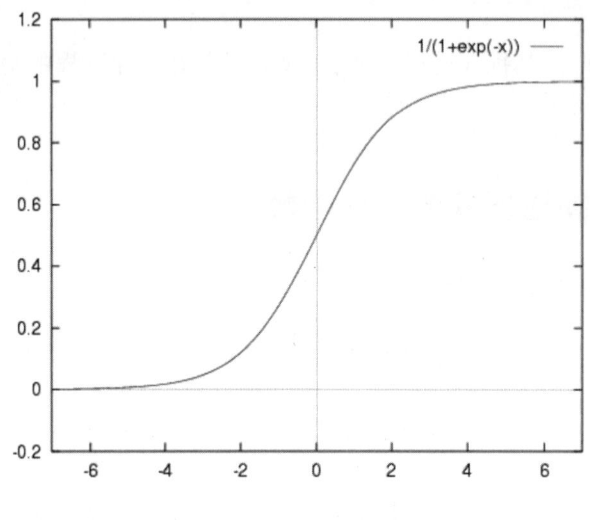

图 3.19　sigmoid 激活函数图

其倒函数的求法较为简单，即：

$$y' = \frac{e^{-x}}{(1+e^{-x})^2}$$

换一种表示方式为：

$$f(x)' = f(x) \times (1 - f(x))$$

sigmoid 输入一个实值的数，之后将其压缩到 0~1 之间。较大值的负数被映射成 0，大的正数被映射成 1。

顺带说一句，sigmoid 函数在神经网络模型中占据了很长一段时间的统治地位，但是目前已经不常使用，主要原因是其非常容易区域饱和，当输入开始非常大或者非常小的时候，其梯度区域零会造成在传播过程中产生接近于 0 的梯度。这样在后续的传播时会造成梯度消散的现象，因此并不适合现代的神经网络模型使用。

除此之外，近年来涌现出大量新的激活函数模型，例如 Maxout、Tanh 和 ReLU 模型，这些都是为了解决传统的 sigmoid 模型在更深程度上的神经网络所产生的各种不良影响。

提　示

sigmoid 函数的具体使用和影响会在后文的 TensorFlow 实战中进行介绍。

3.3.5　反馈神经网络原理的 Python 实现

本节将使用 Python 语言对神经网络的反馈算法做一个实现。经过前几节的解释，读者对神经网络的算法和描述有了一定的理解，本节将使用 Python 代码去实现一个自己的反馈神经网络。

为了简化起见，这里的神经网络被设置成三层，即只有一个输入层、一个隐藏层以及最终的输出层。

（1）首先是辅助函数的确定：

```
def rand(a, b):
     return (b - a) * random.random() + a
def make_matrix(m,n,fill=0.0):
     mat = []
     for i in range(m):
        mat.append([fill] * n)
     return mat
def sigmoid(x):
     return 1.0 / (1.0 + math.exp(-x))
def sigmod_derivate(x):
     return x * (1 - x)
```

代码首先定义了随机值，使用 random 包中的 random 函数生成了一系列随机数，之后的 make_matrix 函数生成了相对应的矩阵。sigmoid 和 sigmod_derivate 分别是激活函数和激活函数的导函数。这也是前文所定义的内容。

（2）之后进入 BP 神经网络类的正式定义，类的定义需要对数据进行内容的设定。

```
def __init__(self):
    self.input_n = 0
    self.hidden_n = 0
    self.output_n = 0
    self.input_cells = []
    self.hidden_cells = []
    self.output_cells = []
    self.input_weights = []
    self.output_weights = []
```

init 函数是数据内容的初始化，即在其中设置了输入层、隐藏层以及输出层中节点的个数；各个 cell 数据是各个层中节点的数值；weights 数据代表各个层的权重。

（3）setup 函数的作用是对 init 函数中设定的数据进行初始化。

```
def setup(self,ni,nh,no):
    self.input_n = ni + 1
    self.hidden_n = nh
    self.output_n = no
    self.input_cells = [1.0] * self.input_n
    self.hidden_cells = [1.0] * self.hidden_n
    self.output_cells = [1.0] * self.output_n
    self.input_weights = make_matrix(self.input_n,self.hidden_n)
    self.output_weights = make_matrix(self.hidden_n,self.output_n)
    # random activate
    for i in range(self.input_n):
        for h in range(self.hidden_n):
            self.input_weights[i][h] = rand(-0.2, 0.2)
```

```
        for h in range(self.hidden_n):
            for o in range(self.output_n):
                self.output_weights[h][o] = rand(-2.0, 2.0)
```

注意，输入层节点个数被设置成 ni+1，这是由于其中包含 bias 偏置数；各个节点与 1.0 相乘是初始化节点的数值；各个层的权重值根据输入层、隐藏层以及输出层中节点的个数被初始化并被赋值。

（4）定义完各个层的数目后，下面进入正式的神经网络内容的定义，首先是对于神经网络前向的计算。

```
    def predict(self,inputs):
        for i in range(self.input_n - 1):
            self.input_cells[i] = inputs[i]
        for j in range(self.hidden_n):
            total = 0.0
            for i in range(self.input_n):
                total += self.input_cells[i] * self.input_weights[i][j]
            self.hidden_cells[j] = sigmoid(total)
        for k in range(self.output_n):
            total = 0.0
            for j in range(self.hidden_n):
                total += self.hidden_cells[j] * self.output_weights[j][k]
            self.output_cells[k] = sigmoid(total)
        return self.output_cells[:]
```

代码段中将数据输入到函数中，通过隐藏层和输出层的计算最终以数组的形式输出。案例的完整代码如下所示：

【程序 3-3】

```
import numpy as np
import math
import random
def rand(a, b):
    return (b - a) * random.random() + a
def make_matrix(m,n,fill=0.0):
    mat = []
    for i in range(m):
        mat.append([fill] * n)
    return mat
def sigmoid(x):
return 1.0 / (1.0 + math.exp(-x))
def sigmod_derivate(x):
    return x * (1 - x)
class BPNeuralNetwork:
    def __init__(self):
        self.input_n = 0
        self.hidden_n = 0
        self.output_n = 0
        self.input_cells = []
        self.hidden_cells = []
```

```
        self.output_cells = []
        self.input_weights = []
        self.output_weights = []
    def setup(self,ni,nh,no):
        self.input_n = ni + 1
        self.hidden_n = nh
        self.output_n = no
        self.input_cells = [1.0] * self.input_n
        self.hidden_cells = [1.0] * self.hidden_n
        self.output_cells = [1.0] * self.output_n
        self.input_weights = make_matrix(self.input_n,self.hidden_n)
        self.output_weights = make_matrix(self.hidden_n,self.output_n)
        # random activate
        for i in range(self.input_n):
            for h in range(self.hidden_n):
                self.input_weights[i][h] = rand(-0.2, 0.2)
        for h in range(self.hidden_n):
            for o in range(self.output_n):
                self.output_weights[h][o] = rand(-2.0, 2.0)
    def predict(self,inputs):
        for i in range(self.input_n - 1):
            self.input_cells[i] = inputs[i]
        for j in range(self.hidden_n):
            total = 0.0
            for i in range(self.input_n):
                total += self.input_cells[i] * self.input_weights[i][j]
            self.hidden_cells[j] = sigmoid(total)
        for k in range(self.output_n):
            total = 0.0
            for j in range(self.hidden_n):
                total += self.hidden_cells[j] * self.output_weights[j][k]
            self.output_cells[k] = sigmoid(total)
        return self.output_cells[:]
    def back_propagate(self,case,label,learn):
        self.predict(case)
        #计算输出层的误差
        output_deltas = [0.0] * self.output_n
        for k in range(self.output_n):
            error = label[k] - self.output_cells[k]
            output_deltas[k] = sigmod_derivate(self.output_cells[k]) * error
        #计算隐藏层的误差
        hidden_deltas = [0.0] * self.hidden_n
        for j in range(self.hidden_n):
            error = 0.0
            for k in range(self.output_n):
                error += output_deltas[k] * self.output_weights[j][k]
            hidden_deltas[j] = sigmod_derivate(self.hidden_cells[j]) * error
        #更新输出层权重
        for j in range(self.hidden_n):
            for k in range(self.output_n):
```

```
                self.output_weights[j][k] += learn * output_deltas[k] *
self.hidden_cells[j]
            #更新隐藏层权重
            for i in range(self.input_n):
                for j in range(self.hidden_n):
                    self.input_weights[i][j] += learn * hidden_deltas[j] *
self.input_cells[i]
            error = 0
            for o in range(len(label)):
                error += 0.5 * (label[o] - self.output_cells[o]) ** 2
            return error
        def train(self,cases,labels,limit = 100,learn = 0.05):
            for i in range(limit):
                error = 0
                for i in range(len(cases)):
                    label = labels[i]
                    case = cases[i]
                    error += self.back_propagate(case, label, learn)
            pass
        def test(self):
            cases = [
                [0, 0],
                [0, 1],
                [1, 0],
                [1, 1],
            ]
            labels = [[0], [1], [1], [0]]
            self.setup(2, 5, 1)
            self.train(cases, labels, 10000, 0.05)
            for case in cases:
                print(self.predict(case))
    if __name__ == '__main__':
        nn = BPNeuralNetwork()
        nn.test()
```

3.4 本章小结

本章是较为理论的部分，主要讲解 TensorFlow 的核心算法：反向传播算法。虽然在编程中可能并不需要显式地使用反向传播，或者框架自动完成了反向传播的计算，但是了解和掌握 TensorFlow 的反向传播算法能使得读者在程序的编写过程中事半功倍。

第 4 章

卷积层与 MNIST 实战

从本章开始将进入本书的重要部分——卷积神经网络的介绍。

卷积神经网络是从信号处理衍生过来的一种对数字信号处理的方式，发展到图像信号处理上演变成一种专门用来处理具有矩阵特征的网络结构处理方式。卷积神经网络在很多应用上都有独特的优势，甚至可以说是无可比拟的，例如音频的处理和图像处理。

本章将会介绍什么是卷积神经网络，介绍卷积实际上是一种不太复杂的数学运算，即卷积是一种特殊的线性运算形式。之后会介绍“池化”这一概念，这是卷积神经网络中必不可少的操作。另外，为了消除过拟合会介绍 drop-out 这一常用的方法。这些概念是为了让卷积神经网络运行得更加高效的一些常用方法。

4.1 卷积运算基本概念

在数字图像处理中有一种基本的处理方法，即线性滤波。它将待处理的二维数字看作一个大型矩阵，图像中的每个像素可以看作矩阵中的每个元素，像素的大小就是矩阵中的元素值。

使用的滤波工具是另一个小型矩阵，这个矩阵被称为卷积核。卷积核的大小远远小于图像矩阵，具体的计算方式就是对于图像大矩阵中的每个像素，计算其周围的像素和卷积核对应位置的乘积，之后将结果相加最终得到的终值就是该像素的值，这样就完成了一次卷积。最简单的图像卷积方式如图 4.1 所示。

本节将详细介绍卷积的运算、定义以及一些细节调整的介绍，这些都是卷积使用中必不可少的内容。

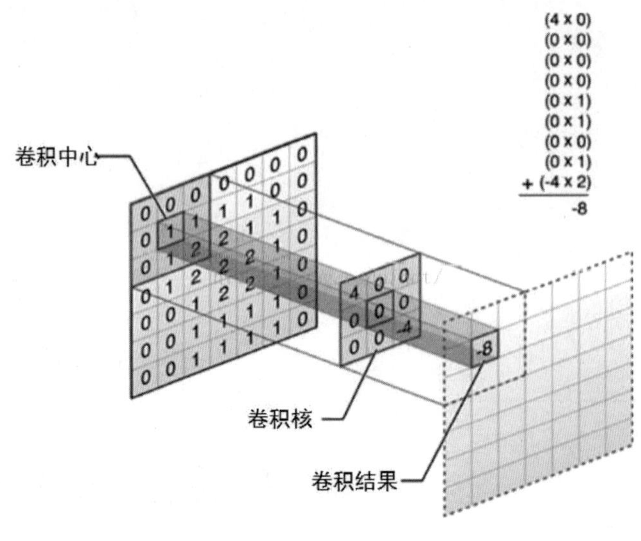

图 4.1　卷积运算

4.1.1 卷积运算

前面已经说过了，卷积实际上是使用两个大小不同的矩阵进行的一种数学运算。为了便于读者理解，我们从一个例子开始。

对高速公路上的跑车进行位置追踪，这也是卷积神经网络图像处理一个非常重要的应用。摄像头接收到的信号被计算为 $x(t)$，表示跑车在路上时刻 t 的位置。

实际上的处理往往没有那么简单，因为在自然界无时无刻不面临各种影响和摄像头传感器的滞后。为了得到跑车位置的实时数据，采用的方法就是对测量结果进行均值化处理。对于运动中的目标，时间越久的位置则越不可靠，时间离计算时越短的位置则对真实值的相关性越高。因此，可以对不同的时间段赋予不同的权重，即通过一个权值定义来计算。这个可以表示为：

$$s(t) = \int x(a)\omega(t-a)\mathrm{d}a$$

这种运算方式被称为卷积运算。换个符号表示为：

$$s(t) = (x * \omega)(t)$$

在卷积公式中，第一个参数 x 被称为“输入数据”，第二个参数 ω 被称为“核函数”，$s(t)$ 是输出，即特征映射。

对于稀疏矩阵（见图 4.2）来说，卷积网络具有稀疏性，即卷积核的大小远远小于输入数据矩阵的大小。例如，当输入一个图片信息时，数据的大小可能为上万的结构，但是使用的卷积核却只有几十，这样能够在计算后获取更少的参数特征，极大地减少了后续的计算量。

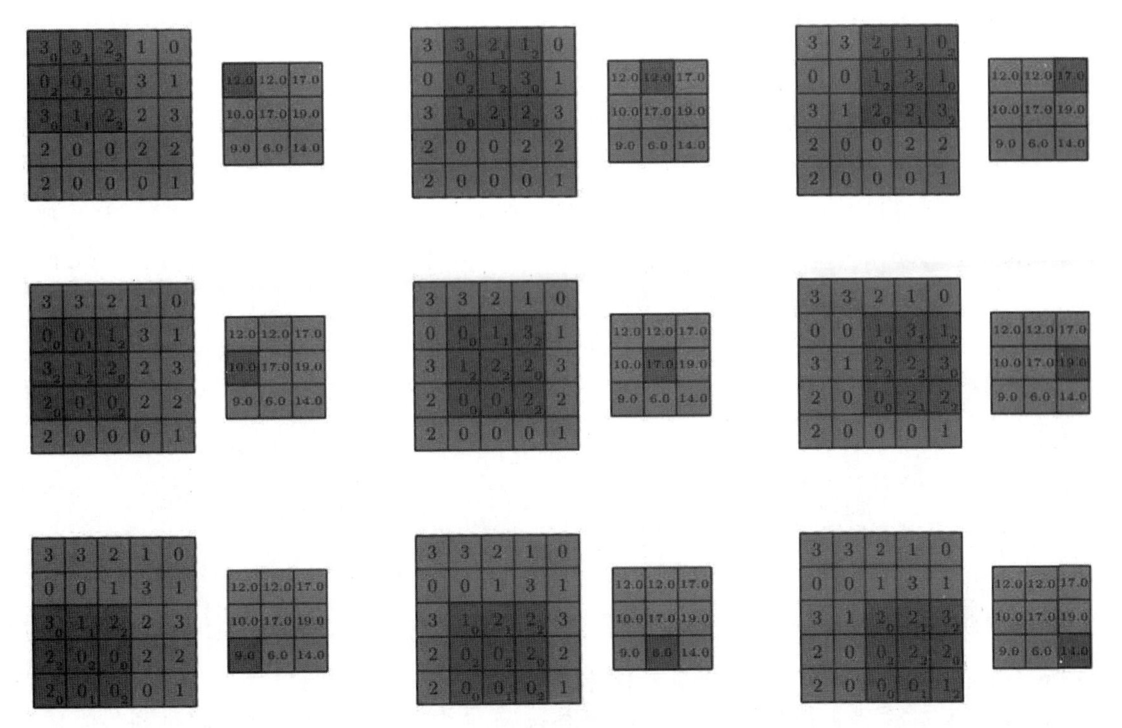

图 4.2　稀疏矩阵

参数共享指的是在特征提取过程中不同输入值的同一个位置区域上会使用相同的参数，在传统的神经网络中，每个权重只对其连接的输入输出起作用，当其连接的输入输出元素结束后就不会再用到。而在卷积神经网络中卷积核的每一个元素都被用在输入的同一个位置上，在过程中只需学习一个参数集合，就能把这个参数应用到所有的图片元素中。

【程序 4-1】

```
    import struct
    import matplotlib.pyplot as plt
    import  numpy as np
    dateMat = np.ones((7,7))
    kernel = np.array([[2,1,1],[3,0,1],[1,1,0]])
    def convolve(dateMat,kernel):
        m,n = dateMat.shape
        km,kn = kernel.shape
        newMat = np.ones(((m - km + 1),(n - kn + 1)))
        tempMat = np.ones(((km),(kn)))
        for row in range(m - km + 1):
            for col in range(n - kn + 1):
                for m_k in range(km):
                    for n_k in range(kn):
                        tempMat[m_k,n_k] = dateMat[(row + m_k),(col + n_k)] *
kernel[m_k,n_k]
                newMat[row,col] = np.sum(tempMat)
        return newMat
```

程序 4-1 实现了由 Python 实现的卷积操作，这里卷积核从左到右、从上到下进行卷积计算，最后返回新的矩阵。

4.1.2 TensorFlow 中卷积函数实现详解

前面章节中通过 Python 实现了卷积的计算，TensorFlow 为了框架计算的迅捷同样也使用了专门的函数 Conv2D(Conv)作为卷积计算函数。这个函数是搭建卷积神经网络最为核心的函数之一，非常重要。(卷积层的具体内容请读者参考相关资料自行学习，本书将不再展开讲解。)

```
    class Conv2D(Conv):
    def __init__(self, filters, kernel_size, strides=(1, 1), padding='valid',
data_format=None,
                 dilation_rate=(1, 1), activation=None, use_bias=True,
                 kernel_initializer='glorot_uniform', bias_initializer='zeros',
                 kernel_regularizer=None, bias_regularizer=None,
activity_regularizer=None,
                 kernel_constraint=None, bias_constraint=None, **kwargs):
```

Conv2D(Conv)是 TensorFlow 的卷积层自带的函数，最重要的 5 个参数如下：

- filters：卷积核数目，卷积计算时折射使用的空间维度。
- kernel_size：卷积核大小，要求是一个 Tensor，具有[filter_height, filter_width, in_channels, out_channels]这样的 shape，具体含义是[卷积核的高度，卷积核的宽度，图像通道数，卷积核个数]，要求类型与参数 input 相同。有一个地方需要注意，第三维 in_channels 就是参数 input 的第四维。
- strides：步进大小，卷积时在图像每一维的步长，这是一个一维的向量，第一维和第四维默认为 1，第三维和第四维分别是平行和竖直滑行的步进长度。
- padding：补全方式，string 类型的量，只能是"SAME"和"VALID"其中之一，这个值决定了不同的卷积方式。
- activation：激活函数，一般使用 relu 作为激活函数。

【程序 4-2】

```
import tensorflow as tf
input = tf.Variable(tf.random.normal([1, 3, 3, 1]))
conv = tf.keras.layers.Conv2D(1,2)(input)
print(conv)
```

程序 4-2 展示了一个使用 TensorFlow 高级 API 进行卷积计算的例子，在这里随机生成了一个[3,3]大小的矩阵，之后使用 1 个大小为[2,2]的卷积核对其进行计算，打印结果如图 4.3 所示。

```
tf.Tensor(
[[[[ 0.43207052]
   [ 0.4494554 ]]

  [[-1.5294989 ]
   [ 0.9994287 ]]]], shape=(1, 2, 2, 1), dtype=float32)
```

图 4.3　打印结果

可以看到，卷积对生成的随机数据进行计算，重新生成了一个[1,2,2,1]大小的卷积结果。这是由于卷积在工作时边缘被处理消失，因此生成的结果小于原有的图像。

有时候需要生成的卷积结果和原输入矩阵的大小一致，需要将参数 padding 的值设为"VALID"，当其为"SAME"时，表示图像边缘将由一圈 0 补齐，使得卷积后的图像大小和输入大小一致，示意如下：

00000000000

0xxxxxxxxx0

0xxxxxxxxx0

0xxxxxxxxx0

00000000000

这里 x 是图片的矩阵信息，外面一圈是补齐的 0，而 0 在卷积处理时对最终结果没有任何影响。这里略微对其进行修改，如程序 4-3 所示。

【程序 4-3】

```
import tensorflow as tf
input = tf.Variable(tf.random.normal([1, 5, 5, 1]))          #输入图像大小变化
conv = tf.keras.layers.Conv2D(1,2,padding="SAME")(input)    #卷积核大小
print(conv .shape)
```

这里只打印最终卷积计算的维度大小，结果如下：

```
(1, 5, 5, 1)
```

可以看到这里最终生成了一个[1,5,5,1]大小的结果，这是由于在补全方式上笔者采用了"SAME"的模式对其进行处理。

下面再换一个参数，在前面的代码中 stride 的大小使用的是默认值[1,1]，此时如果把 stride 替换成[2,2]，即步进大小设置成 2，代码如下：

【程序 4-4】

```
import tensorflow as tf
input = tf.Variable(tf.random.normal([1, 5, 5, 1]))
conv = tf.keras.layers.Conv2D(1,2,strides=[2,2],padding="SAME")(input)
#strides 的大小被替换
print(conv.shape)
```

最终打印结果：

```
(1, 3, 3, 1)
```

可以看到，即使是采用 padding="SAME"模式填充，生成的结果也不再是原输入的大小，而是维度有了变化。

最后总结一下经过卷积计算后结果图像的大小变化公式：

$$N = (W - F + 2P)/S + 1$$

- 输入图片大小为 $W \times W$。
- Filter 大小为 $F \times F$。

- 步长为 S。
- padding 的像素数为 P，一般情况下 P=1。

读者可以自行验证。

4.1.3 池化运算

在通过卷积获得了特征（features）之后，下一步希望利用这些特征去做分类。理论上讲，人们可以用所有提取得到的特征去训练分类器，例如 softmax 分类器，但这样做面临计算量的挑战。例如，对于一个 96×96 像素的图像，假设已经学习得到了 400 个定义在 8×8 输入上的特征，每一个特征和图像卷积都会得到一个(96−8+1)×(96−8+1)=7921 维的卷积特征，由于有 400 个特征，因此每个样例（example）都会得到一个 892×400=3168400 维的卷积特征向量。学习一个拥有超过 300 万特征输入的分类器十分不便，并且容易出现过拟合（over-fitting）。

这个问题的产生是因为卷积后的图像具有一种“静态性”的属性，也就意味着在一个图像区域有用的特征极有可能在另一个区域同样适用。因此，为了描述大的图像，一个很自然的想法就是对不同位置的特征进行聚合统计。

例如，特征提取可以计算图像一个区域上的某个特定特征的平均值（或最大值），如图 4.4 所示。这些概要统计特征不仅具有低得多的维度（相比使用所有提取得到的特征），同时还会改善结果（不容易过拟合）。这种聚合的操作就叫作池化（pooling），有时也称为平均池化或者最大池化（取决于计算池化的方法）。

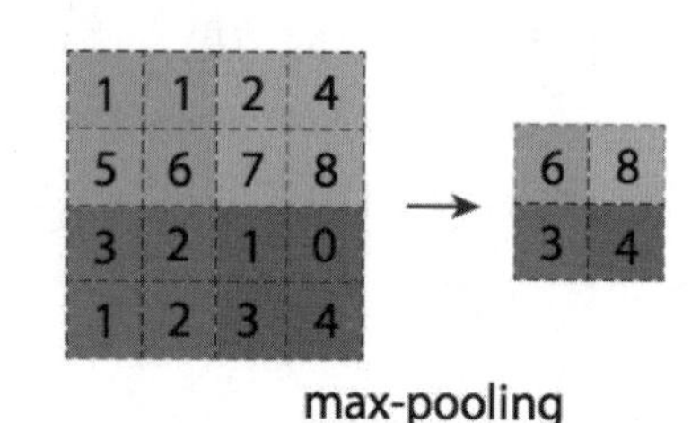

图 4.4 max-pooling 后的图片

如果选择图像中的连续范围作为池化区域，并且只是池化相同（重复）的隐藏单元产生的特征，那么这些池化单元就具有平移不变性（translationinvariant）。这就意味着即使图像经历了一个小的平移之后依然会产生相同的（池化的）特征。在很多任务中（例如物体检测、声音识别），我们都更希望得到具有平移不变性的特征，因为即使图像经过了平移，样例（图像）的标记仍然保持不变。

TensorFlow 中池化运算的函数如下：

```
class MaxPool2D (Pooling2D):
def __init__(self, pool_size=(2, 2), strides=None,
             padding='valid', data_format=None, **kwargs):
```

重要的参数如下：

- pool_size：池化窗口的大小，默认大小一般是[2, 2]。

- strides：和卷积类似，窗口在每一个维度上滑动的步长，默认大小一般也是[2,2]。
- padding：和卷积类似，可以取'VALID' 或者'SAME'，返回一个 Tensor，类型不变，shape 仍然是[batch, height, width, channels]这种形式。

池化一个非常重要的作用就是能够帮助输入的数据表示近似不变性。对于平移不变性，指的是对输入的数据进行少量平移时，经过池化后的输出结果并不会发生改变。局部平移不变性是一个很有用的性质，尤其是当关心某个特征是否出现而不关心它出现的具体位置时。

例如，当判定一幅图像中是否包含人脸时，并不需要判定眼睛的位置，而是需要知道一只眼睛出现在脸部的左侧、另外一只出现在右侧就可以了。

4.1.4　softmax 激活函数

softmax 函数在前面已经做过介绍，并且笔者使用 Numpy 自定义实现了 softmax 的功能和函数。softmax 是一个对概率进行计算的模型，因为在真实的计算模型系统中对一个实物的判定并不是 100%，而只是有一定的概率，并且在所有的结果标签上都可以求出一个概率。

$$f(x)=\sum_{i}^{j} w_{ij}x_j + b$$

$$\mathrm{soft\,max} = \frac{\mathrm{e}^{x_i}}{\sum_{0}^{j}\mathrm{e}^{x_i}}$$

$$y = \mathrm{soft\,max}(f(x)) = \mathrm{soft\,max}(w_{ij}x_j + b)$$

其中，第一个公式是人为定义的训练模型，这里采用的是输入数据与权重的乘积和并加上一个偏置 b 的方式。偏置 b 存在的意义是为了加上一定的噪声。

对于求出的 $f(x)=\sum_{i}^{j} w_{ij}x_j + b$，softmax 的作用就是将其转化成概率。换句话说，这里的 softmax 可以被看作是一个激励函数，将计算的模型输出转换为在一定范围内的数值，并且在总体中这些数值的和为 1，每个单独的数据结果都有其特定的数据结果。

用更为正式的语言表述就是 softmax 是模型函数定义的一种形式：把输入值当成幂指数求值，再正则化这些结果值。这个幂运算表示，更大的概率计算结果对应更大的假设模型里面的乘数权重值。反之，拥有更少的概率计算结果意味着在假设模型里面拥有更小的乘数系数。

假设模型里的权值不可以是 0 值或者负值。softmax 然后会正则化这些权重值，使它们的总和等于 1，以此构造一个有效的概率分布。

对于最终的公式 $y = \mathrm{soft\,max}(f(x)) = \mathrm{soft\,max}(w_{ij}x_j + b)$ 来说，可以将其认为是如图 4.5 所示的形式。

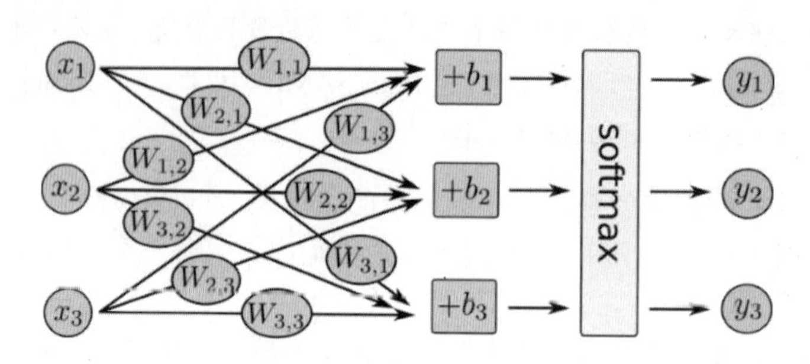

图 4.5　softmax 计算形式

图 4.5 演示了 softmax 的计算公式，实际上就是输入的数据通过与权重的乘积之后对其进行 softmax 计算得到的结果。如果将其用数学方法表示出来，可以如图 4.6 所示。

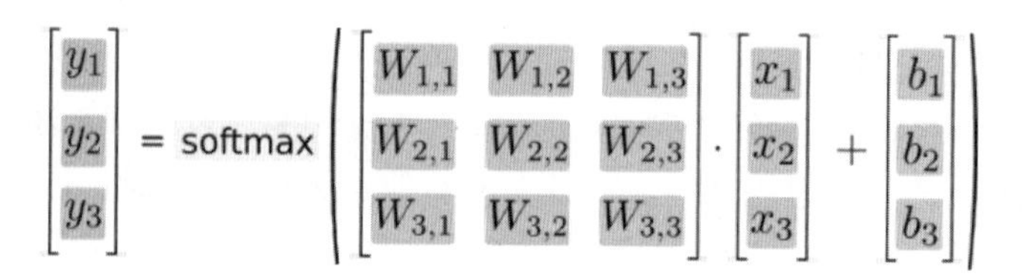

图 4.6　softmax 矩阵表示

将这个计算过程用矩阵的形式表示出来，即矩阵乘法和向量加法，这样有利于使用 TensorFlow 内置的数学公式进行计算，极大地提高了程序效率。

4.1.5　卷积神经网络原理

前面介绍了卷积运算的基本原理和概念，从本质上来说卷积神经网络就是将图像处理中的二维离散卷积运算和神经网络相结合。这种卷积运算可以用于自动提取特征，而卷积神经网络也主要应用于二维图像的识别。下面笔者将采用图示的方法更加直观地介绍卷积神经网络的工作原理。

一个卷积神经网络中有一个输入层、一个卷积层、一个输出层，但是在真正使用的时候一般会使用多层卷积神经网络不断地去提取特征，特征越抽象，越有利于识别（分类）。通常，卷积神经网络也包含池化层、全连接层，最后接输出层。

图 4.7 展示了对一幅图片进行卷积神经网络处理的过程，其中主要包含 4 个步骤：

- 图像输入：获取输入的数据图像。
- 卷积：对图像特征进行提取。
- Pooling 层：用于缩小在卷积时获取的图像特征。
- 全连接层：用于对图像进行分类。

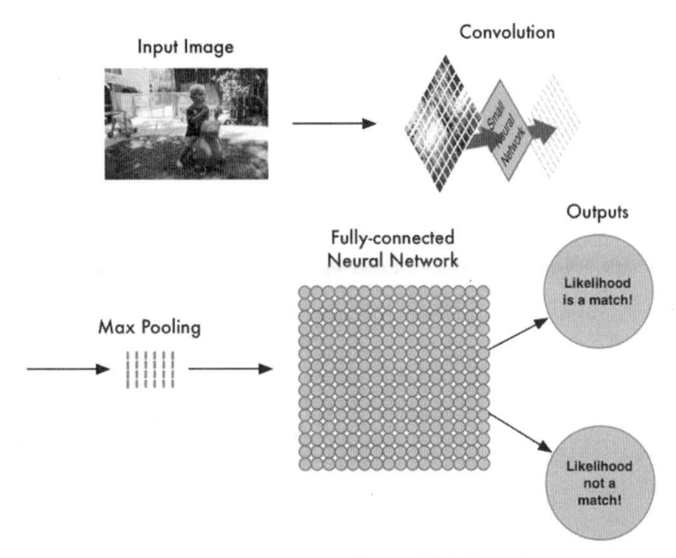

图 4.7　卷积神经网络处理图像的步骤

这几个步骤依次进行，分别具有不同的作用。经过卷积层的图像被分部提取特征后获得分块的、同样大小的图片，如图 4.8 所示。

图 4.8　卷积处理的分解图像

可以看到，经过卷积处理后的图像被分为若干个大小相同、只具有局部特征的图片。图 4.9 表示对分解后的图片使用一个小型神经网络做更进一步的处理，即将二维矩阵转化成一维数组。

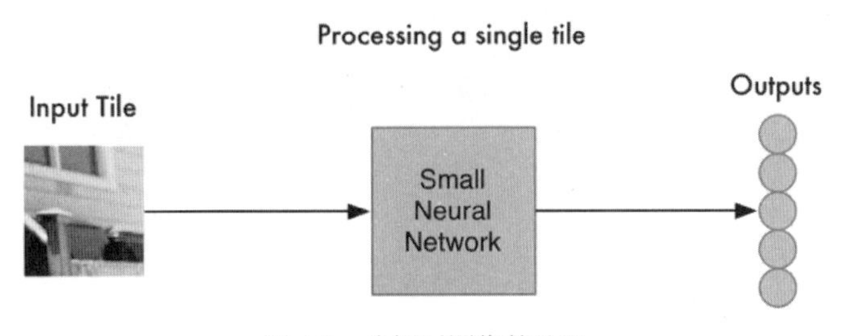

图 4.9　分解后图像的处理

需要说明的是，在这个步骤中，也就是对图片进行卷积化处理时，卷积算法对所有分解后的局部特征进行同样的计算，这个步骤称为“权值共享”。这样做的依据如下：

- 对图像等数组数据来说，局部数组的值经常是高度相关的，可以形成容易被探测到的独特的局部特征。
- 图像和其他信号的局部统计特征与其位置是不太相关的，如果特征图能在图片的一个部分出现，就能出现在任何地方。所以不同位置的单元共享同样的权重，并在数组的不同部分探测相同的模式。

数学上，这种由一个特征图执行的过滤操作是一个离散的卷积，卷积神经网络由此得名。

池化层的作用是对获取的图像特征进行缩减，从前面的例子中可以看到，使用[2,2]大小的矩阵来处理特征矩阵，使得原有的特征矩阵可以缩减到 1/4 大小，特征提取的池化效应如图 4.10 所示。

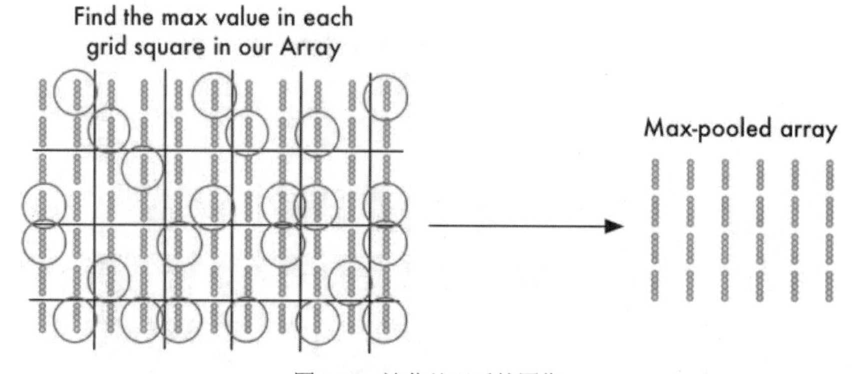

图 4.10　池化处理后的图像

经过池化处理的图像矩阵作为神经网络的数据输入，使用一个全连接层对输入的所有节点数据进行分类处理（见图 4.11），并且计算这个图像所求的所属位置概率最大值。

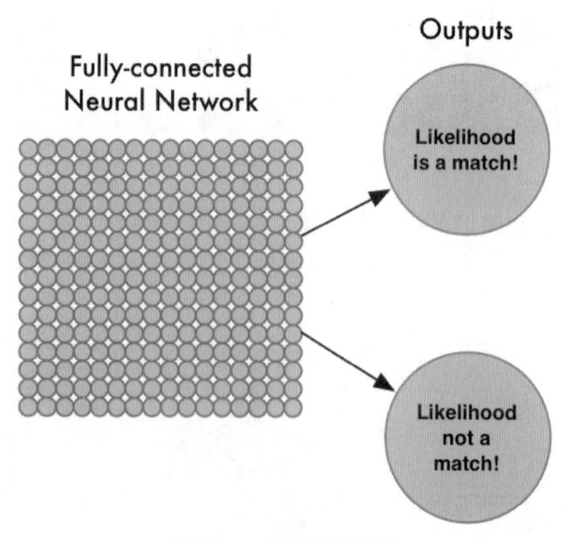

图 4.11　全连接层判断

采用较为通俗的语言概括，卷积神经网络是一个层级递增的结构，也可以认为是一个人在读报纸，首先一字一句地读取，之后整段地理解，最后获得全文的倾向。卷积神经网络也是从边缘、结构和位置等一起感知物体的形状。

4.2　编程实战：MNIST 手写体识别

下面笔者将带领读者做一个使用卷积神经网络实战的例子，即使用 TensorFlow 进行 MNIST 手写体的识别。

4.2.1　MNIST 数据集

“HelloWorld”是任何一种编程语言入门的基础程序，任何一名同学在开始编程学习时打印的第一句话往往就是“HelloWorld”。前面章节中笔者也带领读者学习和掌握了 TensorFlow 的第一个程序“HelloWorld”。

在深度学习编程中也有其特有的“HelloWorld”，即 MNIST 手写体的识别。相对于上一章单纯地从数据文件中读取数据并加以训练的模型，MNIST 是一个图片数据集，其分类更多，难度也更大。

对于好奇的读者来说，一定有一个疑问，MNIST 究竟是什么？

实际上，MNIST 是一个手写数字的数据库，有 60000 个训练样本集和 10000 个测试样本集。打开来看，MNIST 数据集就是图 4.12 所示的这个样子。

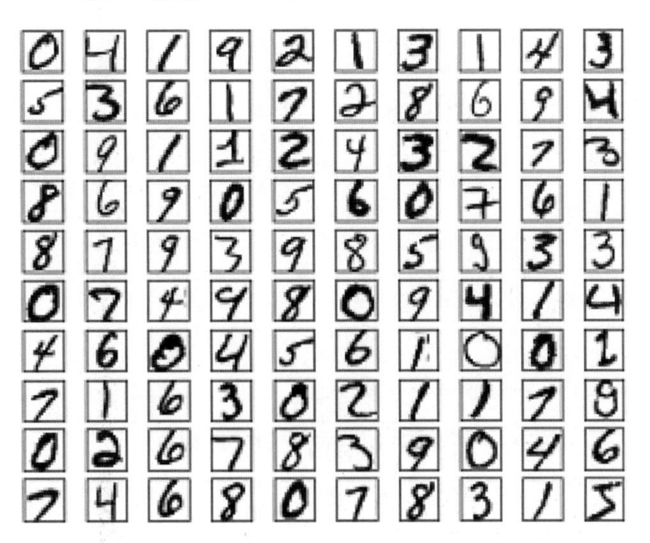

图 4.12　MNIST 文件手写体

可以从 MNIST 数据库官方网址直接下载 train-images-idx3-ubyte.gz、train-labels-idx1-ubyte.gz 等，如图 4.13 所示。

```
Four files are available on this site:

train-images-idx3-ubyte.gz:   training set images (9912422 bytes)
train-labels-idx1-ubyte.gz:   training set labels (28881 bytes)
t10k-images-idx3-ubyte.gz:     test set images (1648877 bytes)
t10k-labels-idx1-ubyte.gz:     test set labels (4542 bytes)
```

图 4.13 MNIST 文件中包含的数据集

下载 4 个文件，解压缩后发现这些文件并不是标准的图像格式，也就是一个训练图片集、一个训练标签集、一个测试图片集、一个测试标签集。这些文件是压缩文件，解压出来后是二进制文件，其中训练图片集的内容部分如图 4.14 所示。

```
0000 0803 0000 ea60 0000 001c 0000 001c
0000 0000 0000 0000 0000 0000 0000 0000
0000 0000 0000 0000 0000 0000 0000 0000
0000 0000 0000 0000 0000 0000 0000 0000
0000 0000 0000 0000 0000 0000 0000 0000
0000 0000 0000 0000 0000 0000 0000 0000
0000 0000 0000 0000 0000 0000 0000 0000
0000 0000 0000 0000 0000 0000 0000 0000
0000 0000 0000 0000 0000 0000 0000 0000
0000 0000 0000 0000 0000 0000 0000 0000
```

图 4.14 MNIST 文件的二进制表示

MNIST 训练集内部的文件结构如图 4.15 所示。

```
TRAINING SET IMAGE FILE (train-images-idx3-ubyte):

[offset] [type]          [value]          [description]
0000     32 bit integer  0x00000803(2051) magic number
0004     32 bit integer  60000            number of images
0008     32 bit integer  28               number of rows
0012     32 bit integer  28               number of columns
0016     unsigned byte   ??               pixel
0017     unsigned byte   ??               pixel
........
xxxx     unsigned byte   ??               pixel
```

图 4.15 MNIST 文件结构图

图 4.15 所示是训练集的文件结构，其中有 60000 个实例。也就是说，这个文件里面包含了 60000 个标签内容，每一个标签的值为 0~9 之间的一个数。这里我们先解析每一个属性的含义。首先该数据是以二进制格式存储的，我们读取的时候要以 rb 方式读取；其次，真正的数据只有[value]这一项，其他的[type]等只是用来描述的，并不真正在数据文件里面。

也就是说，在读取真实数据之前，要读取 4 个 32 bit 的整数型（int）数据。由[offset]可以看出真正的 pixel 是从 0016 开始的，一个整数型 32 位的数据，所以在读取 pixel 之前要读取 4 个参数，也就是 magic number、number of images、number of rows、number of columns。

继续对图片进行分析。在 MNIST 图片集中，所有的图片都是 28×28 的，也就是每个图片都有 28×28 个像素；在图 4.16 所示的 train-images-idx3-ubyte 文件中偏移量为 0 字节处有一个 4 字节的数为 0000 0803，表示魔数；接下来是 0000 ea60；值为 60000，代表容量；接下来从第 8 个字节开始有一个 4 字节数，值为 28，也就是 0000 001c，表示每个图片的行数；从第 12 个字节开始有一个 4 字节数，值也为 28，也就是 0000 001c，表示每个图片的列数；从第 16 个字节开始才是我们的像素值。

这里使用每 784 个字节代表一幅图片。

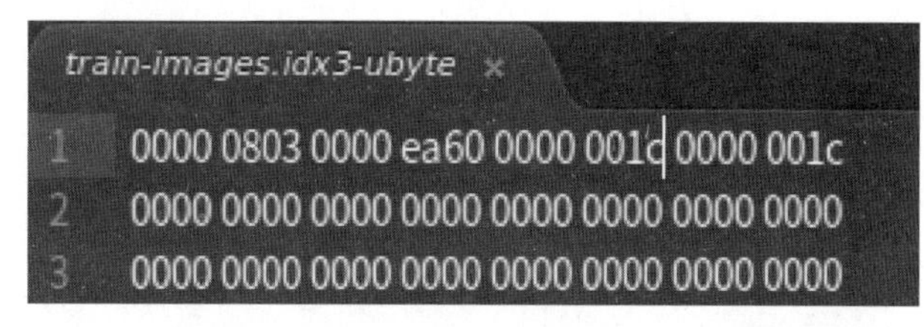

图 4.16　每个手写体被分成 28×28 个像素

4.2.2　MNIST 数据集特征和标签介绍

前面已经介绍了通过一个简单的 iris 数据集的例子实现了对 3 个类别的分类问题。现在我们加大难度，尝试使用 TensorFlow 去预测 10 个分类。这实际上难度并不大，如果读者已经掌握了前面的 3 分类的程序编写，那么这个则不在话下。

首先是对数据库的获取。读者可以通过前面的地址下载正式的 MNIST 数据集，然而在 TensorFlow 2.0 中，集成的 Keras 高级 API 带有已经处理成 npy 格式的 MNIST 数据集，可以对其进行载入和计算。

```
mnist = tf.keras.datasets.mnist
(x_train, y_train), (x_test, y_test) = mnist.load_data()
```

这里 Keras 能够自动连接互联网下载所需要的 MNIST 数据集，最终下载的是 npz 格式的数据集 mnist.npz。

如果有读者无法连接下载数据，本书自带的代码库中也同样提供了对应的 mnist.npz 数据的副本，读者只将其复制到目标位置，之后在 load_data 函数中提供绝对地址即可，代码如下：

```
(x_train, y_train), (x_test, y_test) =
mnist.load_data(path='C:/Users/wang_xiaohua/Desktop/TF2.0/dataset/mnist.npz')
```

需要注意的是，这里输入的是数据集的绝对地址。load_data 函数会根据输入的地址将数据进行处理，并自动将其分解成训练集和验证集。打印训练集的维度如下：

```
(60000, 28, 28)
(60000,)
```

这里是使用 Keras 自带的 API 进行数据处理的第一个步骤，有兴趣的读者可以自行完成数据的读取和切分的代码。

在上面的代码段中，load_data 函数可以按既定的格式读取出来。正如 iris 数据库一样，每个 MNIST 实例数据单元也是由 2 部分构成的，一幅包含手写数字的图片和一个与其相对应的标签。可以将其中的标签特征设置成“y”，而图片特征矩阵以“x”来代替，所有的训练集和测试集中都包含 x 和 y。

图 4.17 用更为一般化的形式解释了 MNIST 数据实例的展开形式。在这里，图片数据被展开成矩阵的形式，矩阵的大小为 28×28。至于如何处理这个矩阵，常用的方法是将其展开，而展开的方式和顺序并不重要，只需要将其按同样的方式展开即可。

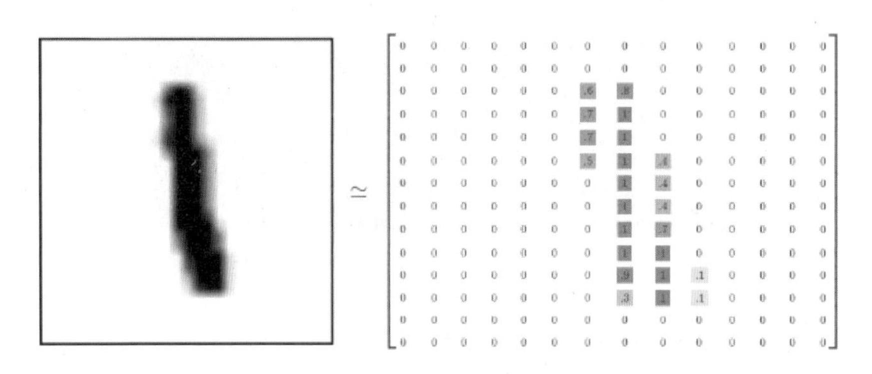

图 4.17　图片转换为向量模式

下面回到对数据的读取，前面已经介绍了，MNIST 数据集实际上就是一个包含着 60000 张图片的 60000×28×28 大小的矩阵张量[60000,28,28]，如图 4.18 所示。

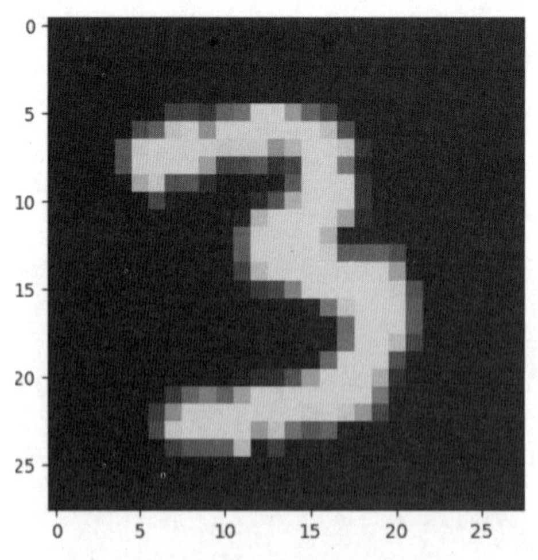

图 4.18　MNIST 数据集的矩阵表示

矩阵中行数指的是图片的索引，用以对图片进行提取。后面的 28×28 个向量用以对图片特征进行标注。实际上，这些特征向量就是图片中的像素点，每张手写图片是[28,28]的大小，每个像素转化为 0~1 之间的一个浮点数，构成矩阵。

如同在上一章的例子中，每个实例的标签对应于 0~9 之间的任意一个数字，用以对图片进行标注。需要注意的是，对于提取出来的 MNIST 的特征值，默认是使用一个 0~9 的数值进行标注，但是这种标注方法并不能使得损失函数获得一个好的结果，因此常用的是 one_hot 计算方法，即将值具体落在某个标注区间中。

one_hot 的标注方法请读者自行学习掌握。这里笔者主要介绍将单一序列转化成 one_hot 的方法。一般情况下，TensorFlow 也自带了转化函数，即 tf.one_hot 函数，但是这个转化生成的是 Tensor 格式的数据，因此并不适合直接输入。

如果读者能够自行编写将序列值转化成 one_hot 的函数，那么编程功底是不错的，但是 Keras 提供了已经编写好的转换函数：

```
tf.keras.utils.to_categorical
```

其作用是将一个序列转化成以 one_hot 形式表示的数据集，格式如图 4.19 所示。

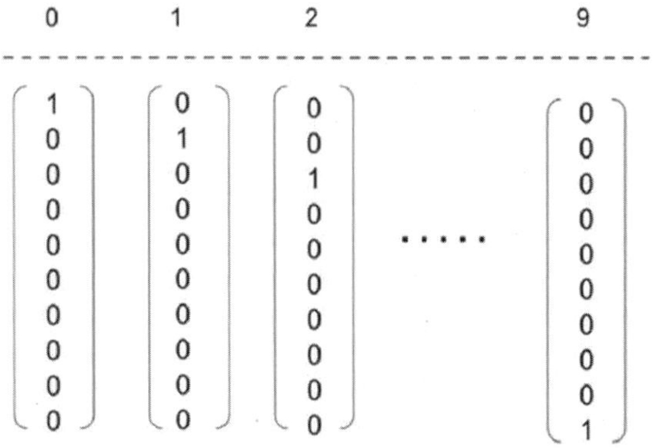

图 4.19　one-hot 数据集

对于 MNIST 数据集的标签来说，实际上就是一个 60000 张图片的 60000×10 大小的矩阵张量[60000,10]。前面的行数指的是数据集中图片的个数为 60000 个，后面的 10 是 10 个列向量。

4.2.3　TensorFlow 2.X 编程实战：MNIST 数据集

在上一节中，笔者对 MNIST 数据做了介绍，描述了其构成方式以及其中数据的特征和标签含义等。了解这些有助于编写适当的程序来对 MNIST 数据集进行分析和识别。下面将一步步地分析和编写代码以对数据集进行处理。

1．数据的获取

对于 MNIST 数据的获取实际上有很多渠道，读者可以使用 TensorFlow 2.0 自带的数据获取方式获得 MNIST 数据集并进行处理，代码如下：

```
mnist = tf.keras.datasets.mnist
(x_train, y_train), (x_test, y_test) = mnist.load_data()
(
x_train, y_train), (x_test, y_test)     #下载 MNIST.npy 文件要注明绝对地址
= mnist.load_data(path='C:/Users/wang_xiaohua/Desktop/
```

```
TF2.0/dataset/mnist.npz')
```

实际上，对于 TensorFlow 来说，它提供了常用 API 并收集整理一些数据集，为模型的编写和验证带来了最大限度的方便。

不过，对于软件自带的 API 和自己实现的 API，应该选择哪个呢？

选择自带的 API！除非能肯定自带的 API 不适合你的代码。因为大多数自带的 API 在底层都会做一定程度的优化，调用不同的库包去最大效率地实现功能，因此即使自己的 API 与其功能一样，但是内部实现还是有所不同的。请牢记“不要重复造轮子”。

2. 数据的处理

对于数据的处理，读者可以参考 iris 数据的处理方式进行，即首先将 label 进行 one-hot 处理，之后使用 TensorFlow 自带的 data API 进行打包，方便地组合成 train 与 label 的配对数据集。

```
    x_train = tf.expand_dims(x_train,-1)
    y_train = np.float32(tf.keras.utils.to_categorical(y_train,num_classes=10))
    x_test = tf.expand_dims(x_test,-1)
    y_test = np.float32(tf.keras.utils.to_categorical(y_test,num_classes=10))
    bacth_size = 512
    train_dataset = tf.data.Dataset.from_tensor_slices((x_train,y_train)).
batch(bacth_size).shuffle(bacth_size * 10)
    test_dataset = tf.data.Dataset.from_tensor_slices((x_test,y_test)).
batch(bacth_size)
```

需要注意的是，在数据被读出后，x_train 与 x_test 分别是训练集与测试集的数据特征部分，其是两个维度为[x,28,28]大小的矩阵，但是在 4.1 节中介绍卷积计算时，卷积的输入是一个 4 维的数据，还需要一个“通道”的标注，因此对其使用 tf 的扩展函数，修改了维度的表示方式。

3. 模型的确定与各模块的编写

对于使用深度学习构建一个分辨 MNIST 的模型来说，最简单最常用的方法是建立一个基于卷积神经网络+分类层的模型，结构如图 4.20 所示。

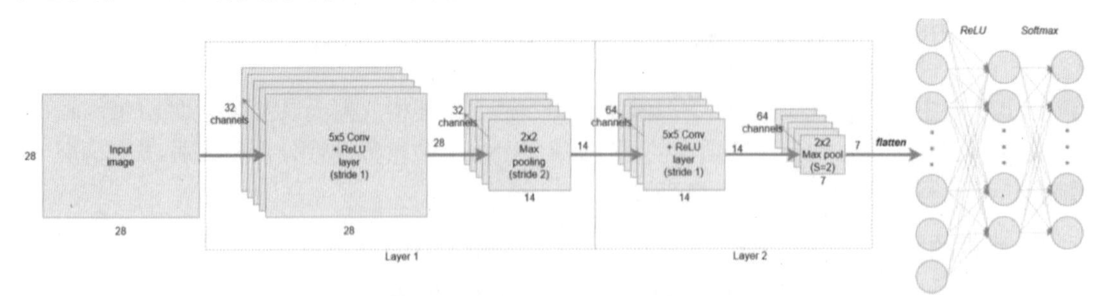

图 4.20　基于卷积神经网络+分类层的模型

从图 4.20 可以看到，一个简单的卷积神经网络模型是由卷积层、池化层、dropout 层以及作为分类的全连接层构成的，同时每一层之间使用 relu 激活函数做分割，而 batch_normalization 作为正则化的工具也被作为各个层之间的连接而使用。

模型代码如下：

```
    input_xs = tf.keras.Input([28,28,1])
    conv = tf.keras.layers.Conv2D(32,3,padding="SAME",
activation=tf.nn.relu)(input_xs)
    conv = tf.keras.layers.BatchNormalization()(conv)
    conv = tf.keras.layers.Conv2D(64,3,padding="SAME",
activation=tf.nn.relu)(conv)
    conv = tf.keras.layers.MaxPool2D(strides=[1,1])(conv)
    conv = tf.keras.layers.Conv2D(128,3,padding="SAME",
activation=tf.nn.relu)(conv)
    flat = tf.keras.layers.Flatten()(conv)
    dense = tf.keras.layers.Dense(512, activation=tf.nn.relu)(flat)
    logits = tf.keras.layers.Dense(10, activation=tf.nn.softmax)(dense)
    model = tf.keras.Model(inputs=input_xs, outputs=logits)
    print(model.summary())
```

下面分步进行解释。

（1）输入的初始化

输入的初始化使用的是 Input 类，这里根据输入的数据大小将输入的数据维度做成[28,28,1]，其中的 batch_size 不需要设置，TensorFlow 会在后台自行推断。

```
    input_xs = tf.keras.Input([28,28,1])
```

（2）卷积层

TensorFlow 中自带了卷积层实现类对卷积的计算，这里首先创建了一个类，通过设定卷积核数据、卷积核大小、padding 方式和激活函数初始化了整个卷积类。

```
    conv = tf.keras.layers.Conv2D(32,3,padding="SAME",
activation=tf.nn.relu)(input_xs)
```

TensorFlow 中的卷积层的定义在绝大多数的情况下直接调用给定的实现好的卷积类即可。当卷积核大小等于 3 时，TensorFlow 专门给予了优化，原因在下一章揭晓。现在读者只需要牢记卷积类的初始化和卷积层的使用即可。

（3）BatchNormalization 和 Maxpool 层

Batch_normalization 和 Maxpool 层的目的是输入数据正则化，最大限度地减少模型的过拟合和增大模型的泛化能力。对于 Batch_normalization 和 Maxpool 的实现，读者自行参考模型代码的写法做个实现，有兴趣的读者可以更深一步学习其相关的理论，本书就不再过多介绍了。

```
    conv = tf.keras.layers.BatchNormalization()(conv)
      …
    conv = tf.keras.layers.MaxPool2D(strides=[1,1])(conv)
```

（4）起分类作用的全连接层

全连接层的作用是对卷积层所提取的特征做最终分类。这里我们首先使用 flat 函数，将提取计算后的特征值平整化，之后的 2 个全连接层起到特征提取和分类的作用，最终做出分类。

```
    dense = tf.keras.layers.Dense(512, activation=tf.nn.relu)(flat)
    logits = tf.keras.layers.Dense(10, activation=tf.nn.softmax)(dense)
```

同样使用 TensorFlow 对模型进行打印，可以将所涉及的各个层级都打印出来，如图 4.21 所示。

```
Model: "model"
_________________________________________________________________
Layer (type)                 Output Shape              Param #
=================================================================
input_1 (InputLayer)         [(None, 28, 28, 1)]       0
_________________________________________________________________
conv2d (Conv2D)              (None, 28, 28, 32)        320
_________________________________________________________________
batch_normalization (BatchNo (None, 28, 28, 32)        128
_________________________________________________________________
conv2d_1 (Conv2D)            (None, 28, 28, 64)        18496
_________________________________________________________________
max_pooling2d (MaxPooling2D) (None, 27, 27, 64)        0
_________________________________________________________________
conv2d_2 (Conv2D)            (None, 27, 27, 128)       73856
_________________________________________________________________
flatten (Flatten)            (None, 93312)             0
_________________________________________________________________
dense (Dense)                (None, 512)               47776256
_________________________________________________________________
dense_1 (Dense)              (None, 10)                5130
=================================================================
Total params: 47,874,186
Trainable params: 47,874,122
Non-trainable params: 64
```

图 4.21　打印各个层级

可以看到，各个层依次被计算，并且所用的参数也打印出来了。

【程序 4-5】

```
    import numpy as np
    # 下面使用 MNIST 数据集
    import tensorflow as tf
    mnist = tf.keras.datasets.mnist
    #这里先调用上面的函数再下载数据包，下面要填上绝对路径
    #需要等 TensorFlow 自动下载 MNIST 数据集
    (x_train, y_train), (x_test, y_test) = mnist.load_data()
    x_train, x_test = x_train / 255.0, x_test / 255.0
    x_train = tf.expand_dims(x_train,-1)
    y_train = np.float32(tf.keras.utils.to_categorical(y_train,num_classes=10))
    x_test = tf.expand_dims(x_test,-1)
    y_test = np.float32(tf.keras.utils.to_categorical(y_test,num_classes=10))
    #这里为了 shuffle 数据单独定义了每个 batch 的大小 batch_size，这与下方的 shuffle 对应
    bacth_size = 512
    train_dataset = tf.data.Dataset.from_tensor_slices((x_train,y_train)).
batch(bacth_size).shuffle(bacth_size * 10)
    test_dataset = tf.data.Dataset.from_tensor_slices((x_test,y_test)).
batch(bacth_size)
    input_xs = tf.keras.Input([28,28,1])
    conv = tf.keras.layers.Conv2D(32,3,padding="SAME",activation=
tf.nn.relu)(input_xs)
    conv = tf.keras.layers.BatchNormalization()(conv)
    conv = tf.keras.layers.Conv2D(64,3,padding="SAME",activation=
tf.nn.relu)(conv)
```

```
    conv = tf.keras.layers.MaxPool2D(strides=[1,1])(conv)
    conv = tf.keras.layers.Conv2D(128,3,padding="SAME",activation=
tf.nn.relu)(conv)
    flat = tf.keras.layers.Flatten()(conv)
    dense = tf.keras.layers.Dense(512, activation=tf.nn.relu)(flat)
    logits = tf.keras.layers.Dense(10, activation=tf.nn.softmax)(dense)
    model = tf.keras.Model(inputs=input_xs, outputs=logits)

    model.compile(optimizer=tf.optimizers.Adam(1e-3),
loss=tf.losses.categorical_crossentropy,metrics = ['accuracy'])
    model.fit(train_dataset, epochs=10)
    model.save("./saver/model.h5")
    score = model.evaluate(test_dataset)
    print("last score:",score)
```

最终打印结果如图 4.22 所示。

```
 1/20 [>.............................] - ETA: 2s - loss: 0.0461 - accuracy: 0.9844
 3/20 [===>..........................] - ETA: 1s - loss: 0.0815 - accuracy: 0.9805
 5/20 [======>.......................] - ETA: 0s - loss: 0.0901 - accuracy: 0.9805
 7/20 [=========>....................] - ETA: 0s - loss: 0.0918 - accuracy: 0.9807
 9/20 [============>.................] - ETA: 0s - loss: 0.0833 - accuracy: 0.9816
11/20 [===============>..............] - ETA: 0s - loss: 0.0765 - accuracy: 0.9828
13/20 [==================>...........] - ETA: 0s - loss: 0.0691 - accuracy: 0.9841
15/20 [=====================>........] - ETA: 0s - loss: 0.0604 - accuracy: 0.9859
17/20 [========================>.....] - ETA: 0s - loss: 0.0539 - accuracy: 0.9874
19/20 [===========================>..] - ETA: 0s - loss: 0.0510 - accuracy: 0.9881
20/20 [==============================] - 1s 47ms/step - loss: 0.0512 - accuracy: 0.9879
last score: [0.051227264245972036, 0.9879]
```

图 4.22　打印结果

可以看到，经过模型的训练，在测试集上最终的准确率达到 0.9879，即 98%以上，而损失率在 0.05 左右。

4.2.4　使用自定义的卷积层实现 MNIST 识别

利用已有的卷积层已经能够较好地达到目标，使得准确率在 0.98 以上。这是一个非常不错的准确率，但是为了获得更高的准确率，还有没有别的方法能够在这个基础上做更进一步的提高呢？

一个非常简单的思想就是建立 short-cut，即建立数据通路，使得输入的数据和经过卷积计算后的数据连接在一起，从而解决卷积层在层数过多情况下出现的梯度下降或者梯度消失的问题，模型如图 4.23 所示。

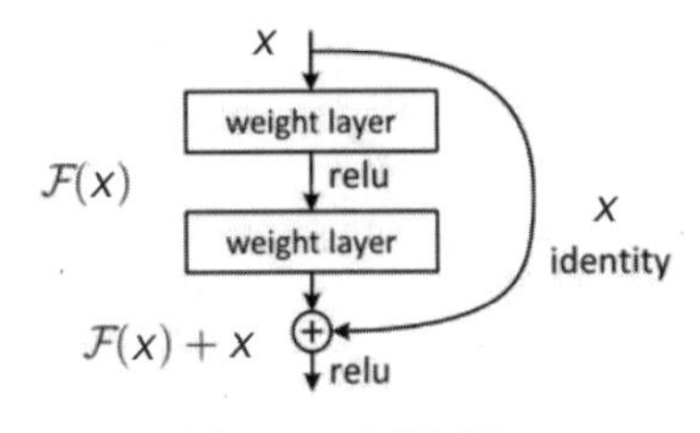

图 4.23　残差网络

这是一个“残差网络”部分示意图，即将输入的数据经过卷积层计算后与输入数据直接相连，从而建立一个能够保留更多细节内容的卷积结构。

遵循计算 iris 数据集的自定义层级的方法，在继承 Layers 层后，TensorFlow 自定义的一个层级需要实现 3 个函数：init、build 和 call 函数。

（1）初始化参数

init 的作用是初始化所有的参数，通过分析模型可以得知，目前需要定义的参数为卷积核数目和卷积核大小。

```
class MyLayer(tf.keras.layers.Layer):
    def __init__(self,kernel_size ,filter):
        self.filter = filter
        self.kernel_size = kernel_size
        super(MyLayer, self).__init__()
```

（2）定义可变参数

模型中参数的定义在 build 中，这里是对所有可变参数的定义，代码如下：

```
def build(self, input_shape):
self.weight =
tf.Variable(tf.random.normal([self.kernel_size,self.kernel_size,input_shape[-1
],self.filter]))
    self.bias = tf.Variable(tf.random.normal([self.filter]))
    super(MyLayer, self).build(input_shape)  # Be sure to call this somewhere!
```

（3）模型的计算

模型的计算定义在 call 函数中，对于残差网络的简单表示如下：

$$\text{conv} = \text{conv}(\text{input})$$
$$\text{out} = \text{relu}(\text{conv}) + \text{input}$$

这里分段实现结果，即将卷积计算后的函数结果经过激活函数后叠加输入值作为输出，代码如下：

```
def call(self, input_tensor):
conv = tf.nn.conv2d(input_tensor, self.weight, strides=[1, 2, 2, 1],
padding='SAME')
conv = tf.nn.bias_add(conv, self.bias)
out = tf.nn.relu(conv) + conv
return out
```

全部代码段如下所示：

```
class MyLayer(tf.keras.layers.Layer):
    def __init__(self,kernel_size ,filter):
        self.filter = filter
        self.kernel_size = kernel_size
        super(MyLayer, self).__init__()
    def build(self, input_shape):
        self.weight =
```

```
tf.Variable(tf.random.normal([self.kernel_size,self.kernel_size,input_shape[-1
],self.filter]))
            self.bias = tf.Variable(tf.random.normal([self.filter]))
            super(MyLayer, self).build(input_shape)  # Be sure to call this
somewhere!
        def call(self, input_tensor):
            conv = tf.nn.conv2d(input_tensor, self.weight, strides=[1, 2, 2, 1],
padding='SAME')
            conv = tf.nn.bias_add(conv, self.bias)
            out = tf.nn.relu(conv) + conv
            return out
```

下面的代码将自定义的卷积层替换为对应的卷积层。

【程序 4-6】

```
    # 下面使用MNIST数据集
    import numpy as np
    import tensorflow as tf
    mnist = tf.keras.datasets.mnist
    #这里先调用上面的函数再下载数据包
    (x_train, y_train), (x_test, y_test) = mnist.load_data()
    x_train, x_test = x_train / 255.0, x_test / 255.0
    x_train = tf.expand_dims(x_train,-1)
    y_train = np.float32(tf.keras.utils.to_categorical(y_train,num_classes=10))
    x_test = tf.expand_dims(x_test,-1)
    y_test = np.float32(tf.keras.utils.to_categorical(y_test,num_classes=10))
    bacth_size = 512
    train_dataset = tf.data.Dataset.from_tensor_slices((x_train,y_train)).
batch(bacth_size).shuffle(bacth_size * 10)
    test_dataset = tf.data.Dataset.from_tensor_slices((x_test,y_test)).
batch(bacth_size)

    class MyLayer(tf.keras.layers.Layer):
        def __init__(self,kernel_size ,filter):
            self.filter = filter
            self.kernel_size = kernel_size
            super(MyLayer, self).__init__()
        def build(self, input_shape):
            self.weight = tf.Variable(tf.random.normal([self.kernel_size,
self.kernel_size,input_shape[-1],self.filter]))
            self.bias = tf.Variable(tf.random.normal([self.filter]))
            super(MyLayer, self).build(input_shape)  # Be sure to call this
somewhere!
        def call(self, input_tensor):
            conv = tf.nn.conv2d(input_tensor, self.weight, strides=[1, 2, 2, 1],
padding='SAME')
            conv = tf.nn.bias_add(conv, self.bias)
            out = tf.nn.relu(conv) + conv
            return out
```

```
    input_xs = tf.keras.Input([28,28,1])
    conv = tf.keras.layers.Conv2D(32,3,padding="SAME",
activation=tf.nn.relu)(input_xs)
    #使用自定义的层替换 TensorFlow 的卷积层
    conv = MyLayer(32,3)(conv)
    conv = tf.keras.layers.BatchNormalization()(conv)
    conv = tf.keras.layers.Conv2D(64,3,padding="SAME",
activation=tf.nn.rclu)(conv)
    conv = tf.keras.layers.MaxPool2D(strides=[1,1])(conv)
    conv = tf.keras.layers.Conv2D(128,3,padding="SAME",
activation=tf.nn.relu)(conv)
    flat = tf.keras.layers.Flatten()(conv)
    dense = tf.keras.layers.Dense(512, activation=tf.nn.relu)(flat)
    logits = tf.keras.layers.Dense(10, activation=tf.nn.softmax)(dense)
    model = tf.keras.Model(inputs=input_xs, outputs=logits)
    print(model.summary())
    model.compile(optimizer=tf.optimizers.Adam(1e-3),
loss=tf.losses.categorical_crossentropy,metrics = ['accuracy'])
    model.fit(train_dataset, epochs=10)
    model.save("./saver/model.h5")
    score = model.evaluate(test_dataset)
    print("last score:",score)
```

最终打印结果如图 4.24 所示。

```
11/20 [===============>..............] - ETA: 0s - loss: 0.0771 - accuracy: 0.9903
12/20 [=================>............] - ETA: 0s - loss: 0.0755 - accuracy: 0.9905
13/20 [==================>...........] - ETA: 0s - loss: 0.0732 - accuracy: 0.9914
14/20 [====================>.........] - ETA: 0s - loss: 0.0695 - accuracy: 0.9924
15/20 [=====================>........] - ETA: 0s - loss: 0.0653 - accuracy: 0.9935
16/20 [=======================>......] - ETA: 0s - loss: 0.0614 - accuracy: 0.9944
17/20 [========================>.....] - ETA: 0s - loss: 0.0580 - accuracy: 0.9948
18/20 [==========================>...] - ETA: 0s - loss: 0.0511 - accuracy: 0.9952
19/20 [===========================>..] - ETA: 0s - loss: 0.0471 - accuracy: 0.9955
20/20 [==============================] - 3s 137ms/step - loss: 0.0405 - accuracy: 0.9913
last score: [0.04711936466246843, 0.9913]
```

图 4.24　打印结果

4.3　本章小结

本章是 TensorFlow 2.0 入门的完结部分，主要介绍了如何使用卷积对 MNIST 数据集做识别。这是一个入门案例，但是包含的内容非常多，例如使用多种不同的层和类构建一个较为复杂的卷积神经网络。我们也向读者介绍了部分类和层的使用，不仅仅是卷积神经网络。

本章自定义了一个新的卷积层：“残差卷积”。这是一种非常重要的内容，希望读者尽快熟悉和掌握 TensorFlow 2.0 自定义层的写法和用法。

第 5 章

TensorFlow Datasets 和 TensorBoard 详解

训练 TensorFlow 模型的时候，需要找数据集、下载、装数据集……太麻烦了，比如 MNIST 这种全世界都在用的数据集，能不能来个一键装载？

吴恩达老师说过，公共数据集为机器学习研究这枚火箭提供了动力，但将这些数据集放入机器学习管道就已经够难的了。编写供下载的一次性脚本，准备他们要用的源格式和复杂性不一的数据集，相信这种痛苦每个程序员都有过切身体会。

对于大多数 TensorFlow 初学者来说，选择一个合适的数据集是作为初始练手项目一个非常重要的起步。为了帮助初学者方便迅捷地获取合适的数据集，并作为一个标准的评分测试标准，TensorFlow 推出了一个新的功能，叫作 TensorFlow Datasets，可以将 tf.data 和 Numpy 的格式用公共数据集装载到 TensorFlow 里，方便迅捷地供使用者调用。

当使用 TensorFlow 训练大量深层的神经网络时，使用者希望跟踪神经网络整个训练过程中的信息，比如迭代过程中每一层参数是如何变化与分布的、每次循环参数更新后模型在测试集与训练集上的准确率是如何、损失值的变化情况等。如果能在训练的过程中将一些信息加以记录并可视化地表现出来，那么对探索模型会有更深的帮助与理解。

本章着重解决这 2 个问题，详细介绍 TensorFlow Datasets 和 TensorBoard 的使用。

5.1 TensorFlow Datasets 简介

目前来说，已经有 85 个数据集可以通过 TensorFlow Datasets 装载，读者可以通过打印的方式获取到全部的数据集名称（由于数据集仍在不停地添加中，显示结果由打印为准）：

```
import tensorflow_datasets as tfds
```

```
print(tfds.list_builders())
```

结果如下所示。

```
['abstract_reasoning', 'bair_robot_pushing_small', 'bigearthnet', 'caltech101',
'cats_vs_dogs', 'celeb_a', 'celeb_a_hq', 'chexpert', 'cifar10', 'cifar100',
'cifar10_corrupted', 'clevr', 'cnn_dailymail', 'coco', 'coco2014',
'colorectal_histology', 'colorectal_histology_large',
'curated_breast_imaging_ddsm', 'cycle_gan', 'definite_pronoun_resolution',
'diabetic_retinopathy_detection', 'downsampled_imagenet', 'dsprites', 'dtd',
'dummy_dataset_shared_generator', 'dummy_mnist', 'emnist', 'eurosat',
'fashion_mnist', 'flores', 'glue', 'groove', 'higgs', 'horses_or_humans',
'image_label_folder', 'imagenet2012', 'imagenet2012_corrupted', 'imdb_reviews',
'iris', 'kitti', 'kmnist', 'lm1b', 'lsun', 'mnist', 'mnist_corrupted',
'moving_mnist', 'multi_nli', 'nsynth', 'omniglot', 'open_images_v4',
'oxford_flowers102', 'oxford_iiit_pet', 'para_crawl', 'patch_camelyon',
'pet_finder', 'quickdraw_bitmap', 'resisc45', 'rock_paper_scissors', 'shapes3d',
'smallnorb', 'snli', 'so2sat', 'squad', 'starcraft_video', 'sun397', 'super_glue',
'svhn_cropped', 'ted_hrlr_translate', 'ted_multi_translate', 'tf_flowers',
'titanic', 'trivia_qa', 'uc_merced', 'ucf101', 'voc2007', 'wikipedia',
'wmt14_translate', 'wmt15_translate', 'wmt16_translate', 'wmt17_translate',
'wmt18_translate', 'wmt19_translate', 'wmt_t2t_translate', 'wmt_translate',
'xnli']。
```

可能有读者对这么多的数据集不熟悉，当然笔者也不建议读者一一去查看和测试这些数据集。表 5.1 列举了 TensorFlow Datasets 较为常用的 6 种类型 29 个数据集，分别涉及音频、图像、结构化数据、文本、翻译和视频类数据。

表 5.1 TensorFlow Datasets 数据集

类型	具体数据集
音频类	nsynth
图像类	cats_vs_dogs
	celeb_a
	celeb_a_hq
	CIFAR10
	CIFAR100
	coco2014
	colorectal_histology
	colorectal_histology_large
	diabetic_retinopathy_detection
	fashion_mnist
	image_label_folder
	imagenet2012
	lsun
	mnist
	omniglot
	open_images_v4

（续表）

类型	具体数据集
图像类	quickdraw_bitmap
	svhn_cropped
	tf_flowers
结构化数据集	titanic
文本类	imdb_reviews
	lm1b
	squad
翻译类	wmt_translate_ende
	wmt_translate_enfr
视频类	bair_robot_pushing_small
	moving_mnist
	starcraft_video

5.1.1　Datasets 数据集的安装

一般而言，安装好 TensorFlow 以后，TensorFlow Datasets 是默认安装的。如果读者没有安装 TensorFlow Datasets，可以通过如下代码段进行安装：

```
pip install tensorflow_datasets
```

5.1.2　Datasets 数据集的使用

下面以 MNIST 数据集为例介绍 Datasets 数据集的基本使用情况。MNIST 数据集展示代码如下：

```
import tensorflow as tf
import tensorflow_datasets as tfds
mnist_data = tfds.load("mnist")
mnist_train, mnist_test = mnist_data["train"], mnist_data["test"]
assert isinstance(mnist_train, tf.data.Dataset)
```

这里首先导入了 tensorflow_datasets 作为数据的获取接口，之后调用 load 函数获取 mnist 数据集的内容，再按照 train 和 test 数据的不同将其分割成训练集和测试集。运行效果如图 5.1 所示。

第一次下载时，tfds 连接数据的下载点获取数据的下载地址和内容，此时只需静待数据下载完毕即可。下面打印数据集的维度和一些说明，代码如下：

```
import tensorflow_datasets as tfds
mnist_data = tfds.load("mnist")
mnist_train, mnist_test = mnist_data["train"], mnist_data["test"]

print(mnist_train)
print(mnist_test)
```

```
  from ._conv import register_converters as _register_converters
Downloading and preparing dataset mnist (11.06 MiB) to C:\Users\xiaohua\tensorflow_datasets\mnist\1.0.0...
Dl Completed...: 0 url [00:00, ? url/s]
Dl Size...: 0 MiB [00:00, ? MiB/s]

Dl Completed...:   0%|          | 0/1 [00:00<?, ? url/s]
Dl Size...: 0 MiB [00:00, ? MiB/s]

Dl Completed...:   0%|          | 0/2 [00:00<?, ? url/s]
Dl Size...: 0 MiB [00:00, ? MiB/s]

Dl Completed...:   0%|          | 0/3 [00:00<?, ? url/s]
Dl Size...: 0 MiB [00:00, ? MiB/s]

Dl Completed...:   0%|          | 0/4 [00:00<?, ? url/s]
Dl Size...: 0 MiB [00:00, ? MiB/s]

Extraction completed...: 0 file [00:00, ? file/s]C:\Anaconda3\lib\site-packages\urllib3\connectionpool.py:858: Insecu
  InsecureRequestWarning)
```

图 5.1　运行效果

根据下载的数据集的具体内容，数据集已经被调整成相应的维度和数据格式，显示结果如图 5.2 所示。

```
WARNING: Logging before flag parsing goes to stderr.
W1026 21:23:09.729100 15344 dataset_builder.py:439] Warning: Setting shuffle_files=True because split=TRAIN and shuffle_f
<_OptionsDataset shapes: {image: (28, 28, 1), label: ()}, types: {image: tf.uint8, label: tf.int64}>
<_OptionsDataset shapes: {image: (28, 28, 1), label: ()}, types: {image: tf.uint8, label: tf.int64}>
```

图 5.2　数据集效果

MNIST 数据集中的数据大小是[28,28,1]维度的图片，数据类型是 int8，而 label 类型为 int64。这里有读者可能会奇怪，以前 MNIST 数据集的图片数据很多，而这时只显示了一条数据的类型。实际上当数据集输出结果如上所示时，已经将数据集内容下载到本地。

tfds.load 是一种方便的方法，是构建和加载 tf.data.Dataset 最简单的方法。其获取的是一个不同的字典类型的文件，根据不同的 key 获取不同的 value 值。

为了方便那些在程序中需要简单 Numpy 数组的用户，可以使用 tfds.as_numpy 返回一个生成 Numpy 数组记录的生成器 tf.data.Dataset。这允许使用 tf.data 接口构建高性能输入管道。

```
import tensorflow as tf
import tensorflow_datasets as tfds

train_ds = tfds.load("mnist", split=tfds.Split.TRAIN)
train_ds = train_ds.shuffle(1024).batch(128).repeat(5).prefetch(10)
for example in tfds.as_numpy(train_ds):
   numpy_images, numpy_labels = example["image"], example["label"]
```

还可以将 tfds.as_numpy 结合 batch_size=–1 从返回的 tf.Tensor 对象中获取 Numpy 数组中的完整数据集：

```
train_ds = tfds.load("mnist", split=tfds.Split.TRAIN, batch_size=-1)
numpy_ds = tfds.as_numpy(train_ds)
numpy_images, numpy_labels = numpy_ds["image"], numpy_ds["label"]
```

注　意

load 函数中还额外添加了一个 split 参数，这里是将数据在传入的时候直接进行了分割，按数据的类型分割成 image 和 label 值。

更新一步的，如果需要对数据集进行更细一步的划分，按配置将其分成训练集、验证集和测试集，代码如下：

```
    import tensorflow_datasets as tfds
    splits = tfds.Split.TRAIN.subsplit(weighted=[2, 1, 1])
    (raw_train, raw_validation, raw_test), metadata = tfds.load('mnist',
split=list(splits),with_info=True, as_supervised=True)
```

这里 tfds.Split.TRAIN.subsplit 函数按传入的权重将其分成训练集占 50%、验证集占 25%、测试集占 25%。

Metadata 属性获取了 MNIST 数据集的基本信息，如图 5.3 所示。

```
tfds.core.DatasetInfo(
    name='mnist',
    version=1.0.0,
    description='The MNIST database of handwritten digits.',
    urls=['https://storage.googleapis.com/cvdf-datasets/mnist/'],
    features=FeaturesDict({
        'image': Image(shape=(28, 28, 1), dtype=tf.uint8),
        'label': ClassLabel(shape=(), dtype=tf.int64, num_classes=10),
    }),
    total_num_examples=70000,
    splits={
        'test': 10000,
        'train': 60000,
    },
    supervised_keys=('image', 'label'),
    citation="""@article{lecun2010mnist,
      title={MNIST handwritten digit database},
      author={LeCun, Yann and Cortes, Corinna and Burges, CJ},
      journal={ATT Labs [Online]. Available: http://yann. lecun. com/exdb/mnist},
      volume={2},
      year={2010}
    }""",
    redistribution_info=,
)
```

图 5.3　MNIST 数据集

这里记录了数据的种类、大小以及对应的格式，请读者自行调阅查看。

5.2　Datasets 数据集的使用——FashionMNIST

FashionMNIST 是一个替代 MNIST 手写数字集的图像数据集，由 Zalando（一家德国的时尚科技公司）旗下的研究部门提供，涵盖了来自 10 种类别的共 7 万个不同商品的正面图片。

FashionMNIST 的大小、格式和训练集/测试集划分与原始的 MNIST 完全一致。60000/10000 的训练测试数据划分，28×28 的灰度图片，如图 5.4 所示。它一般直接用于测试机器学习和深度学习算法性能，且不需要改动任何代码。

图 5.4 FashionMNIST 数据集示例

5.2.1 FashionMNIST 数据集下载与展示

读者通过搜索“FashionMNIST”关键字可以很容易地下载到相应的数据集，同样TensorFlow中也自带了相应的FashionMNIST数据集，可以通过如下代码将数据集下载到本地：

```
    import tensorflow_datasets as tfds
    dataset,metadata =
tfds.load('fashion_mnist',as_supervised=True,with_info=True)
    train_dataset,test_dataset = dataset['train'],dataset['test']
```

下载过程如图 5.5 所示。首先是导入 tensorflow_datasets 库作为下载的辅助库。load()函数中定义了所需要下载的数据集的名称，在这里只需将其定义成本例中的目标数据库“fashion_mnist”即可。

该函数需要特别注意一个参数 as_supervised，设置为 True 时，就会返回一个二元组 (input, label)，而不是返回 FeaturesDict，因为二元组的形式更方便理解和使用。接下来指定with_info=True，得到函数处理的信息，以便加深对数据的理解。

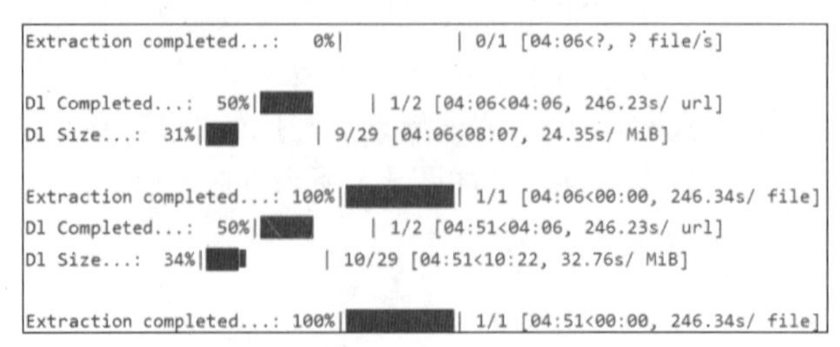

图 5.5 FashionMNIST 数据集下载过程

下面根据下载的数据创建出对应的标签。

标注编号描述：

```
0: T-shirt/top（T 恤）
1: Trouser（裤子）
2: Pullover（套衫）
3: Dress（裙子）
4: Coat（外套）
5: Sandal（凉鞋）
6: Shirt（汗衫）
7: Sneaker（运动鞋）
8: Bag（包）
9: Ankle boot（踝靴）
```

下面查看训练样本的个数，代码如下：

```
num_train_examples = metadata.splits['train'].num_examples
num_test_examples = metadata.splits['test'].num_examples
print("训练样本个数:{}".format(num_train_examples))
print("测试样本个数:{}".format(num_test_examples))
```

结果如下：

训练样本个数:60000
测试样本个数:10000

下面是对样本的展示，这里笔者输出前 25 个样本，代码如下：

```
import matplotlib.pyplot as plt
plt.figure(figsize=(10,10))
i = 0
for (image, label) in test_dataset.take(25):
    image = image.numpy().reshape((28,28))
    plt.subplot(5,5,i+1)
    plt.xticks([])
    plt.yticks([])
    plt.grid(False)
    plt.imshow(image, cmap=plt.cm.binary)
    plt.xlabel(class_names[label])
    i += 1
plt.show()
```

图 5.6 显示了数据集前 25 个图形的内容，并用[5,5]的矩阵将其展示了出来。

图 5.6　FashionMNIST 数据集展示结果

5.2.2　模型的建立与训练

模型的建立非常简单，在这里笔者使用 TensorFlow 2.0 中的“顺序结构”建立一个基本的 4 层判别模型，即一个输入层、两个隐藏层、一个输出层的模型结构，代码如下：

```
model = tf.keras.Sequential([
      tf.keras.layers.Flatten(input_shape=(28,28,1)),              #输入层
      tf.keras.layers.Dense(256,activation=tf.nn.relu),            #隐藏层 1
      tf.keras.layers.Dense(128,activation=tf.nn.relu),            #隐藏层 2
      tf.keras.layers.Dense(10,activation=tf.nn.softmax)           #输出层
])
```

下面对模型做个说明：

- 输入层：tf.keras.layers.Flatten 这一层将图像从 2d 数组转换为一个 784（28×28）像素的一维数组。将这一层想象为将图像中的逐行像素拆开，并将它们排列起来。该层没有需要学习的参数，因为它只是重新格式化数据。
- 隐藏层：tf.keras.layers.Dense 是由 256 或 128 个神经元组成的密集连接层。每个神经元（或节点）从前一层的所有 784 个节点获取输入，根据训练过程中将学习到的隐藏层参数对输入进行加权，并将单个值输出到下一层。
- 输出层：同样由 tf.keras.layers.Dense 构成，所不同的是此层的激活函数是由 softmax 提供的，将输入转化成 10 节点，本例中每个节点表示一组服装。与前一层一样，每个节点从其前面层的 128 个节点获取输入。每个节点根据学习到的参数对输入进行加权计算，所有 10 个节点值之和为 1（具体请参考有关 softmax 的讲解）。

接下来定义优化器和损失函数。

TensorFlow 提供了多种优化器供用户使用，一般常用的是 SGD 与 ADAM。这里对 SGD 和 ADAM 的具体内容不做介绍，而是直接使用 ADAM 优化器作为本例中的优化器选择，推荐读者在后续的实验中将其作为默认的优化器模型。

对于本例中的 FashionMNIST 分类，可以按模型计算的结果将其分解到不同的类别分布中，因此选择“交叉熵”作为对应的损失函数，代码如下：

```
    model.compile(optimizer='adam', loss='sparse_categorical_crossentropy',
metrics=['accuracy'])
```

在 compile 函数中，优化器 optimizer 的定义是'adam'，损失函数的定义为'sparse_categorical_crossentropy'，而不是传统的 categorical_crossentropy，这是因为 sparse_categorical_crossentropy 函数能够将输入的序列转化成与模型对应的分布函数，而无须手动调节，这样可以在数据的预处理过程中较好地减少显存的占用和数据交互的时间。

当然读者也可以使用 categorical_crossentropy“交叉熵”函数作为损失函数的定义，不过需要在数据的预处理过程中加上 tf.one_hot 函数对标签的分布做出预处理。本书推荐使用 sparse_categorical_crossentropy 作为损失函数的定义。

最后就是对设置样本的轮次和 batch_size 的大小，在这里根据不同的硬件配置可以对其进行不同的设置，代码如下：

```
    batch_size = 256
    train_dataset =
train_dataset.repeat().shuffle(num_train_examples).batch(batch_size)
    test_dataset = test_dataset.batch(batch_size)
```

batch_size 的大小可以根据不同机器的配置情况进行设置。最后一步是模型对样本的训练，代码如下：

```
    model.fit(train_dataset, epochs=5,
steps_per_epoch=math.ceil(num_train_examples/ batch_size))
```

完整代码如下所示：

【程序 5-1】

```
    import tensorflow_datasets as tfds
    import tensorflow as tf
    import math
    dataset,metadata =
tfds.load('fashion_mnist',as_supervised=True,with_info=True)
    train_dataset,test_dataset = dataset['train'],dataset['test']

    model = tf.keras.Sequential([
          tf.keras.layers.Flatten(input_shape=(28,28,1)),          #输入层
          tf.keras.layers.Dense(256,activation=tf.nn.relu),        #隐藏层 1
          tf.keras.layers.Dense(128,activation=tf.nn.relu),        #隐藏层 2
          tf.keras.layers.Dense(10,activation=tf.nn.softmax)       #输出层
    ])

    model.compile(optimizer='adam', loss='sparse_categorical_crossentropy',
```

```
metrics=['accuracy'])

    batch_size = 256
    train_dataset = train_dataset.repeat().shuffle(50000).batch(batch_size)
    test_dataset = test_dataset.batch(batch_size)

    model.fit(train_dataset, epochs=5,
steps_per_epoch=math.ceil(50000//batch_size))
```

最终结果请读者自行完成。

5.3 使用 Keras 对 FashionMNIST 数据集进行处理

Keras 作为 TensorFlow 2.0 强力推荐的高级 API，也同样将 FashionMNIST 数据集作为自带的数据集的函数。本节将采用 Keras 包下载 FashionMNIST、采用 model 结构去建立模型，并对数据进行处理。

5.3.1 获取数据集

获取数据集的代码如下：

```
    import tensorflow as tf

    fashion_mnist = tf.keras.datasets.fashion_mnist
    (train_images, train_labels), (test_images, test_labels) =
fashion_mnist.load_data()

    print("The shape of train_images is ",train_images.shape)
    print("The shape of train_labels is ",train_labels.shape)

    print("The shape of test_images is ",test_images.shape)
    print("The shape of test_labels is ",test_labels.shape)
```

首先是数据集的获取，Keras 中的 datasets 函数有 fashion_mnist 数据集，因此直接导入即可。与 tenesorflow_dataset 数据集类似，也是直接从网上下载数据并将其存储在本地，打印结果如图 5.7 所示。

```
The shape of train_images is  (60000, 28, 28)
The shape of train_labels is  (60000,)
The shape of test_images is  (10000, 28, 28)
The shape of test_labels is  (10000,)
```

图 5.7 fashion_mnist 数据集打印结果

5.3.2　数据集的调整

前面章节介绍了卷积的计算方法，目前对于图形图像的识别和分类问题，卷积神经网络是最优选，因此在将数据输入到模型之前需要将其修正为符合卷积模型输入条件的格式，代码如下：

```
    train_images = tf.expand_dims(train_images,axis=3)
    test_images = tf.expand_dims(test_images,axis=3)

    print(train_images.shape)
    print(test_images.shape)
```

打印结果如下：

```
(60000, 28, 28, 1)
(10000, 28, 28, 1)
```

5.3.3　使用 Python 类函数建立模型

分辨模型的建立是将图进行了 flatten 处理，即将其拉平使用全连接层参数来对结果进行分类和识别，本例将使用 Keras API 中的二维卷积层对图像进行分类，代码如下：

```
    self.cnn_1 = tf.keras.layers.Conv2D(32,3,padding="SAME", activation=
tf.nn.relu)
    self.batch_norm_1 = tf.keras.layers.BatchNormalization()

    self.cnn_2 = tf.keras.layers.Conv2D(64,3,padding="SAME", activation=
tf.nn.relu)
    self.batch_norm_2 = tf.keras.layers.BatchNormalization()

    self.cnn_3 = tf.keras.layers.Conv2D(128,3,padding="SAME", activation=
tf.nn.relu)
    self.batch_norm_3 = tf.keras.layers.BatchNormalization()

    self.last_dense = tf.keras.layers.Dense(10)
```

tf.keras.layers.Conv2D 是由若干个卷积层组成的二维卷积层。层中的每个卷积核从前一层的[3,3]大小的节点中获取输入，根据训练过程中将学习到的隐藏层参数对输入进行加权，并将单个值输出到下一层。padding 是补全操作，由于经过卷积运算输入的图形大小维度发生了变化，因此通过一个 padding 可以对其进行补全。当然也可以不进行补全，这个由读者自行确定。

tf.keras.layers.Dense 的作用是对生成的图像进行分类，按要求分成 10 个部分。可能有读者会注意到，这里使用全连接层做分类器是不可能实现的，因为输入数据经过卷积计算结果是一个 4 维的矩阵模型，而分类器实际上是对二维的数据进行计算，这点请读者自行参考模型的建立代码。

模型的完整代码如下：

【程序 5-2】

```
class FashionClassic:
    def __init__(self):
        self.cnn_1 = tf.keras.layers.Conv2D(32,3,activation=tf.nn.relu)
         #第一个卷积层
        self.batch_norm_1 = tf.keras.layers.BatchNormalization()    #正则化层
        self.cnn_2 = tf.keras.layers.Conv2D(64,3,activation=tf.nn.relu)
        #第二个卷积层
        self.batch_norm_2 = tf.keras.layers.BatchNormalization()    #正则化层
        self.cnn_3 = tf.keras.layers.Conv2D(128,3,activation=tf.nn.relu)
        #第三个卷积层
        self.batch_norm_3 = tf.keras.layers.BatchNormalization()    #正则化层
        self.last_dense = tf.keras.layers.Dense(10 ,activation=tf.nn.softmax)
        #分类层

    def __call__(self, inputs):
        img = inputs

        img = self.cnn_1(img)                                #使用第一个卷积层
        img = self.batch_norm_1(img)                         #正则化

        img = self.cnn_2(img)                                #使用第二个卷积层
        img = self.batch_norm_2(img)                         #正则化

        img = self.cnn_3(img)                                #使用第三个卷积层
        img = self.batch_norm_3(img)                         #正则化

        img_flatten = tf.keras.layers.Flatten()(img)         #将数据拉平重新排列
        output = self.last_dense(img_flatten)                #使用分类器进行分类

        return output
```

在这里笔者使用了 3 个卷积层和 3 个 batch_normalization 作为正则化层，之后使用 flatten 函数将数据拉平并重新排列，提供给分类器使用，这也解决了分类器数据输入的问题。

注 意
笔者使用了正统的模型类的定义方式，首先生成一个 FashionClassic 类名，在 init 函数中对所有需要用到的层进行定义，而在__call__函数中对其进行了调用。如果读者不是很熟悉 Python 类的定义和使用，请自行查阅 Python 类中__call__函数和__init__函数的用法。

5.3.4 Model 的查看和参数打印

TensorFlow 2.X 提供了将模型进行组合和建立的函数，代码如下：

```
img_input = tf.keras.Input(shape=(28,28,1))
output = FashionClassic()(img_input)
model = tf.keras.Model(img_input,output)
```

与传统的 TensorFlow 类似，这里的 Input 函数创建了一个占位符，提供了数据的输入口；之后直接调用分类函数获取占位符的输出结果，从而虚拟达成了一个类的完整形态；之后的 Model 函数建立了输入与输出连接，从而建立了一个完整的 TensorFlow 模型。

下面一步是对模型的展示。TensorFlow 2.X 通过调用 Keras 作为高级 API 可以将模型的大概结构和参数打印出来，使用代码如下：

```
print(model.summary())
```

打印结果如图 5.8 所示。

```
Layer (type)                 Output Shape              Param #
=================================================================
input_1 (InputLayer)         [(None, 28, 28, 1)]       0

conv2d (Conv2D)              (None, 26, 26, 32)        320

batch_normalization (BatchNo (None, 26, 26, 32)        128

conv2d_1 (Conv2D)            (None, 24, 24, 64)        18496

batch_normalization_1 (Batch (None, 24, 24, 64)        256

conv2d_2 (Conv2D)            (None, 22, 22, 128)       73856

batch_normalization_2 (Batch (None, 22, 22, 128)       512

flatten (Flatten)            (None, 61952)             0

dense (Dense)                (None, 10)                619530
=================================================================
Total params: 713,098
Trainable params: 712,650
```

图 5.8　模型的层次与参数

从模型层次的打印和参数的分布上来看，与在模型类中定义的分布一致，首先是输入端，之后分别接了 3 个卷积层和 batch_normalization 层作为特征提取的工具，之后 flatten 层将数据拉平，全连接层对输入的数据进行分类处理。

除此之外，TensorFlow 中还提供了图形化模型输入输出的函数，代码如下：

```
tf.keras.utils.plot_model(model)
```

在这里输出的结果如图 5.9 所示。

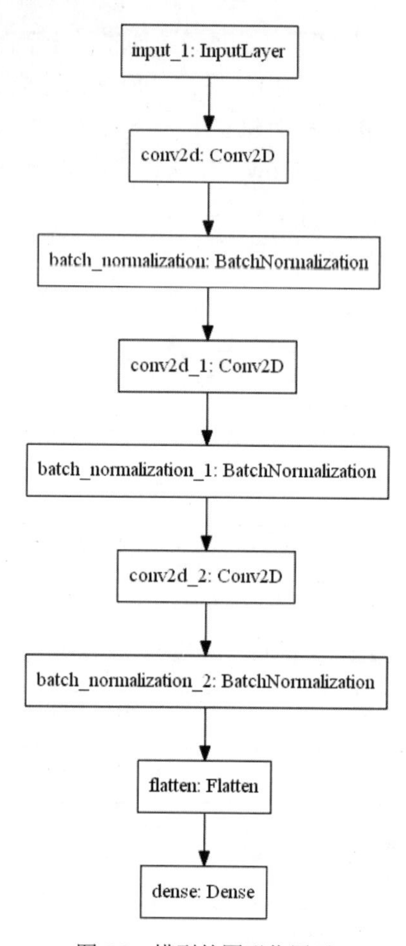

图 5.9 模型的图形化展示

该函数将画出模型结构图，并保存成图片，除了输入使用 TensorFlow 中 Keras 创建的模型外，plot_model 函数还接受额外的两个参数：

- show_shapes：指定是否显示输出数据的形状，默认为 False。
- show_layer_names：指定是否显示层名称，默认为 True。

5.3.5 模型的训练和评估

这里使用和上一节类似的模型参数进行设置，唯一的区别就是自定义学习率，因为随着模型的变化学习率也会跟随变化，代码如下：

```
    img_input = tf.keras.Input(shape=(28,28,1))
    output = FashionClassic()(img_input)
    model = tf.keras.Model(img_input,output)

    model.compile(optimizer=tf.keras.optimizers.Adam(1e-4),
loss=tf.losses.sparse_categorical_crossentropy, metrics=['accuracy'])
    model.fit(x=train_images,y=train_labels, epochs=10,verbose=2)
```

```
model.evaluate(x=test_images,y=test_labels,verbose=2)
```

在这里，训练数据和测试被分别使用，并进行训练和验证，epoch 为训练的轮数，而 verbose=2 设置了显示结果。完整代码如下所示：

【程序 5-3】

```
import tensorflow as tf

fashion_mnist = tf.keras.datasets.fashion_mnist
(train_images, train_labels), (test_images, test_labels) = 
fashion_mnist.load_data()

train_images = tf.expand_dims(train_images,axis=3)
test_images = tf.expand_dims(test_images,axis=3)

class FashionClassic:
   def __init__(self):

       self.cnn_1 = tf.keras.layers.Conv2D(32,3,activation=tf.nn.relu)
       self.batch_norm_1 = tf.keras.layers.BatchNormalization()

       self.cnn_2 = tf.keras.layers.Conv2D(64,3,activation=tf.nn.relu)
       self.batch_norm_2 = tf.keras.layers.BatchNormalization()

       self.cnn_3 = tf.keras.layers.Conv2D(128,3,activation=tf.nn.relu)
       self.batch_norm_3 = tf.keras.layers.BatchNormalization()

       self.last_dense = tf.keras.layers.Dense(10,activation=tf.nn.softmax)

   def __call__(self, inputs):
       img = inputs

       img = self.cnn_1(img)
       img = self.batch_norm_1(img)

       img = self.cnn_2(img)
       img = self.batch_norm_2(img)

       img = self.cnn_3(img)
       img = self.batch_norm_3(img)

       img_flatten = tf.keras.layers.Flatten()(img)
       output = self.last_dense(img_flatten)

       return output


if __name__ == "__main__":
   img_input = tf.keras.Input(shape=(28,28,1))
```

```
    output = FashionClassic()(img_input)
    model = tf.keras.Model(img_input,output)

    model.compile(optimizer=tf.keras.optimizers.Adam(1e-4),
loss=tf.losses.sparse_categorical_crossentropy, metrics=['accuracy'])

    model.fit(x=train_images,y=train_labels, epochs=10,verbose=2)
    model.evaluate(x=test_images,y=test_labels)
```

训练和验证输出如图 5.10 所示。

```
Train on 60000 samples
Epoch 1/10
60000/60000 - 15s - loss: 0.5301 - accuracy: 0.8537
Epoch 2/10
60000/60000 - 14s - loss: 0.2843 - accuracy: 0.9176
Epoch 3/10
60000/60000 - 14s - loss: 0.1899 - accuracy: 0.9425
Epoch 4/10
60000/60000 - 14s - loss: 0.1326 - accuracy: 0.9578
Epoch 5/10
60000/60000 - 14s - loss: 0.0994 - accuracy: 0.9676
Epoch 6/10
60000/60000 - 14s - loss: 0.0789 - accuracy: 0.9740
Epoch 7/10
60000/60000 - 14s - loss: 0.0597 - accuracy: 0.9809
Epoch 8/10
60000/60000 - 14s - loss: 0.0501 - accuracy: 0.9837
Epoch 9/10
60000/60000 - 14s - loss: 0.0399 - accuracy: 0.9865
Epoch 10/10
60000/60000 - 15s - loss: 0.0424 - accuracy: 0.9865
10000/10000 - 1s - loss: 0.5931 - accuracy: 0.9023
```

图 5.10　训练和验证过程展示

可以看到训练的准确率上升得很快，仅仅经过 10 个周期后，在验证集上准确率就达到了 0.9023，这也是一个较好的成绩。

5.4　使用 TensorBoard 可视化训练过程

TensorBoard 是 TensorFlow 自带的一个强大的可视化工具，也是一个 Web 应用程序套件。在众多机器学习库中，TensorFlow 是目前唯一自带可视化工具的库，这是 TensorFlow 的一个优点。学会使用 TensorBoard 将可以帮助 TensorFlow 的使用者构建复杂模型。

TensorBoard 是集成在 TensorFlow 中自动安装的，基本上安装完 TensorFlow 1.X 或者 2.X，TensorBoard 就已经默认安装，而且无论是 1.X 版本还是 2.X 版本的 TensorBoard，都可以在 TensorFlow 2.X 下直接使用而无须做出调整。

TensorBoard 官方定义的 tf.keras.callbacks.TensorBoard 函数：

- 类 TensorBoard。
- 继承自：Callback。
- 定义在：tensorflow/python/keras/callbacks.py。
- TensorBoard 基本可视化。
- TensorBoard 是由 TensorFlow 提供的一个可视化工具。
- 此回调为 TensorBoard 编写日志，允许我们可视化训练和测试度量的动态图形，也可以可视化模型中不同层的激活直方图。

5.4.1 TensorBoard 文件夹的设置

在使用 TensorBoard 之前读者需要知道的是，TensorBoard 实际上是将训练过程的数据存储并写入硬盘的类，因此需要按 TensorFlow 官方的定义将存储文件夹生成。

图 5.11 显示的是 TensorBoard 文件的存储架构，在 logs 文件夹下的 train 文件夹中存放着以 events 开头的文件，即 TensorBoard 存储的文件。

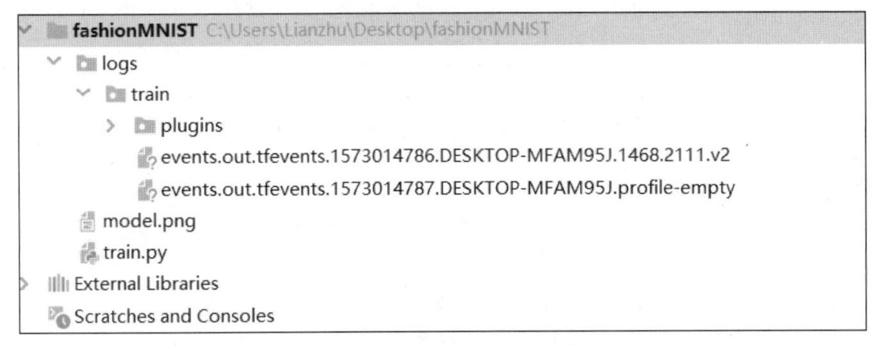

图 5.11　TensorBoard 文件存储架构

在真实的模型训练中，logs 中的 train 文件夹是在 TensorBoard 函数初始化的过程中创建的，因此读者只需要在与训练代码"平行"的位置创建一个 logs 文件夹即可，如图 5.12 所示。

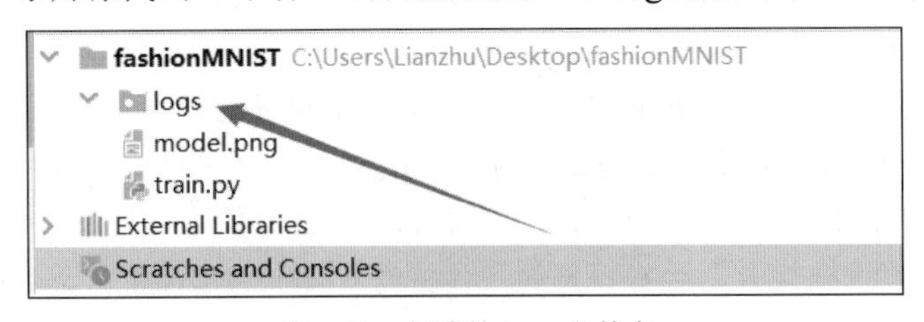

图 5.12　创建的 logs 文件夹

logs 文件夹是与 train 这个 py 文件平行的文件夹，专用于存放 TensorBoard 在程序的运行过程中产生的数据文件。更进一步的 train 文件和更深文件夹中的数据文件都是在模型的运行过程中产生的。

5.4.2 TensorBoard 的显式调用

在 1.X 版本中，如果用户需要使用 TensorBoard 对训练过程进行监督，就需要显式地调用 TensorBoard 对数据进行加载，即 TensorBoard 是通过一些操作将数据记录到文件中再读取文件来完成作图的。

在 TensorFlow 2.X 中，为了结合 Keras 高级 API 的数据调用和使用方法，TensorBoard 被集成在 callbacks 函数中，用户可以自由地将其加载到训练的过程中，并直观地观测模型的训练情况。

在 TensorFlow 2.X 中调用 TensorBoard callbacks 的代码如下：

```
tensorboard = tf.keras.callbacks.TensorBoard(histogram_freq=1)
```

其中的参数可以是以下几种：

- log_dir：用来保存被 TensorBoard 分析的日志文件的文件名。
- histogram_freq：对于模型中各个层计算激活值和模型权重直方图的频率（训练轮数中）。如果设置成 0 ，直方图不会被计算。对于直方图可视化的验证数据（或分离数据）一定要明确指出。
- write_graph：是否在 TensorBoard 中可视化图像。如果 write_graph 被设置为 True，那么日志文件会变得非常大。
- write_grads：是否在 TensorBoard 中可视化梯度值直方图。histogram_freq 必须要大于 0。
- batch_size：用以直方图计算的传入神经元网络输入批的大小。
- write_images：是否在 TensorBoard 中将模型权重以图片可视化。
- embeddings_freq：被选中的嵌入层会被保存的频率（在训练轮中）。
- embeddings_layer_names：一个列表，会被监测层的名字。如果是 None 或空列表，那么所有的嵌入层都会被监测。
- embeddings_metadata：一个字典，对应层的名字到保存有这个嵌入层元数据文件的名字。
- embeddings_data：要嵌入在 embeddings_layer_names 指定的层的数据。Numpy 数组（如果模型有单个输入）或 Numpy 数组列表（如果模型有多个输入）。
- update_freq：'batch'或'epoch'或整数。当使用'batch'时，在每个 batch 之后将损失和评估值写入 TensorBoard 中。同样的情况应用到'epoch'中。如果使用整数，例如 10000，这个回调会在每 10000 个样本之后将损失和评估值写入 TensorBoard 中。注意，频繁地写入到 TensorBoard 会减缓我们的训练。

调用好的 TensorBoard 函数依旧需要显式地在模型训练过程中被调用，此时 TensorBoard 通过继承 keras 中的 Callbacks 类直接被插入训练模型使用即可。

```
    model.fit(x=train_images,y=train_labels,
epochs=10,verbose=2,callbacks=[tensorboard])
```

这里使用了上一节中 FashionMNIST 训练过程的 fit 函数，callbacks 将实例化的一个 Callbacks 类显式地传递到训练模型中。

提　示

callbacks类的使用和实现不止TensorBoard一个，在本例中读者只需要记住有这个类即可。

【程序5-4】

```
    import tensorflow as tf

    fashion_mnist = tf.keras.datasets.fashion_mnist
    (train_images, train_labels), (test_images, test_labels) = 
fashion_mnist.load_data()

    train_images = tf.expand_dims(train_images,axis=3)
    test_images = tf.expand_dims(test_images,axis=3)

    class FashionClassic:
       def __init__(self):

          self.cnn_1 = tf.keras.layers.Conv2D(32,3,activation=tf.nn.relu)
          self.batch_norm_1 = tf.keras.layers.BatchNormalization()

          self.cnn_2 = tf.keras.layers.Conv2D(64,3,activation=tf.nn.relu)
          self.batch_norm_2 = tf.keras.layers.BatchNormalization()

          self.cnn_3 = tf.keras.layers.Conv2D(128,3,activation=tf.nn.relu)
          self.batch_norm_3 = tf.keras.layers.BatchNormalization()

          self.last_dense = tf.keras.layers.Dense(10,activation=tf.nn.softmax)


       def __call__(self, inputs):
          img = inputs

          conv_1 = self.cnn_1(img)
          conv_2 = self.batch_norm_1(conv_1)

          conv_2 = self.cnn_2(conv_2)
          conv_3 = self.batch_norm_2(conv_2)

          conv_3 = self.cnn_3(conv_3)
          conv_4 = self.batch_norm_3(conv_3)

          img_flatten = tf.keras.layers.Flatten()(conv_4)
          output = self.last_dense(img_flatten)

          return output


    if __name__ == "__main__":
       img_input = tf.keras.Input(shape=(28,28,1))
       output = FashionClassic()(img_input)
```

```
        model = tf.keras.Model(img_input,output)

        model.compile(optimizer=tf.keras.optimizers.Adam(1e-4),
loss=tf.losses.sparse_categorical_crossentropy, metrics=['accuracy'])
        #初始化 TensorBoard
        tensorboard = tf.keras.callbacks.TensorBoard(histogram_freq=1)

        model.fit(x=train_images,y=train_labels, epochs=10,verbose=2,
callbacks=[tensorboard])
        model.evaluate(x=test_images,y=test_labels)          #显式调用 TensorBoard
```

程序的运行结果请读者参考上一节的程序运行示例，这里不再说明。

5.4.3 TensorBoard 的使用

TensorBoard 的使用需要分成 3 部分。

1. 确认 TensorBoard 生成完毕

模型训练完毕或者在训练的过程中 TensorBoard 会在 logs 文件夹下生成对应的数据存储文件，如图 5.13 所示，可以通过查阅相应的文件确定文件的产生。

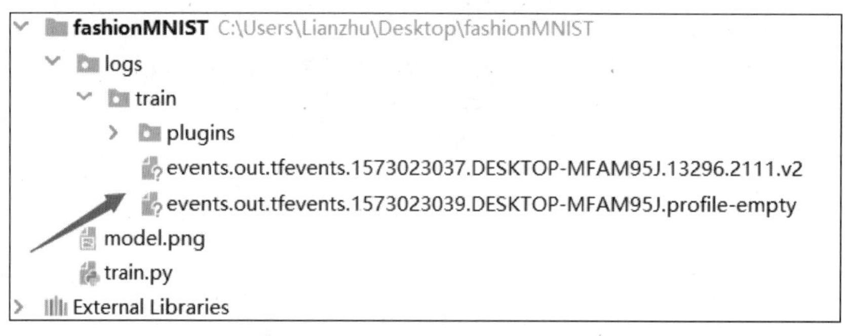

图 5.13 TensorBoard 文件的存储

2. 终端输入 TensorBoard 启动命令

在 CMD 终端上打开终端控制端口，如图 5.14 所示。

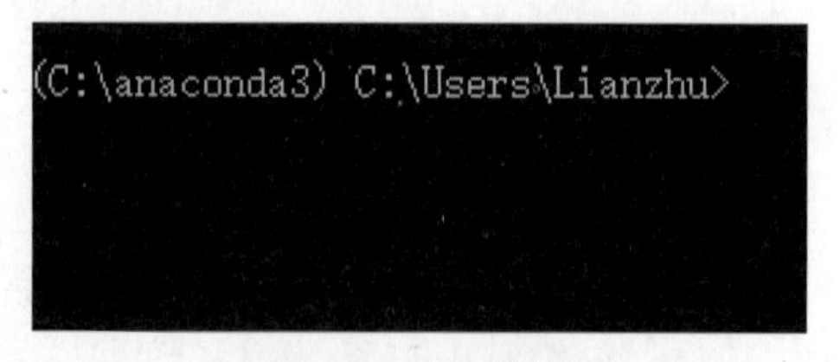

图 5.14 打开终端

输入如下内容：

```
tensorboard --logdir=/full_path_to_your_logs/train
```

也就是显式地调用 TensorBoard，在对应的位置（见图 5.15）打开存储的数据文件，如图 5.16 所示。

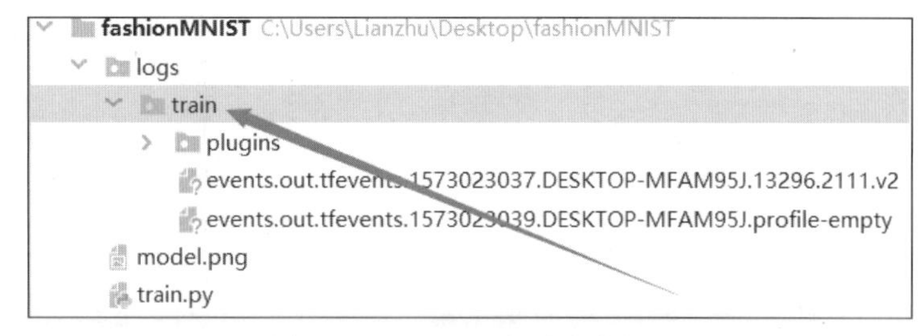

图 5.15　TensorBoard 存储的位置

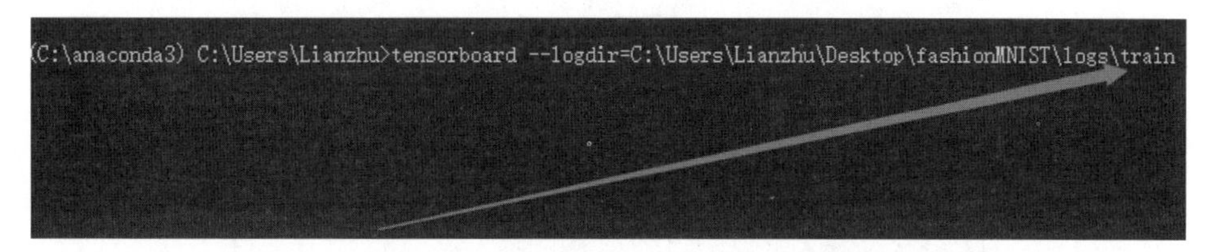

图 5.16　终端调用 TensorBoard 的位置

在核对完终端的 TensorBoard 启动命令后，终端显示如图 5.17 所示的值，即可确定 TensorBoard 启动完毕。

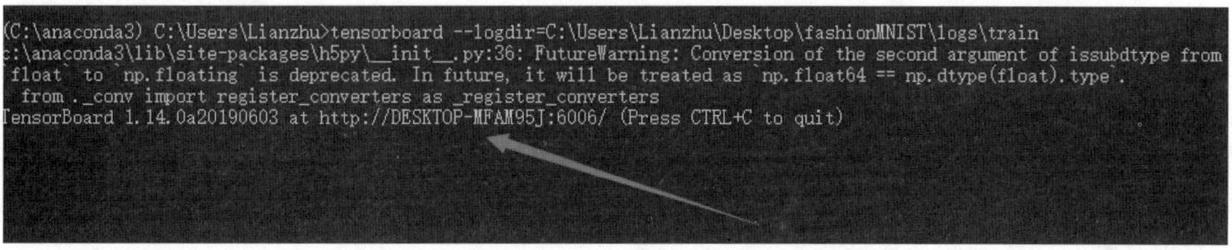

```
(C:\anaconda3) C:\Users\Lianzhu>tensorboard --logdir=C:\Users\Lianzhu\Desktop\fashionMNIST\logs\train
c:\anaconda3\lib\site-packages\h5py\__init__.py:36: FutureWarning: Conversion of the second argument of issubdtype from
 `float` to `np.floating` is deprecated. In future, it will be treated as `np.float64 == np.dtype(float).type`.
  from ._conv import register_converters as _register_converters
TensorBoard 1.14.0a20190603 at http://DESKTOP-MFAM95J:6006/ (Press CTRL+C to quit)
```

图 5.17　TensorBoard 在终端启动后的输出值

此时 TensorBoard 自动启动了一个端口为 6006 的 HTTP 地址，地址名就是本机地址，可以用 localhost 代替。

3．在浏览器中查看 TensorBoard

一般使用 chrome 核心的浏览器都可以对 TensorBoard 进行浏览。笔者使用 QQ 浏览器打开 TensorBoard，输入地址如下：

```
http://localhost:6006
```

打开的页面如图 5.18 所示。

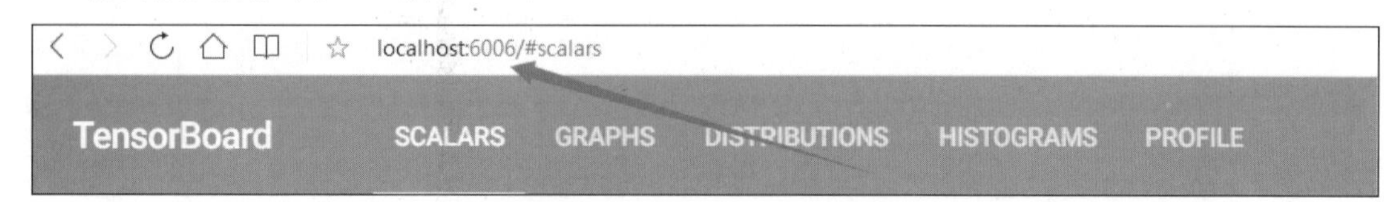

图 5.18　打开的 TensorBoard 页面

在打开的页面中有若干个标题，分别为 SCALARS、GRAPHS、DISTRIBUTIONS、HISTOGRAMS、PROFILE 等一系列标签。SCALARS 是按命名空间划分的监控数据，形式如图 5.19 所示。

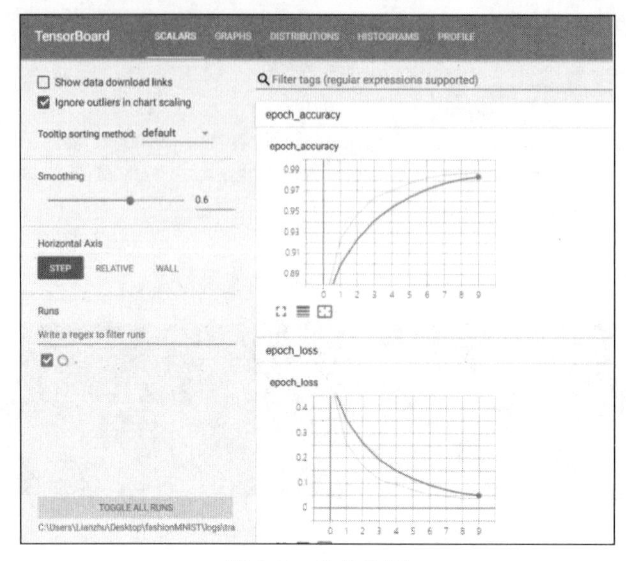

图 5.19 监控数据

这里展示了在程序代码段中的两个监控指标：epoch_loss 和 epoch_accuracy。随着时间的变换，loss 呈现一个线性的减少而 accuracy 呈现一个线性的增加。图中横坐标表示训练次数，纵坐标表示该标量的具体值，从这张图上可以看出，随着训练次数的增加，损失函数的值是在逐步减小的。

TensorBoard 左侧的工具栏上的 smoothing 表示在作图的时候对图像进行平滑处理（0 是不平滑处理，1 是最平滑，默认是 0.6），这样做是为了更好地展示参数的整体变化趋势。如果不平滑处理，那么有些曲线波动很大，难以看出趋势。

GRAPHS 是整个模型图的架构展示，如图 5.20 所示。

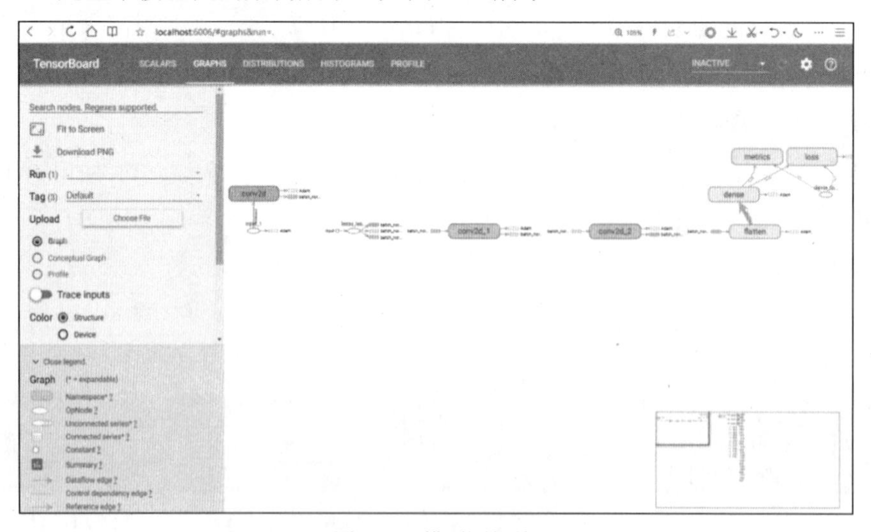

图 5.20 模型图架构

相对于 Keras 中的模型图和参数展示，TensorBoard 能够更进一步地展示模型架构细节，单击每个模型的节点，可以展开看到节点的输入和输出数据，如图 5.21 所示。

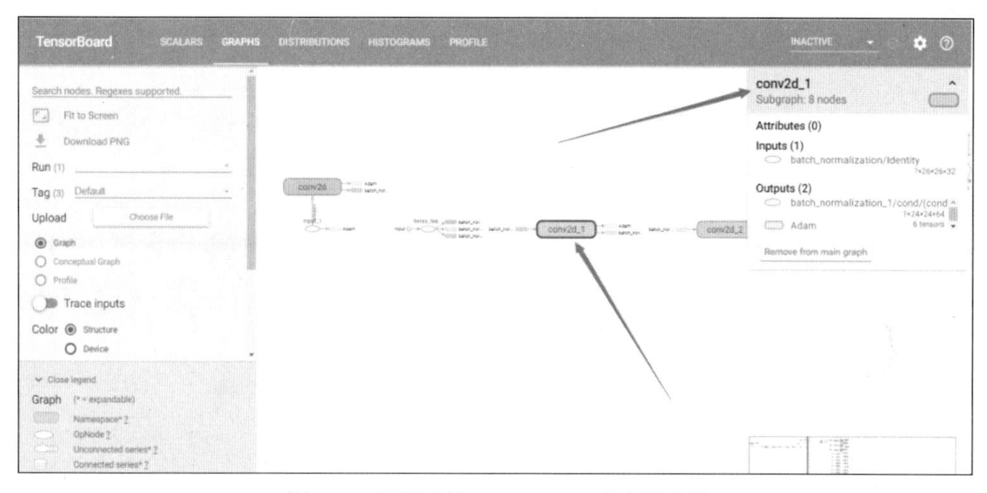

图 5.21　展开后的 TensorBoard 节点显示图

DISTRIBUTIONS 查看的是神经元输出的分布，有激活函数之前的分布、激活函数之后的分布等，如图 5.22 所示。

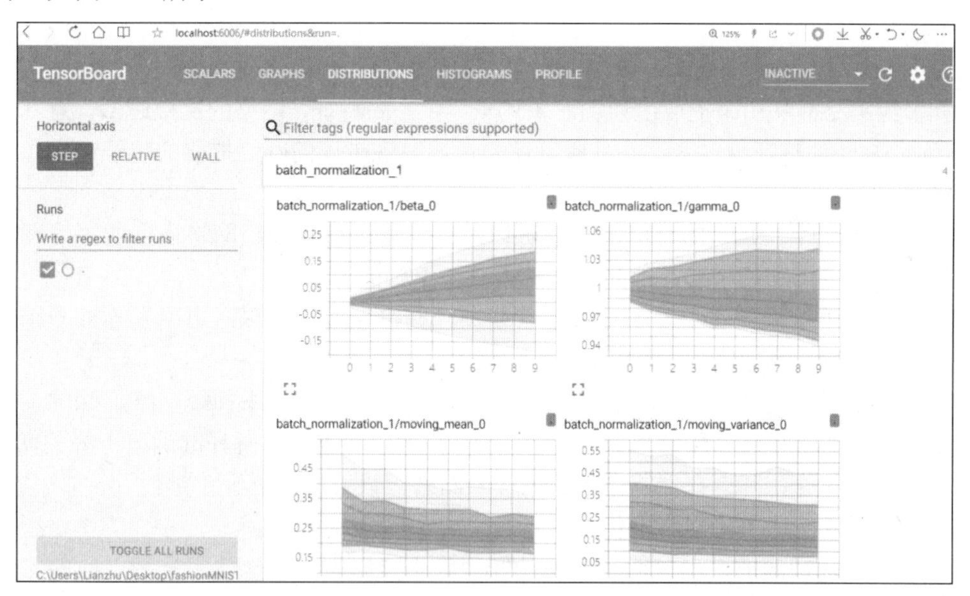

图 5.22　DISTRIBUTIONS 查看神经元输出的分布

TensorBoard 中剩下的标签分别是分布和统计方面的一些模型信息，这里笔者就不再过多解释了，请有兴趣的读者自行查阅相关内容。

5.5　本章小结

本章主要介绍了两个 TensorFlow 2.X 中的高级 API。TensorFlow Datasets 简化了数据集的获取与使用，并且其中的数据集依旧在不停地增加中。TensorBoard 是可视化模型训练过程的利器，通过其对模型训练过程不同维度的观测可以帮助用户更好地对模型进行训练。

第 6 章

从冠军开始：ResNet

随着 VGG 网络模型的成功，更深、更宽、更复杂的网络似乎成为卷积神经网络搭建的主流。卷积神经网络能够用来提取所侦测对象的低、中、高特征，网络的层数越多，意味着能够提取到不同 level 的特征越丰富，并且通过还原镜像发现越深的网络提取的特征越抽象，越具有语义信息。

这也产生了一个非常大的疑问，是否可以单纯地通过增加神经网络模型的深度和宽度，即增加更多的隐藏层和每个层之中的神经元去获得更好的结果？

答案是不可能。根据实验发现，随着卷积神经网络层数的加深，出现了另外一个问题，即在训练集上准确率难以达到 100%正确，甚至于产生了下降。

这似乎不能简单地解释为卷积神经网络的性能下降，因为卷积神经网络加深的基础理论就是越深越好。如果强行解释为产生了“过拟合”，似乎也不能够解释准确率下降的问题，因为如果产生了过拟合，那么在训练集上卷积神经网络应该表现得更好才对。

这个问题被称为“神经网络退化”。

神经网络退化问题的产生说明了卷积神经网络不能够被简单地使用堆积层数的方法进行优化！

2015 年，152 层深的 ResNet 横空出世，取得 ImageNet 竞赛冠军，相关论文在 CVPR 2016 斩获最佳论文奖。ResNet 成为视觉乃至整个 AI 界的一个经典。ResNet 使得训练深达数百甚至数千层的网络成为可能，而且性能仍然优异。

本章将主要介绍 ResNet 及其变种。后面章节介绍的 Attention 模块也是基于 ResNet 模型的扩展，因此本章内容非常重要。本章还会引入一个新的模块 TensorFlow-layers，这是为了简化。

让我们站在巨人的肩膀上，从冠军开始！

提　示
ResNet 非常简单。

6.1 ResNet 基础原理与程序设计基础

ResNet 的出现彻底改变了 VGG 系列所带来的固定思维，破天荒地提出了采用模块化的思维来替代整体的卷积层，通过一个个模块的堆叠来替代不断增加的卷积层。对 ResNet 的研究和不断改进成为过去几年中计算机视觉和深度学习领域最具突破性的工作。由于其表征能力强，ResNet 在图像分类任务以外的许多计算机视觉应用上取得了巨大的性能提升，例如对象检测和人脸识别。

6.1.1 ResNet 诞生的背景

卷积神经网络的实质就是无限拟合一个符合对应目标的函数。根据泛逼近定理（universal approximation theorem），如果给定足够的容量，一个单层的前馈网络就足以表示任何函数。这个层可能是非常大的，而且容易过拟合数据。因此，学术界有一个共同的认识，就是网络架构需要更深。

研究发现只是简单地将层堆叠在一起，增加网络的深度并不会起太大的作用。这是由于难搞的梯度消失（vanishing gradient）问题，深层的网络很难训练。因为梯度反向传播到前一层，重复相乘可能使梯度无穷小。结果就是随着网络的层数更深，其性能趋于饱和，甚至开始迅速下降，如图 6.1 所示。

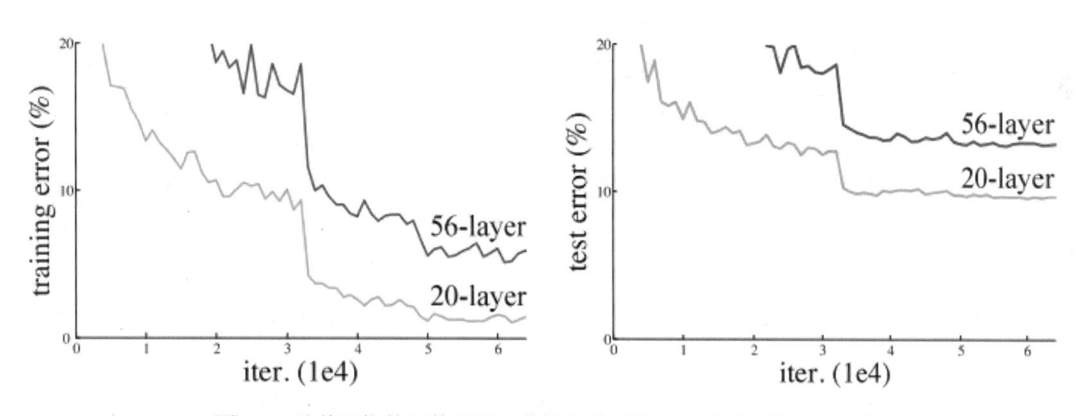

图 6.1 随着网络的层数更深，其性能趋于饱和，甚至开始迅速下降

在 ResNet 之前，已经出现好几种处理梯度消失问题的方法，但是没有一个方法能够真正解决这个问题。何恺明等人于 2015 年发表的论文"*Deep Residual Learning for Image Recognition*"（用于图像识别的深度残差学习）中，认为堆叠的层不应该降低网络的性能，可以简单地在当前网络上堆叠映射层（不处理任何事情的层），并且所得到的架构性能不变。

$$f'(x)=\begin{cases}x\\f(x)+x\end{cases}$$

当 $f(x)$为 0 时，$f'(x)$等于 x；当 $f(x)$不为 0 时，所获得的 $f'(x)$性能要优于单纯地输入 x。公式表明，较深的模型所产生的训练误差不应比较浅的模型误差更高。假设让堆叠的层拟合一个残差映射（residual mapping）要比让它们直接拟合所需的底层映射更容易。

从图 6.2 可以看到，残差映射与传统的直接相连的卷积网络相比，最大的变化是加入了一个恒等映射层 $y=x$ 层。其主要作用是使得网络随着深度的增加而不会产生权重衰减、梯度衰减或者消失这些问题。

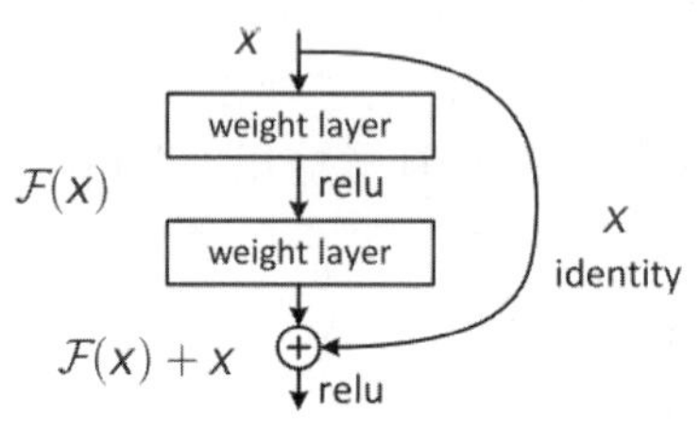

图 6.2　残差框架模块

其中，$F(x)$表示的是残差，$F(x)+x$ 是最终的映射输出，因此可以得到网络的最终输出为 $H(x) = F(x) + x$。由于网络框架中有 2 个卷积层和 2 个 relu 函数，因此最终的输出结果可以表示为：

$$
\begin{aligned}
&H_1(x) = \text{relu}_1(w_1 \times x) \\
&H_2(x) = \text{relu}_2(w_2 \times h_1(x)) \\
&H(x) = H_2(x) + x
\end{aligned}
$$

其中，H_1 是第一层的输出，H_2 是第二层的输出。这样在输入与输出有相同维度时，可以使用直接输入的形式将数据传递到框架的输出层。

ResNet 整体结构图及与 VGGNet 的比较如图 6.3 所示。

图 6.3 展示了 VGGNet19 以及一个 34 层的普通结构神经网络和一个 34 层的 ResNet 网络的对比效果。通过验证可以知道，在使用了 ResNet 的结构后发现层数不断加深导致的训练集上误差增大的现象被消除了，ResNet 网络的训练误差会随着层数增大而逐渐减小，并且在测试集上的表现也会变好。

除了用以讲解的二层残差学习单元，实际上更多的是使用[1,1]结构的三层残差学习单元，如图 6.4 所示。

这是借鉴了 NIN 模型的思想，在二层残差单元中包含 1 个[3,3]卷积层的基础上更包含了 2 个[1,1]大小的卷积，放在[3,3]卷积层的前后，执行先降维再升维的操作。

无论采用哪种连接方式，ResNet 的核心都是引入一个“身份捷径连接”（identity shortcut connection），直接跳过一层或多层将输入层与输出层进行连接。实际上，ResNet 并不是第一个利用 shortcut connection 的方法，较早期有相关研究人员就在卷积神经网络中引入了“门控短路电路”，即参数化的门控系统允许何种信息通过网络通道，如图 6.5 所示。

并不是所有加入了 shortcut 的卷积神经网络都会提高传输效果。在后续的研究中，有不少研究人员对残差块进行了改进，但是很遗憾并不能获得性能上的提高。

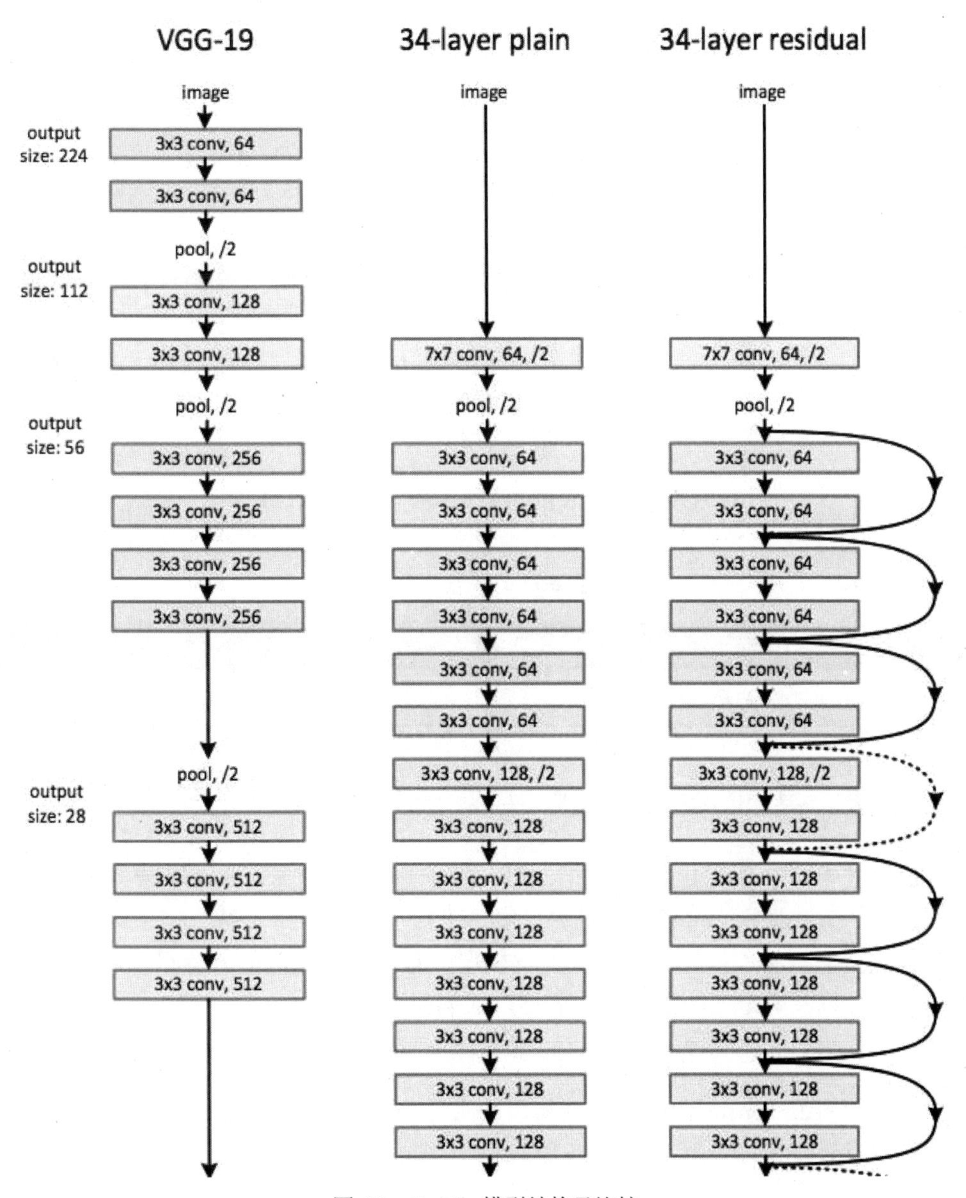

图 6.3　ResNet 模型结构及比较

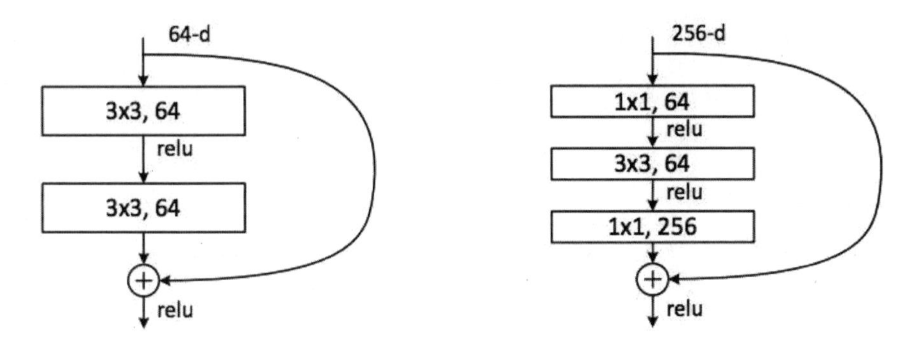

图 6.4　二层（左）以及三层（右）残差单元的比较

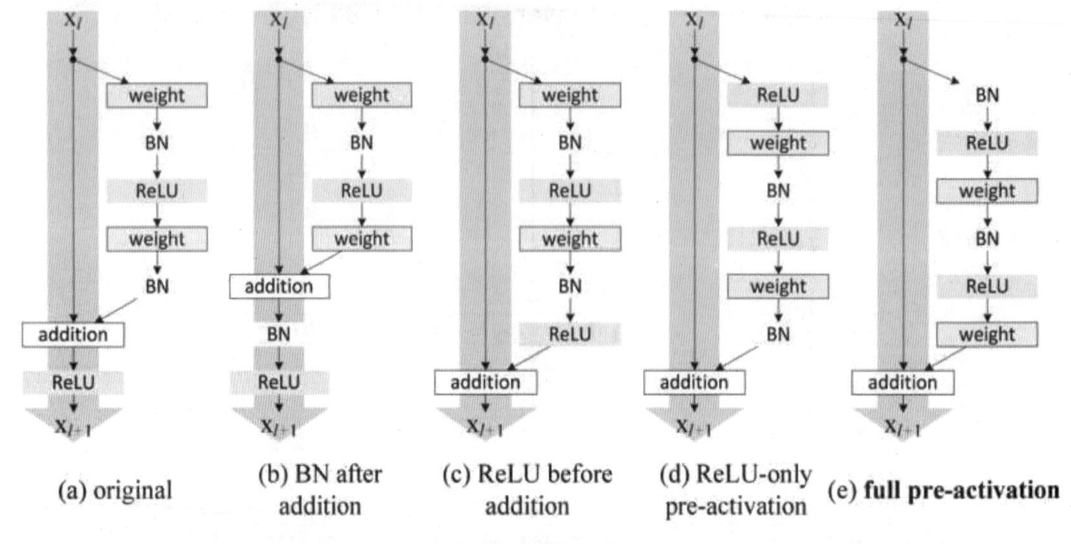

图 6.5 门控短路电路

注 意

目前图 6.5(a)的性能最好。

6.1.2 模块工具的 TensorFlow 实现——不要重复造轮子

“工欲善其事，必先利其器。”在构建自己的残差网络之前，需要准备好相关的程序设计工具。这里的工具是指那些已经设计好结构、直接可以使用的代码。

首先最重要的是卷积核的创建方法。从模型上看，需要更改的内容很少，即卷积核的大小、输出通道数以及所定义的卷积层的名称，代码如下：

```
tf.keras.layers.Conv2D
```

这里直接调用了 TensorFlow 中对卷积层的实现，只需要输入对应的卷积核数目、卷积核大小以及补全方式即可。

此外，还有一个非常重要的方法，即获取数据的 BatchNormalization，使用批量正则化对数据进行处理，代码如下：

```
tf.keras.layers.BatchNormalization
```

其他的还有最大池化层：

```
tf.keras.layers.MaxPool2D
```

平均池化层：

```
tf.keras.layers.AveragePooling2D
```

这些是在模型单元中所需要使用的基本工具。有了这些工具，就可以直接构建 ResNet 模型单元了。

6.1.3　TensorFlow 高级模块 layers 用法简介

在上一节中，我们使用自定义的方法实现了 ResNet 模型的功能单元，能够极大地帮助我们完成搭建神经网络的工作，而且除了搭建 ResNet 网络模型，基本结构的模块化编写还包括其他神经网络的搭建。

TensorFlow 2.0 同样提供了原生的、可供直接使用的卷积神经网络模块 layers。它是用于深度学习的更高层次封装的 API，程序设计者可以利用它轻松地构建模型。

表 6.1 展示了 layers 封装好的多种卷积神经网络 API，基本上所有常用的神经网络处理“层”都已提供可供直接调用的接口。表中列举了部分层及其对应的中文名称。

表 6.1　多种卷积神经网络 API

API	说明
input(…)	用于实例化一个输入 Tensor，作为神经网络的输入
average_pooling1d(…)	一维平均池化层
average_pooling2d(…)	二维平均池化层
average_pooling3d(…)	三维平均池化层
batch_normalization(…)	批量标准化层
conv1d(…)	一维卷积层
conv2d(…)	二维卷积层
conv2d_transpose(…)	二维反卷积层
conv3d(…)	三维卷积层
conv3d_transpose(…)	三维反卷积层
dense(…)	全连接层
dropout(…)	Dropout 层
flatten(…)	Flatten 层，即把一个 Tensor 展平
max_pooling1d(…)	一维最大池化层
max_pooling2d(…)	二维最大池化层
max_pooling3d(…)	三维最大池化层
separable_conv2d(…)	二维深度可分离卷积层

1. convolution 简介

实际上 Layers 中提供了多个卷积的实现方法，例如 conv1d()、conv2d()、conv3d()，分别代表一维、二维、三维卷积，另外还有 conv2d_transpose()、conv3d_transpose()，分别代表二维和三维反卷积，还有 separable_conv2d() 方法代表二维深度可分离卷积。在这里以 conv2d() 方法为例进行说明。

```
def __init__(self,
filters,
kernel_size,
strides=(1, 1),
padding='valid',
data_format=None,
```

```
    dilation_rate=(1, 1),
    activation=None,
    use_bias=True,
    kernel_initializer='glorot_uniform',
    bias_initializer='zeros',
    kernel_regularizer=None,
    bias_regularizer=None,
    activity_regularizer=None,
    kernel_constraint=None,
    bias_constraint=None,
    **kwargs):
```

参数说明如下：

- filters：必需，是一个数字，代表了输出通道的个数，即 output_channels。
- kernel_size：必需，卷积核大小，必须是一个数字（高和宽都是此数字）或者长度为 2 的列表（分别代表高、宽）。
- strides：可选，默认为(1,1)，卷积步长，必须是一个数字（高和宽都是此数字）或者长度为 2 的列表（分别代表高、宽）。
- padding：可选，padding 的模式，有 valid 和 same 两种，默认为 valid，大小写不区分。
- data_format：可选，分为 channels_last 和 channels_first 两种模式，代表了输入数据的维度类型，默认 channels_last。如果是 channels_last，那么输入数据的 shape 为(batch,height,width,channels)。如果是 channels_first，那么输入数据的 shape 为(batch,channels,height,width)。
- dilation_rate：可选，默认为(1,1)，卷积的扩张率。当扩张率为 2 时，卷积核内部就会有边距，3×3 的卷积核就会变成 5×5。
- activation：可选，默认为 None。若为 None，则是线性激活。
- use_bias：可选，默认为 True，表示是否使用偏置。
- kernel_initializer：可选，默认为 None，即权重的初始化方法。若为 None，则使用默认的 Xavier 初始化方法。
- bias_initializer：可选，默认为零值初始化，即偏置的初始化方法。
- kernel_regularizer：可选，默认为 None，施加在权重上的正则项。
- bias_regularizer：可选，默认为 None，施加在偏置上的正则项。
- activity_regularizer：可选，默认为 None，施加在输出上的正则项。
- kernel_constraint：可选，默认为 None，施加在权重上的约束项。
- bias_constraint：可选，默认为 None，施加在偏置上的约束项。
- trainable：可选，默认为 True，布尔类型。若为 True，则将变量添加到 GraphKeys.TRAINABLE_VARIABLES 中。
- name：可选，默认为 None，卷积层的名称。
- reuse：可选，默认为 None，布尔类型。若为 True，则在 name 相同时会重复利用。
- 返回值：卷积后的 Tensor。

使用方法与自定义的卷积层方法类似，这里我们通过一个小例子予以说明。

【程序 6-1】

```
import tensorflow as tf
with tf.device("/CPU:0"):
    #自定义输入数据
    xs = tf.random.truncated_normal(shape=[50, 32, 32, 32])
    #使用二维卷积进行计算
    out = tf.keras.layers.Conv2D(64,3,padding="SAME")(xs)
    print(out.shape)
```

例子中首先定义了一个[50, 32, 32, 32]的输入数据，之后传给 conv2d 函数，filter 是输出的维度，设置成 32。选择的卷积核大小为 3×3，strides 为步进距离，这里采用 1 个步进距离，也就是采用默认的步进设置。padding 为补全设置，这里设置为根据卷积核大小对输入值进行补全。输入结果如下：

(50, 32, 32, 64)

此时如果将 strides 设置成[2,2]，结果如下：

(50, 16, 16, 64)

当然此时的 padding 也可以变化，读者可以将其设置成"VALID"，看看结果如何。

提　示

TensorFlow 中 padding 被设置成“SAME”时，其实是先对输入数据进行补全之后再进行卷积计算。

此外，还可以传入激活函数，或者设定 kernel 的格式化方式，或禁用 bias 等操作，这些操作请读者自行尝试。

```
 out = 
tf.keras.layers.Conv2D(64,3,strides=[2,2],padding="SAME",activation=tf.nn.relu
)(xs)
```

2．batch_normalization 简介

batch_normalization 是目前最常用的数据标准化方法，也是批量标准化方法。输入数据经过处理之后能够显著加速训练速度，并且减少过拟合出现的可能性。

```
def __init__(self,
axis=-1,
momentum=0.99,
epsilon=1e-3,
center=True,
scale=True,
beta_initializer='zeros',
gamma_initializer='ones',
moving_mean_initializer='zeros',
moving_variance_initializer='ones',
beta_regularizer=None,
gamma_regularizer=None,
```

```
beta_constraint=None,
gamma_constraint=None,
renorm=False,
renorm_clipping=None,
renorm_momentum=0.99,
fused=None,
trainable=True,
virtual_batch_size=None,
adjustment=None,
name=None,
**kwargs):
```

参数说明如下：

- axis：可选，进行标注化操作时操作数据的哪个维度，默认为-1。
- momentum：可选，动态均值的动量，默认为 0.99。
- epsilon：可选，大于 0 的小浮点数，用于防止除 0 错误，默认为 0.01。
- center：可选，若设为 True，则会将 beta 作为偏置加上去，否则忽略参数 beta，默认为 True。
- scale：可选，若设为 True，则会乘以 gamma，否则不使用 gamma，默认为 True。当下一层是线性的时，可以设为 False，因为 scaling 的操作将被下一层执行。
- beta_initializer：可选，beta 权重的初始方法，默认为 zeros_initializer。
- gamma_initializer：可选，gamma 的初始化方法，默认为 ones_initializer。
- moving_mean_initializer：可选，动态均值的初始化方法，默认为 zeros_initializer。
- moving_variance_initializer：可选，动态方差的初始化方法，默认为 ones_initializer。
- beta_regularizer：可选，beta 的正则化方法，默认为 None。
- gamma_regularizer：可选，gamma 的正则化方法，默认为 None。
- beta_constraint：可选，加在 beta 上的约束项，默认为 None。
- gamma_constraint：可选，加在 gamma 上的约束项，默认为 None。
- training：可选，返回结果是 training 模式，默认为 False。
- trainable：可选，布尔类型。若为 True，则将变量添加到 GraphKeys.TRAINABLE_VARIABLES 中，默认为 True。
- name：可选，层名称，默认为 None。
- fused：可选，根据层名判断是否重复利用，默认为 None。
- renorm：可选，是否要用 BatchRenormalization，默认为 False。
- renorm_clipping：可选，默认为 None。
- renorm_momentum：可选，用来更新动态均值和标准差的 Momentum 值，默认为 0.99。
- fused：可选，是否使用一个更快、融合的实现方法，默认为 None。
- virtual_batch_size：可选，是一个 int 数字，指定一个虚拟 batchsize，默认为 None。
- adjustment：可选，对标准化后的结果进行适当调整的方法，默认为 None。

其用法也很简单，直接在 tf.layers.batch_normalization 函数中输入 xs 即可。

【程序 6-2】

```
import tensorflow as tf
with tf.device("/CPU:0"):
    #自定义输入数据
    xs = tf.random.truncated_normal(shape=[50, 32, 32, 32])
    #使用二维卷积进行计算
    out = tf.keras.layers.BatchNormalization()(xs)
    print(out.shape)
```

输出结果如下：

(50, 32, 32, 32)

3. dense 简介

dense 是全连接层。layers 中提供了一个专门的函数来实现此操作，即 tf.layers.dense，其结构如下：

```
def __init__(self,
units,
activation=None,
use_bias=True,
kernel_initializer='glorot_uniform',
bias_initializer='zeros',
kernel_regularizer=None,
bias_regularizer=None,
activity_regularizer=None,
kernel_constraint=None,
bias_constraint=None,
**kwargs):
```

参数说明如下：

- units：必需，神经元的数量。
- activation：可选，默认为 None。若为 None，则是线性激活。
- use_bias：可选，是否使用偏置，默认为 True。
- kernel_initializer：可选，权重的初始化方法，默认为 None。
- bias_initializer：可选，偏置的初始化方法，默认为零值初始化。
- kernel_regularizer：可选，施加在权重上的正则项，默认为 None。
- bias_regularizer：可选，施加在偏置上的正则项，默认为 None。
- activity_regularizer：可选，施加在输出上的正则项，默认为 None。
- kernel_constraint，可选，施加在权重上的约束项，默认为 None。
- bias_constraint，可选，施加在偏置上的约束项，默认为 None。

【程序 6-3】

```
import tensorflow as tf

with tf.device("/CPU:0"):
#自定义输入数据
```

```
xs = tf.random.truncated_normal(shape=[50, 32, 32, 32])
out _1 = tf.keras.layers.Dense(32)(xs)
print(out.shape)
```

xs 为输入数据，units 为输出层次，结果如下：

(50, 32, 32, 32)

这里指定了输出层的维度为 32，因此输出结果为[50,32,32,32]，其中最后一个维度等于神经元的个数。

此外，还可以仿照卷积层的设置对激活函数以及初始化的方式进行定义：

```
dense =
tf.layers.dense(xs,units=10,activation=tf.nn.sigmoid,use_bias=False)
```

4. pooling 简介

pooling 即池化。layers 模块提供了多个池化方法，包括 max_pooling1d()、max_pooling2d()、max_pooling3d()、average_pooling1d()、average_pooling2d()、average_pooling3d()，分别代表一维、二维、三维的最大和平均池化方法，这里以常用的 avg_pooling2d 为例进行讲解。

```
def __init__(self,
pool_size=(2, 2),
strides=None,
padding='valid',
data_format=None,
**kwargs):
```

参数说明如下：

- pool_size：必需，池化窗口大小，必须是一个数字（高和宽都是此数字）或者长度为 2 的列表（分别代表高、宽）。
- strides：必需，池化步长，必须是一个数字（高和宽都是此数字）或者长度为 2 的列表（分别代表高、宽）。
- padding：可选，padding 的方法，valid 或者 same，大小写不区分，默认为 valid。
- data_format：可选，分为 channels_last 和 channels_first 两种模式，代表了输入数据的维度类型，默认为 channels_last。如果是 channels_last，那么输入数据的 shape 为(batch,height,width,channels)。如果是 channels_first，那么输入数据的 shape 为(batch,channels,height,width)。
- name：可选，池化层的名称，默认为 None。
- 返回值：经过池化处理后的 Tensor。

【程序 6-4】

```
import tensorflow as tf
#自定义输入数据
with tf.device("/CPU:0"):
xs = tf.random.truncated_normal(shape=[50, 32, 32, 32])
out = tf.keras.layers.AveragePooling2D(strides=[1,1])(xs)
print(out.shape)
```

这里对输入值设置了以[2,2]为大小的均值核，步进为[1,1]。补全方式为 SAME，即通过补 0 的方式对输入数据进行补全。结果如下：

（50, 31, 31, 32）

5．layers 模块应用实例

下面使用一个例子来对数据进行说明。

【程序 6-5】

```
    import tensorflow as tf
    #自定义输入数据
    with tf.device("/CPU:0"):

    xs = tf.random.truncated_normal(shape=[50, 32, 32, 32])
    out = tf.keras.layers.MaxPool2D(strides=[1,1])(xs)
    out = tf.keras.layers.Conv2D(filters=32,kernel_size =
[2,2],padding="SAME")(out)
    out = tf.keras.layers.BatchNormalization()(xs)
    out = tf.keras.layers.Flatten()(out)
    logits = tf.keras.layers.Dense(10)(out)
    print(logits.shape)
```

程序首先创建了一个[50,32,32,32]维度的数据值，先对其进行最大池化，之后进行 strides 为[2,2]的卷积，采用的激活函数为 relu，之后进行 batch_normalization 批正则化，flatten 对输入的数据进行平整化，输出为一个与 batch 相符合的二维向量，最后进行全连接计算输出最后的维度：

(50, 10)

此外，如果将所有模块全部存放在一个 Mode 中也是可以的，代码如下：

【程序 6-6】

```
    import tensorflow as tf
    #自定义输入数据
    xs = tf.keras.Input( [32, 32, 32])
    out = tf.keras.layers.MaxPool2D(strides=[1,1])(xs)
    out = tf.keras.layers.Conv2D(filters=32,kernel_size =
[2,2],padding="SAME")(xs)
    out = tf.keras.layers.BatchNormalization()(xs)
    out = tf.keras.layers.Add()([out,xs])
    out = tf.keras.layers.Flatten()(out)
    logits = tf.keras.layers.Dense(10)(out)
    model = tf.keras.Model(inputs=xs, outputs=logits)
    print(model.summary())
```

最终打印的模型构造如图 6.6 所示。

```
Model: "model"
__________________________________________________________________________________________________
Layer (type)                    Output Shape         Param #     Connected to
==================================================================================================
input_1 (InputLayer)            [(None, 32, 32, 32)] 0
__________________________________________________________________________________________________
batch_normalization (BatchNorma (None, 32, 32, 32)   128         input_1[0][0]
__________________________________________________________________________________________________
add (Add)                       (None, 32, 32, 32)   0           batch_normalization[0][0]
                                                                 input_1[0][0]
__________________________________________________________________________________________________
flatten (Flatten)               (None, 32768)        0           add[0][0]
__________________________________________________________________________________________________
dense (Dense)                   (None, 10)           327690      flatten[0][0]
==================================================================================================
Total params: 327,818
Trainable params: 327,754
Non-trainable params: 64
```

图 6.6　打印结果

可以看到，程序构建了一个小型残差网络，与前面打印出的模型结构不同的是，这里是多个类与层的串联，因此还标注出连接点。

6.2　ResNet 实战：CIFAR100 数据集分类

本节将使用 ResNet 实现 CIFAR100 数据集的分类。

6.2.1　CIFAR100 数据集简介

CIFAR100 数据集共有 60000 张彩色图像（见图 6.7），这些图像是 32×32 像素，分为 100 个类，每类 6000 张图。这里面有 50000 张用于训练，构成了 5 个训练批，每一批 10000 张图；另外 10000 用于测试，单独构成一批。测试批的数据取自 100 类中的每一类，每一类随机取 1000 张。抽剩下的就随机排列组成了训练批。注意，一个训练批中的各类图像的数量并不一定相同，总的来看训练批，每一类都有 5000 张图。

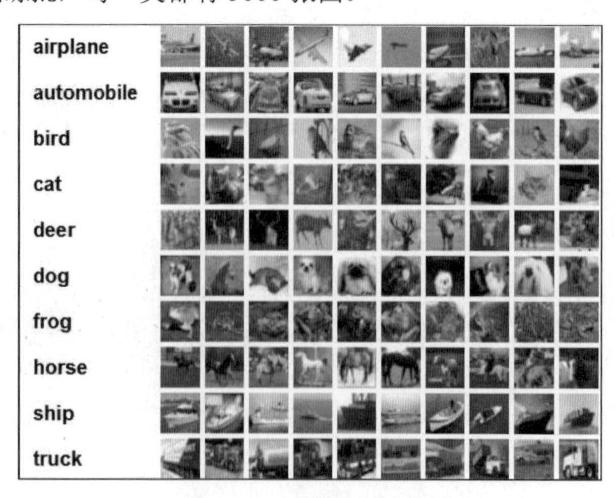

图 6.7　CIFAR100 数据集

CIFAR100 数据集下载地址为 http://www.cs.toronto.edu/~kriz/cifar.html。进入下载页面后，选择下载方式，如图 6.8 所示。

Version	Size	md5sum
CIFAR-100 python version	161 MB	eb9058c3a382ffc7106e4002c42a8d85
CIFAR-100 Matlab version	175 MB	6a4bfa1dcd5c9453dda6bb54194911f4
CIFAR-100 binary version (suitable for C programs)	161 MB	03b5dce01913d631647c71ecec9e9cb8

图 6.8　下载方式

由于 TensorFlow 采用的是 Python 语言编程，因此选择 python version 版本下载。下载之后解压缩，得到如图 6.9 所示的几个文件。

batches.meta	2009/3/31/周二 ...	META 文件	1 KB
data_batch_1	2009/3/31/周二 ...	文件	30,309 KB
data_batch_2	2009/3/31/周二 ...	文件	30,308 KB
data_batch_3	2009/3/31/周二 ...	文件	30,309 KB
data_batch_4	2009/3/31/周二 ...	文件	30,309 KB
data_batch_5	2009/3/31/周二 ...	文件	30,309 KB
readme.html	2009/6/5/周五 4:...	Firefox HTML D...	1 KB
test_batch	2009/3/31/周二 ...	文件	30,309 KB

图 6.9　得到的文件

data_batch_1~data_batch_5 是划分好的训练数据，每个文件里包含 10000 张图片，test_batch 是测试集数据，也包含 10000 张图片。

读取数据的代码段如下：

```
import pickle
def load_file(filename):
    with open(filename, 'rb') as fo:
        data = pickle.load(fo, encoding='latin1')
    return data
```

首先定义读取数据的函数，这几个文件都是通过 pickle 产生的，所以在读取的时候也要用到这个包。返回的 data 是一个字典，先看看这个字典里面有哪些键：

```
data = load_file('data_batch_1')
print(data.keys())
```

输出结果如下：

```
dict_keys(['batch_label', 'labels', 'data', 'filenames'])
```

具体说明如下：

- batch_label：对应的值是一个字符串，用来表明当前文件的一些基本信息。
- labels：对应的值是一个长度为 10000 的列表，每个数字取值范围为 0~9，代表当前图片所属类别。
- data：10000×3072 的二维数组，每一行代表一张图片的像素值。

- 长度为 10000 的列表，里面是代表图片文件名的字符串。

完整的数据读取函数如下：

【程序 6-7】

```
import pickle
import  numpy as np
import os
def get_cifar100_train_data_and_label(root = ""):
    def load_file(filename):
        with open(filename, 'rb') as fo:
            data = pickle.load(fo, encoding='latin1')
        return data
    data_batch_1 = load_file(os.path.join(root, 'data_batch_1'))
    data_batch_2 = load_file(os.path.join(root, 'data_batch_2'))
    data_batch_3 = load_file(os.path.join(root, 'data_batch_3'))
    data_batch_4 = load_file(os.path.join(root, 'data_batch_4'))
    data_batch_5 = load_file(os.path.join(root, 'data_batch_5'))
    dataset = []
    labelset = []
    for data in [data_batch_1,data_batch_2,data_batch_3,data_batch_4,
data_batch_5]:
        img_data = (data["data"])
        img_label = (data["labels"])
        dataset.append(img_data)
        labelset.append(img_label)
    dataset = np.concatenate(dataset)
    labelset = np.concatenate(labelset)
    return dataset,labelset
def get_cifar100_test_data_and_label(root = ""):
    def load_file(filename):
        with open(filename, 'rb') as fo:
            data = pickle.load(fo, encoding='latin1')
        return data
    data_batch_1 = load_file(os.path.join(root, 'test_batch'))
    dataset = []
    labelset = []
    for data in [data_batch_1]:
        img_data = (data["data"])
        img_label = (data["labels"])
        dataset.append(img_data)
        labelset.append(img_label)
    dataset = np.concatenate(dataset)
    labelset = np.concatenate(labelset)
    return dataset,labelset

def get_CIFAR100_dataset(root = ""):
    train_dataset,label_dataset =
get_cifar100_train_data_and_label(root=root)
    test_dataset,test_label_dataset = get_cifar100_train_data_and_label
```

```
(root=root)
        return  train_dataset,label_dataset,test_dataset,test_label_dataset
    if __name__ == "__main__":
    get_CIFAR100_dataset(root="../cifar-10-batches-py/")
```

其中的 root 函数是下载数据解压后的根目录，os.join 函数将其组合成数据文件的位置。最终返回训练文件和测试文件及它们对应的 label。

6.2.2　ResNet 残差模块的实现

ResNet 网络结构已经在上文做了介绍，它突破性地使用“模块化”思维去对网络进行叠加，从而实现了数据在模块内部特征的传递不会产生丢失。

从图 6.10 可以看到，模块的内部实际上是 3 个卷积通道相互叠加，形成了一种瓶颈设计。对于每个残差模块，使用 3 层卷积。这 3 层分别是 1×1、3×3 和 1×1 的卷积层，其中 1×1 层是负责先减少后增加（恢复）尺寸的，使 3×3 层具有较小的输入/输出尺寸瓶颈。

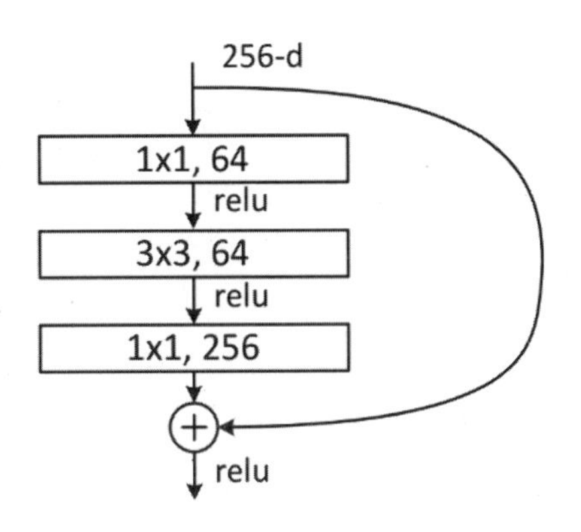

图 6.10　模块的内部

实现的瓶颈三层卷积结构的代码段如下：

```
    conv = 
tf.keras.layers.Conv2D(out_dim/4,kernel_size=1,padding="SAME",activation=tf.nn
.relu)(input_xs)
    conv = tf.keras.layers.BatchNormalization()(conv)
    conv = tf.keras.layers.Conv2D(out_dim/4,kernel_size=3,padding="SAME",
activation=tf.nn.relu)(conv)
    conv = tf.keras.layers.BatchNormalization()(conv)
    conv = tf.keras.layers.Conv2D(out_dim,kernel_size=1,padding="SAME",
activation=tf.nn.relu)(conv)
```

代码中输入的数据首先经过 conv2d 卷积层计算，输出的维度为四分之一的输出维度，这是为了降低输入数据的整个数据量，为进行下一层的[3,3]的计算打下基础。可以人为地为每层添加一个对应的名称，但是基于前文对模型的分析，TensorFlow 2.0 会自动为每个层中的参数分配一个递增的名称，因此这个工作可以交给 TensorFlow 2.0 完成。batch_normalization 和 relu 分别为批处理层和激活层。

在数据传递的过程中，ResNet 模块使用了名为“shortcut”的“信息高速公路”。shortcut 连接相当于简单执行了同等映射，不会产生额外的参数，也不会增加计算复杂度，如图 6.11 所示。整个网络可以依旧通过端到端的反向传播训练。代码如下：

```
    conv = tf.keras.layers.Conv2D(out_dim/4,kernel_size=1,padding="SAME",
activation=tf.nn.relu)(input_xs)
    conv = tf.keras.layers.BatchNormalization()(conv)
    conv = tf.keras.layers.Conv2D(out_dim/4,kernel_size=3,padding="SAME",
activation=tf.nn.relu)(conv)
    conv = tf.keras.layers.BatchNormalization()(conv)
    conv = tf.keras.layers.Conv2D(out_dim,kernel_size=1,padding="SAME",
activation=tf.nn.relu)(conv)
    out = tf.keras.layers.Add()([input_xs,out])
```

说　明

有兴趣的读者可以自行完成，这里笔者采用的是直联的方式，也就是 original 模式。

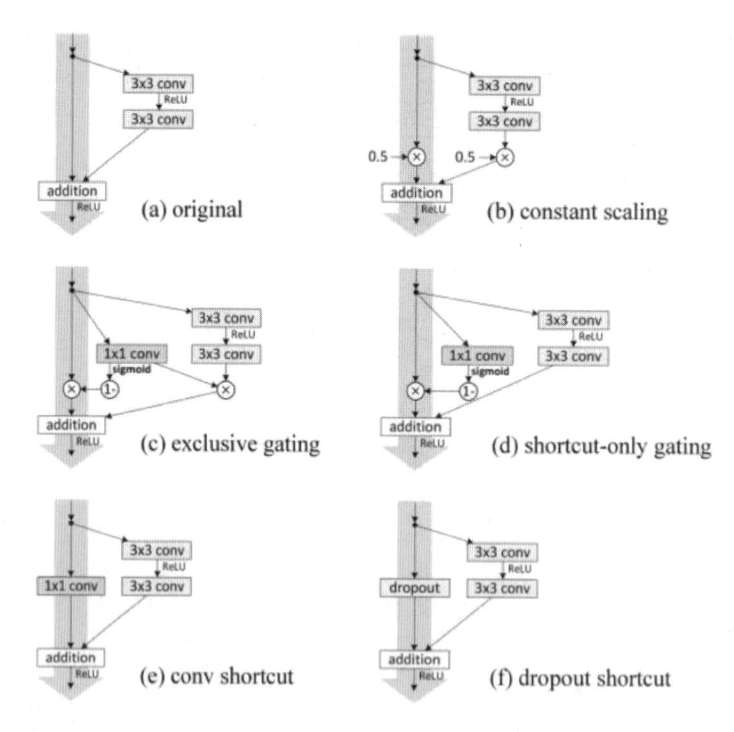

图 6.11　shortcut

有的时候，除了判定是否对输入数据进行处理外，由于 ResNet 在实现过程中对数据的维度做了改变，因此当输入的维度和要求模型输出的维度不相同（input_channel 不等于 out_dim）时，需要对输入数据的维度进行 padding 操作。

提　醒

padding 操作就是补全数据，tf.pad 函数用来对数据进行补全，第二个参数是一个序列，分别代表向对应的维度进行双向补全操作。首先计算输出层与输入层在第四个维度上的差值，除 2 的操作是将差值分成 2 份，在上下分别进行补全操作。当然也可以在一个方向进行补全。

ResNet 残差模型的整体如下：

```
def identity_block(input_tensor,out_dim):
    conv1 = tf.keras.layers.Conv2D(out_dim // 4, kernel_size=1, padding="SAME",
activation=tf.nn.relu)(input_tensor)
    conv2 = tf.keras.layers.BatchNormalization()(conv1)
    conv3 = tf.keras.layers.Conv2D(out_dim // 4, kernel_size=3, padding="SAME",
activation=tf.nn.relu)(conv2)
    conv4 = tf.keras.layers.BatchNormalization()(conv3)
    conv5 = tf.keras.layers.Conv2D(out_dim, kernel_size=1,
padding="SAME")(conv4)
    out = tf.keras.layers.Add()([input_tensor, conv5])
    out = tf.nn.relu(out)
    return out
```

6.2.3　ResNet 网络的实现

ResNet 的结构如图 6.12 所示。其中一共提出了 5 种深度的 ResNet，分别是 18、34、50、101 和 152，其中所有的网络都分成 5 部分，分别是 conv1、conv2_x、conv3_x、conv4_x、conv5_x。

下面我们将对其进行实现。

需要说明的是，ResNet 完整的实现需要较高性能的显卡，因此我们对其做了修改，去掉了 pooling 层，并降低了每次 filter 的数目和每层的层数。

layer name	output size	18-layer	34-layer	50-layer	101-layer	152-layer
conv1	112×112	7×7, 64, stride 2				
conv2_x	56×56	3×3 max pool, stride 2				
		[3×3, 64 3×3, 64] ×2	[3×3, 64 3×3, 64] ×3	[1×1, 64 3×3, 64 1×1, 256] ×3	[1×1, 64 3×3, 64 1×1, 256] ×3	[1×1, 64 3×3, 64 1×1, 256] ×3
conv3_x	28×28	[3×3, 128 3×3, 128] ×2	[3×3, 128 3×3, 128] ×4	[1×1, 128 3×3, 128 1×1, 512] ×4	[1×1, 128 3×3, 128 1×1, 512] ×4	[1×1, 128 3×3, 128 1×1, 512] ×8
conv4_x	14×14	[3×3, 256 3×3, 256] ×2	[3×3, 256 3×3, 256] ×6	[1×1, 256 3×3, 256 1×1, 1024] ×6	[1×1, 256 3×3, 256 1×1, 1024] ×23	[1×1, 256 3×3, 256 1×1, 1024] ×36
conv5_x	7×7	[3×3, 512 3×3, 512] ×2	[3×3, 512 3×3, 512] ×3	[1×1, 512 3×3, 512 1×1, 2048] ×3	[1×1, 512 3×3, 512 1×1, 2048] ×3	[1×1, 512 3×3, 512 1×1, 2048] ×3
	1×1	average pool, 1000-d fc, softmax				
FLOPs		1.8×10^9	3.6×10^9	3.8×10^9	7.6×10^9	11.3×10^9

图 6.12　ResNet 的结构

（1）conv_1：最上层是模型的输入层，定义了输入的维度，这里用一个卷积核为[7,7]、步进为[2,2]大小的卷积作为第一层。

```
    input_xs = tf.keras.Input(shape=[32,32,3])
    conv_1 =
tf.keras.layers.Conv2D(filters=64,kernel_size=3,padding="SAME",activation=tf.n
n.relu)(input_xs)
```

（2）conv_2：第二层使用的是多个[3,3]大小的卷积核，之后接了 3 个残差核心。

```
    out_dim = 64
    identity_1 = tf.keras.layers.Conv2D(filters=out_dim, kernel_size=3,
padding="SAME", activation=tf.nn.relu)(conv_1)
    identity_1 = tf.keras.layers.BatchNormalization()(identity_1)
    for _ in range(3):
    identity_1 = identity_block(identity_1,out_dim)
```

（3）conv_3：

```
    out_dim = 128
    identity_2 = tf.keras.layers.Conv2D(filters=out_dim, kernel_size=3,
padding="SAME", activation=tf.nn.relu)(identity_1)
    identity_2 = tf.keras.layers.BatchNormalization()(identity_2)
    for _ in range(4):
    identity_2 = identity_block(identity_2,out_dim)
```

（4）conv_4：

```
    out_dim = 256
    identity_3 = tf.keras.layers.Conv2D(filters=out_dim, kernel_size=3,
padding="SAME", activation=tf.nn.relu)(identity_2)
    identity_3 = tf.keras.layers.BatchNormalization()(identity_3)
    for _ in range(6):
    identity_3 = identity_block(identity_3,out_dim)
```

（5）conv_5：

```
    out_dim = 512
    identity_4 = tf.keras.layers.Conv2D(filters=out_dim, kernel_size=3,
padding="SAME", activation=tf.nn.relu)(identity_3)
    identity_4 = tf.keras.layers.BatchNormalization()(identity_4)
    for _ in range(3):
    identity_4 = identity_block(identity_4,out_dim)
```

（6）class_layer：最后一层是分类层，在经典的 ResNet 中，它是由一个全连接层做的分类器。代码如下：

```
    flat = tf.keras.layers.Flatten()(identity_4)
    flat = tf.keras.layers.Dropout(0.217)(flat)
    dense = tf.keras.layers.Dense(1024,activation=tf.nn.relu)(flat)
    dense = tf.keras.layers.BatchNormalization()(dense)
    logits = tf.keras.layers.Dense(100,activation=tf.nn.softmax)(dense)
```

首先使用 reduce_mean 作为全局赤化层，之后接的卷积层将其压缩到分类的大小，softmax

是最终的激活函数，为每层对应的类别进行分类处理。最终的全部函数如下所示：

```
    import tensorflow as tf
    def identity_block(input_tensor,out_dim):
        conv1 = tf.keras.layers.Conv2D(out_dim // 4, kernel_size=1, padding="SAME",
activation=tf.nn.relu)(input_tensor)
        conv2 = tf.keras.layers.BatchNormalization()(conv1)
        conv3 = tf.keras.layers.Conv2D(out_dim // 4, kernel_size=3, padding="SAME",
activation=tf.nn.relu)(conv2)
        conv4 = tf.keras.layers.BatchNormalization()(conv3)
        conv5 = tf.keras.layers.Conv2D(out_dim, kernel_size=1,
padding="SAME")(conv4)
        out = tf.keras.layers.Add()([input_tensor, conv5])
        out = tf.nn.relu(out)
        return out
    def resnet_Model(n_dim = 10):
        input_xs = tf.keras.Input(shape=[32,32,3])
        conv_1 = tf.keras.layers.Conv2D(filters=64,kernel_size=3,padding="SAME",
activation=tf.nn.relu)(input_xs)
        """--------第一层----------"""
        out_dim = 64
        identity_1 = tf.keras.layers.Conv2D(filters=out_dim, kernel_size=3,
padding="SAME", activation=tf.nn.relu)(conv_1)
        identity_1 = tf.keras.layers.BatchNormalization()(identity_1)
        for _ in range(3):
           identity_1 = identity_block(identity_1,out_dim)
        """--------第二层----------"""
        out_dim = 128
        identity_2 = tf.keras.layers.Conv2D(filters=out_dim, kernel_size=3,
padding="SAME", activation=tf.nn.relu)(identity_1)
        identity_2 = tf.keras.layers.BatchNormalization()(identity_2)
        for _ in range(4):
           identity_2 = identity_block(identity_2,out_dim)
        """--------第三层----------"""
        out_dim = 256
        identity_3 = tf.keras.layers.Conv2D(filters=out_dim, kernel_size=3,
padding="SAME", activation=tf.nn.relu)(identity_2)
        identity_3 = tf.keras.layers.BatchNormalization()(identity_3)
        for _ in range(6):
           identity_3 = identity_block(identity_3,out_dim)
        """--------第四层----------"""
        out_dim = 512
        identity_4 = tf.keras.layers.Conv2D(filters=out_dim, kernel_size=3,
padding="SAME", activation=tf.nn.relu)(identity_3)
        identity_4 = tf.keras.layers.BatchNormalization()(identity_4)
        for _ in range(3):
           identity_4 = identity_block(identity_4,out_dim)
        flat = tf.keras.layers.Flatten()(identity_4)
        flat = tf.keras.layers.Dropout(0.217)(flat)
        dense = tf.keras.layers.Dense(2048,activation=tf.nn.relu)(flat)
```

```
    dense = tf.keras.layers.BatchNormalization()(dense)
    logits = tf.keras.layers.Dense(100,activation=tf.nn.softmax)(dense)
    model = tf.keras.Model(inputs=input_xs, outputs=logits)
    return model
if __name__ == "__main__":
    resnet_model = resnet_Model()
    print(resnet_model.summary())#.2.4、使用 ResNet50 实战 CIFAR10
```

6.2.4 使用 ResNet 对 CIFAR100 数据集进行分类

TensorFlow 中自带了相关的数据集 CIFAR100。本节将使用 TensorFlow 自带的数据集对 CIFAR100 进行分类。

1. 数据集的获取

CIFAR 数据集可以放在本地。TensorFlow 2.X 自带了数据的读取函数，代码如下：

```
path = "./dataset/cifar-100-python"
from tensorflow.python.keras.datasets.cifar import load_batch
fpath = os.path.join(path, 'train')
x_train, y_train = load_batch(fpath, label_key='fine' + '_labels')
fpath = os.path.join(path, 'test')
x_test, y_test = load_batch(fpath, label_key='fine' + '_labels')

x_train = tf.transpose(x_train,[0,2,3,1])
y_train = np.float32(tf.keras.utils.to_categorical(y_train,
num_classes=100))
x_test = tf.transpose(x_test,[0,2,3,1])
y_test = np.float32(tf.keras.utils.to_categorical(y_test,num_classes=100))
```

需要注意的是，对于不同的数据集，其维度的结构有所区别。此外，数据集打印的维度为(60000,3,32,32)，并不符合传统使用的(60000,32,32,3)的普通维度格式，因此需要对其进行调整。

之后，需要将数据打包整合成能够被编译的格式，这里使用的是 TensorFlow 2.0 自带的 Dataset API，代码如下：

```
batch_size  = 48
train_data = tf.data.Dataset.from_tensor_slices((x_train,y_train)).
shuffle(batch_size*10).
batch(batch_size).repeat(3)
```

2. 模型的导入和编译

这一步导入模型，并设定优化器和损失函数，代码如下：

```
import resnet_model
model = resnet_model.resnet_Model()
model.compile(optimizer=tf.optimizers.Adam(1e-2),
loss=tf.losses.categorical_crossentropy,metrics = ['accuracy'])
model.fit(train_data, epochs=10)
```

3. 模型的计算

全部代码如下所示。

【程序 6-8】

```
    import tensorflow as tf
    import os
    import numpy as np
    path = "./dataset/cifar-100-python"
    from tensorflow.python.keras.datasets.cifar import load_batch
    fpath = os.path.join(path, 'train')
    x_train, y_train = load_batch(fpath, label_key='fine' + '_labels')
    fpath = os.path.join(path, 'test')
    x_test, y_test = load_batch(fpath, label_key='fine' + '_labels')
    x_train = tf.transpose(x_train,[0,2,3,1])
    y_train = np.float32(tf.keras.utils.to_categorical(y_train,
num_classes=100))
    x_test = tf.transpose(x_test,[0,2,3,1])
    y_test = np.float32(tf.keras.utils.to_categorical(y_test,num_classes=100))
    batch_size  = 48
    train_data = tf.data.Dataset.from_tensor_slices((x_train,y_train)).
shuffle(batch_size*10).batch(batch_size).repeat(3)
    import resnet_model
    model = resnet_model.resnet_Model()
    model.compile(optimizer=tf.optimizers.Adam(1e-2),
loss=tf.losses.categorical_crossentropy,metrics = ['accuracy'])
    model.fit(train_data, epochs=10)
    score = model.evaluate(x_test, y_test)
    print("last score:",score)
```

根据不同的硬件设备，模型的参数和训练集的 batch_size 都需要做出调整，具体数值请根据需要对它们做设置。

6.3 ResNet 的兄弟——ResNeXt

大家对一层一层堆叠的网络形成思维惯性的时候，shortcut 的思想是跨越性的。即使网络层级叠加到 100 层，运算量也和 16 层的 VGG 相差不多，精度却提高了一个档次，而且模块性、可移植性很强。

6.3.1 ResNeXt 诞生的背景

随着研究的深入以及 ResNet 层次的加深，研究人员开始在增加网络的“宽度”方面进行探究。神经网络的标准范式就符合这样的“分割–转换–合并”（split-transform-merge）模式。下面以一个简单的普通神经元为例（比如 dense 中的每个神经元）进行讲解，如图 6.13 所示。

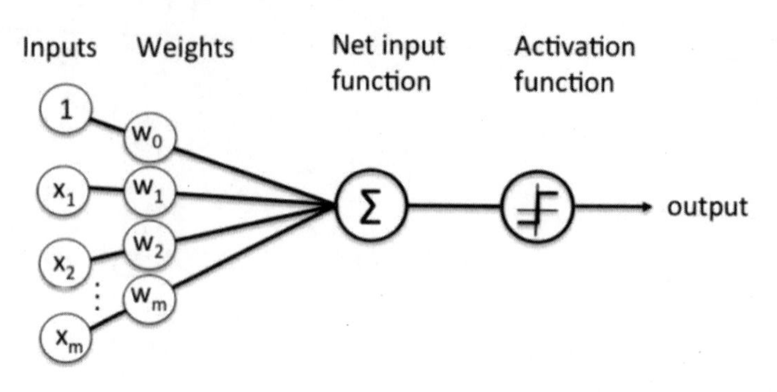

图 6.13　神经元

神经网络就是对输入的数据进行权重乘积，求和后经过一个激活函数，因此又可以用公式表示为：

$$f(x) = \sum_{n=1}^{m} w(\mathrm{x}_i)$$

ResNet 的公式表示为：

$$w(x) = x + \sum_{n=1}^{n} T(\mathrm{x}_i)$$

公式中，T 函数理解为 ResNet 中的任意通路“模块”，x 为数据的 shortcut，n 为模块中通路的个数，如图 6.14 所示。shortcut 与通路模块共同构成了一个完整的“残差单元”。

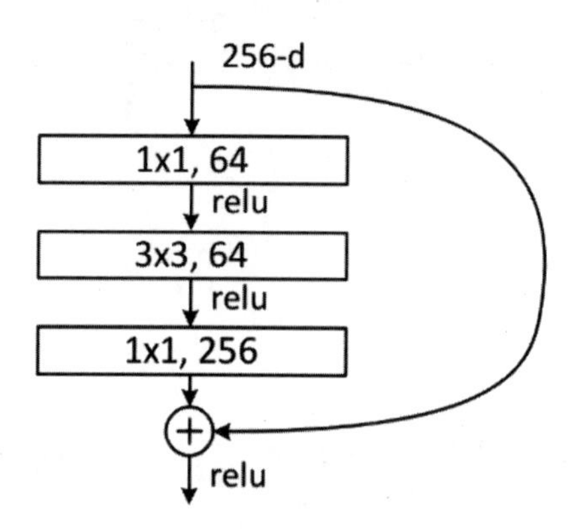

图 6.14　残差单元

可以简单地理解，随着 n 的增加，“通路”增加能够带来方程 $w(x)$值的增加，即使单个增加的幅度很小，求和后一样可以带来效果的改善，即在每个 ResNet 模块中增加通路个数。这也是 ResNeXt 产生的初衷。

ResNet 和 ResNeXt 的基本结构如图 6.15 所示，左边是 ResNet 的基本结构，右边是 ResNeXt 的基本结构。

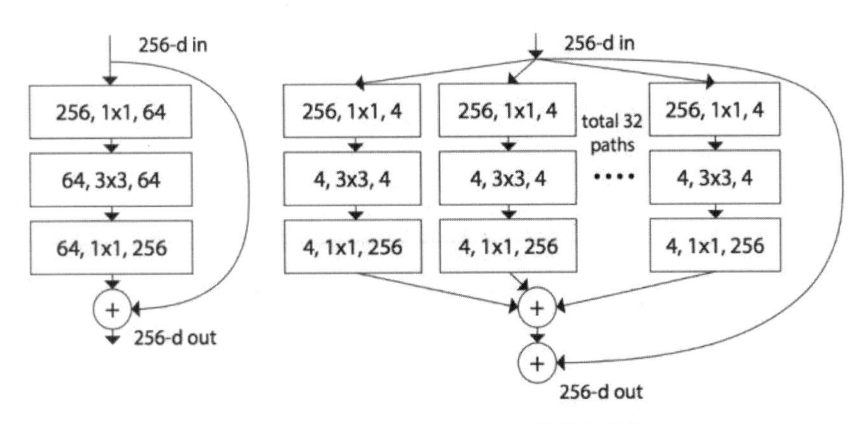

图 6.15　ResNet 和 ResNeXt 的基本结构

$w(x)$是 32 组同样结构的变化，求和以后与输入端的 shortcut 进行二次叠加，如图 6.16 所示。

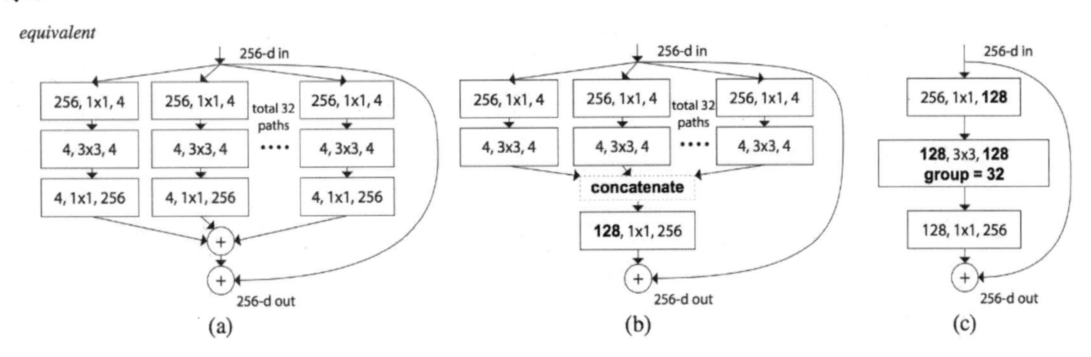

图 6.16　shortcut

更进一步对 ResNeXt 做改进，如果将输入的[1,1]卷积层合并在一起，减少通道数，最终还是形成了经典的 ResNet 结构，因此也可以认为经典的 ResNet 就是 ResNeXt 的一个特殊结构。

6.3.2　ResNeXt 残差模块的实现

从上一节的分析可以知道，ResNeXt 实际上就是更换了更具有普遍性的残差模块的 ResNet，而残差模块的更改实质上是将一个连接通道在模块内部增加为 32 个，这里我们使用图 6.17 中所示的 b 模型架构实现 ResNeXt。

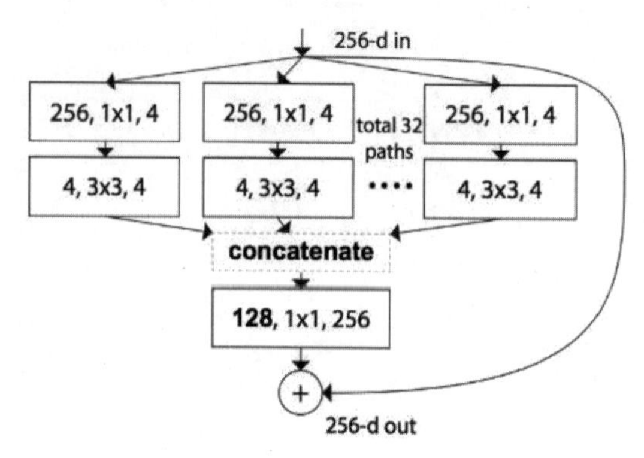

图 6.17　模型架构

实现步骤拆解如下：

（1）对输入数据进行划分

TensorFlow 提供了数据分块函数 split，代码如下：

```
input_tensor_list = tf.split(input_tensor, num_or_size_splits=64, axis=3)
```

这里先将输入的数据进行划分：

```
[batch,img_H,img_W,256]  →  [batch,img_H,img_W,32]
```

num_or_size_splits 对划分的参数进行设置，value 是输入值，axis 确定了划分的数据维度。

（2）将输入后的数据输送到卷积层开始卷积计算

代码如下：

```
    def conv_fun(input_tensor):
        out = tf.keras.layers.Conv2D(4, 3,
padding="SAME",activation=tf.nn.relu)(input_tensor)
        out = tf.keras.layers.BatchNormalization()(out)
        return out
    out_list = list(map(conv_fun, input_tensor_list))
```

这里采用的是 map 函数，在每个卷积分块上做[3,3]大小的卷积，并加上 batch_normalization 和 relu 层。

（3）将计算后的卷积层进行重新叠加

叠加选择的是第四个维度，即第一步拆分的维度，代码如下：

```
out = tf.concat(out_list, axis=-1)
```

这样就重新将数据组合起来了。

完整残差模块代码如下：

```
    def identity_block(input_tensor):
        input_tensor_list = tf.split(input_tensor, num_or_size_splits=64, axis=3)
        def conv_fun(input_tensor):
            out = tf.keras.layers.Conv2D(4, 3, padding="SAME",
activation=tf.nn.relu)(input_tensor)
```

```
            out = tf.keras.layers.BatchNormalization()(out)
            return out
        out_list = list(map(conv_fun, input_tensor_list))
        out = tf.concat(out_list, axis=-1)
        out = tf.keras.layers.Add()([out, input_tensor])
    return out
```

在对输入数据进行分解的时候，我们使用 split 函数直接对第四维进行拆解。有兴趣的读者可以在此步调整转换方法，即提供一个卷积来对数据维度进行降解。

6.3.3 ResNeXt 网络的实现

仿照 ResNet，ResNeXt 也是使用叠加残差模块的基本结构，对每个层级都做相同的转换，如图 6.18 所示。

stage	output	ResNet-50	**ResNeXt-50 (32×4d)**
conv1	112×112	7×7, 64, stride 2	7×7, 64, stride 2
conv2	56×56	3×3 max pool, stride 2 [1×1, 64 3×3, 64 1×1, 256] ×3	3×3 max pool, stride 2 [1×1, 128 3×3, 128, C=32 1×1, 256] ×3
conv3	28×28	[1×1, 128 3×3, 128 1×1, 512] ×4	[1×1, 256 3×3, 256, C=32 1×1, 512] ×4
conv4	14×14	[1×1, 256 3×3, 256 1×1, 1024] ×6	[1×1, 512 3×3, 512, C=32 1×1, 1024] ×6
conv5	7×7	[1×1, 512 3×3, 512 1×1, 2048] ×3	[1×1, 1024 3×3, 1024, C=32 1×1, 2048] ×3
	1×1	global average pool 1000-d fc, softmax	global average pool 1000-d fc, softmax
# params.		$\mathbf{25.5}\times10^6$	$\mathbf{25.0}\times10^6$
FLOPs		$\mathbf{4.1}\times10^9$	$\mathbf{4.2}\times10^9$

图 6.18　叠加残差模块

这里仿照 ResNet 的方法对残差模块进行叠加计算，主要有 4 个模块，每个模块依次对输入的数据中 channel 维度进行提升操作。

代码如下：

```
    import tensorflow as tf
def identity_block(input_tensor):
    input_tensor_list = tf.split(input_tensor, num_or_size_splits=64, axis=3)

    def conv_fun(input_tensor):
        out = tf.keras.layers.Conv2D(4, 3, padding="SAME", 
activation=tf.nn.relu)(input_tensor)
        out = tf.keras.layers.BatchNormalization()(out)
```

```
        return out

    out_list = list(map(conv_fun, input_tensor_list))
    out = tf.concat(out_list, axis=-1)
    out = tf.keras.layers.Add()([out, input_tensor])
    return out

def resnetXL_Model():
    input_xs = tf.keras.Input(shape=[32,32,3])
    conv_1 =
tf.keras.layers.Conv2D(filters=64,kernel_size=3,padding="SAME",activation=tf.n
n.relu)(input_xs)

    """--------第一层----------"""
    out_dim = 256
    identity = tf.keras.layers.Conv2D(filters=out_dim, kernel_size=3,
padding="SAME", activation=tf.nn.relu)(conv_1)
    identity = tf.keras.layers.BatchNormalization()(identity)
    for _ in range(7):
        identity = identity_block(identity)

    """--------第二层----------"""
    ……

        """--------第三层----------"""
    ……

    conv =
tf.keras.layers.Conv2D(100,kernel_size=32,activation=tf.nn.relu)(identity)
    logits = tf.nn.softmax(tf.squeeze(conv,[1,2]))

    model = tf.keras.Model(inputs=input_xs, outputs=logits)

    return model
```

上面代码只写了第一层的实现，更多层数的实现请读者参照 ResNet 模型尝试一下。

6.3.4 ResNeXt 和 ResNet 的比较

通过实验对比 ResNeXt 和 ResNet（见图 6.19），发现 ResNeXt 无论是在 50 层还是 101 层，其准确度都大大好于 ResNet。这里总结一下相关的结论：

- ResNeXt 与 ResNet 在相同参数个数情况下，训练时前者错误率更低，但下降速度差不多。
- 相同参数情况下，增加残差模块比增加卷积个数更加有效。
- 101 层的 ResNeXt 比 101 层的 ResNet 更好。

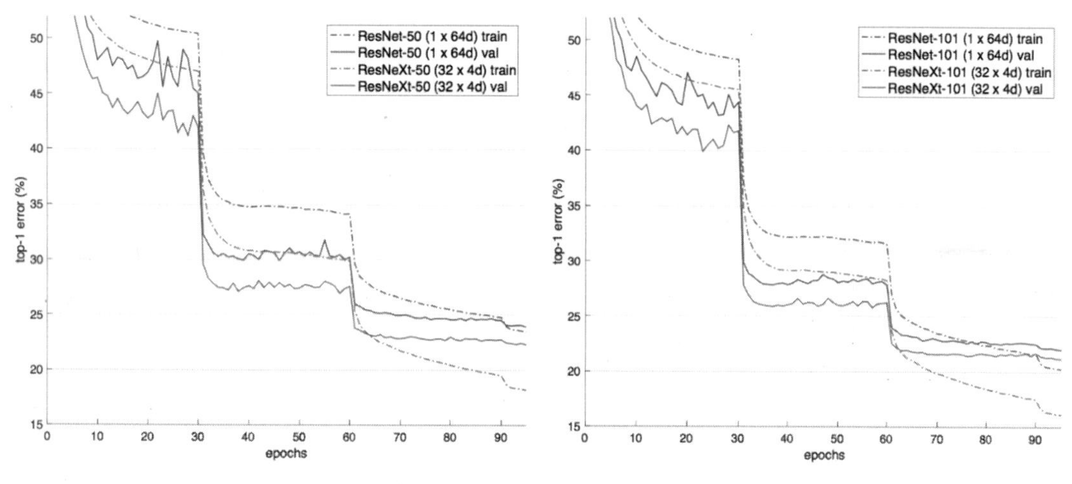

图 6.19　对比 ResNeXt 和 ResNet

6.4　本章小结

本章是一个起点，让读者站在巨人的肩膀上，从冠军开始！

ResNet 和 ResNeXt 开创了一个时代，开天辟地地改变人们仅仅依靠堆积神经网络层来获取更高性能的做法，在一定程度上解决了梯度消失和梯度爆炸的问题。这是一项跨时代的发明。

当简单的堆积神经网络层的做法失效时，人们开始采用模块化的思想设计网络，同时在不断“加宽”模块的内部通道。当这些能够做的方法以及被挖掘穷尽后有没有新的方法能够更进一步提升卷积神经网络的效果呢？

第 7 章

有趣的 word embedding

word embedding 是什么？为什么要 word embedding？在深入了解前先看几个例子：

- 在使用购买商品或者入住酒店后，会邀请顾客填写相关的评价表明对服务的满意程度。
- 使用几个词在搜索引擎上搜一下。
- 有些博客网站会在博客下面标记一些相关的 tag 标签。

那么问题来了，这些是怎么做到的呢？

实际上这是文本处理后的应用，目的是用这些文本去做情绪分析、同义词聚类、文章分类和打标签。

读者在读文章或者评论的时候可以准确地说出这个文章大致讲了什么、评论的倾向如何，但是电脑怎么做到的呢？电脑可以匹配字符串然后告诉你是否与输入的字符串相同，但是怎么能让电脑在搜索“梅西”的时候告诉你有关足球或者皮耶罗的事情呢？

word embedding 由此诞生，它就是对文本的数字表示。通过其表示和计算可以使得电脑很容易地得到如下公式：

梅西 – 阿根廷 + 意大利 = 皮耶罗

本章将着重介绍 word embedding（词嵌入）的相关内容，首先通过多种计算 word embedding 的方式循序渐进地讲解如何获取对应的 word embedding，之后的实战使用 word embedding 进行文本分类。

7.1 文本数据处理

无论是使用深度学习还是传统的自然语言处理方式，一个非常重要的内容就是将自然语言转换成计算机可以识别的特征向量。文本的预处理就是如此，通过文本分词–词向量训练–特征词抽取这几个主要步骤后组建能够代表文本内容的矩阵向量。

7.1.1　数据集介绍和数据清洗

新闻分类数据集“AG”是由学术社区 ComeToMyHead 提供的，从 2000 多不同的新闻来源搜集的超过一百万的新闻文章，用于研究分类、聚类、信息获取（rank、搜索）等非商业活动。在此基础上 Xiang Zhang 为了研究需要从中提取 127600 个样本，其中的 120000 个样本作为训练集、7600 个样本作为测试集。按以下 4 类进行分类：

- World
- Sports
- Business
- Sci/Tec

数据集一般是用 csv 文件存储的，打开后格式如图 7.1 所示。

3	Wall St. Bears Claw Back Into the Black (Reuters)	Reuters - Short-sellers, Wall Street's dwindling\band of ultra-cynics, are seeing green again.
3	Carlyle Looks Toward Commercial Aerospace (Reuters)	Reuters - Private investment firm Carlyle Group,\which has a reputation for making well-timed and occasionally\controversial play
3	Oil and Economy Cloud Stocks' Outlook (Reuters)	Reuters - Soaring crude prices plus worries\about the economy and the outlook for earnings are expected to\hang over the stock ma
3	Iraq Halts Oil Exports from Main Southern Pipeline (	Reuters - Authorities have halted oil export\flows from the main pipeline in southern Iraq after\intelligence showed a rebel mili
3	Oil prices soar to all-time record, posing new menac	AFP - Tearaway world oil prices, toppling records and straining wallets, present a new economic menace barely three months before
3	Stocks End Up, But Near Year Lows (Reuters)	Reuters - Stocks ended slightly higher on Friday\but stayed near lows for the year as oil prices surged past #36;46\a barrel, of
3	Money Funds Fell in Latest Week (AP)	AP - Assets of the nation's retail money market mutual funds fell by #36;1.17 billion in the latest week to #36;849.98 trillion
3	Fed minutes show dissent over inflation (USATODAY.co	USATODAY.com - Retail sales bounced back a bit in July, and new claims for jobless benefits fell last week, the government said T
3	Safety Net (Forbes.com)	Forbes.com - After earning a PH.D. in Sociology, Danny Bazil Riley started to work as the general manager at a commercial real es
3	Wall St. Bears Claw Back Into the Black	NEW YORK (Reuters) - Short-sellers, Wall Street's dwindling band of ultra-cynics, are seeing green again.
3	Oil and Economy Cloud Stocks' Outlook	NEW YORK (Reuters) - Soaring crude prices plus worries about the economy and the outlook for earnings are expected to hang ove
3	No Need for OPEC to Pump More-Iran Gov	TEHRAN (Reuters) - OPEC can do nothing to douse scorching oil prices when markets are already oversupplied by 2.8 million barr
3	Non-OPEC Nations Should Up Output-Purnomo	JAKARTA (Reuters) - Non-OPEC oil exporters should consider increasing output to cool record crude prices, OPEC President Purno
3	Google IPO Auction Off to Rocky Start	WASHINGTON/NEW YORK (Reuters) - The auction for Google Inc.'s highly anticipated initial public offering got off to a rocky st
3	Dollar Falls Broadly on Record Trade Gap	NEW YORK (Reuters) - The dollar tumbled broadly on Friday after data showing a record U.S. trade deficit in June cast fresh do
3	Rescuing an Old Saver	If you think you may need to help your elderly relatives with their finances, don't be shy about having the money talk -- soon.
3	Kids Rule for Back-to-School	The purchasing power of kids is a big part of why the back-to-school season has become such a huge marketing phenomenon.
3	In a Down Market, Head Toward Value Funds	There is little cause for celebration in the stock market these days, but investors in value-focused mutual funds have reason to
3	US trade deficit swells in June	The US trade deficit has exploded 19 to a record \$55.8bn as oil costs drove imports higher, according to a latest figures.
3	Shell 'could be target for Total'	Oil giant Shell could be bracing itself for a takeover attempt, possibly from French rival Total, a press report claims.
3	Google IPO faces Playboy slip-up	The bidding gets underway for Google's public offering, despite last-minute worries over an interview with its bosses in Playboy
3	Eurozone economy keeps growing	Official figures show the 12-nation eurozone economy continues to grow, but there are warnings it may slow down later in the year
3	Expansion slows in Japan	Economic growth in Japan slows down as the country experiences a drop in domestic and corporate spending.
3	Rand falls on shock SA rate cut	Interest rates are trimmed to 7.5 by the South African central bank, but the lack of warning hits the rand and surprises markets
3	Car prices down across the board	The cost of buying both new and second hand cars fell sharply over the past five years, a new survey has found.
3	South Korea lowers interest rates	South Korea's central bank cuts interest rates by a quarter percentage point to 3.5 in a bid to drive growth in the economy.
3	Google auction begins on Friday	An auction of shares in Google, the web search engine which could be floated for as much as \$36bn, takes place on Friday.

图 7.1　Ag_news 数据集

第 1 列是新闻分类，第 2 列是新闻标题，第 3 列是新闻的正文部分，使用“,”和“.”作为断句的符号。

由于拿到的数据集是由社区自动化存储和收集的，因此无可避免地存有大量的数据杂质：

```
    Reuters - Was absenteeism a little high\on Tuesday among the guys at the office? EA Sports would like\to think it was because "Madden NFL 2005" came out that day,\and some fans of the football simulation are rabid enough to\take a sick day to play it.
    Reuters - A group of technology companies\including Texas Instruments Inc. (TXN.N), STMicroelectronics\(STM.PA) and Broadcom Corp. (BRCM.O), on Thursday said they\will propose a new wireless networking standard up to 10 times\the speed of the current generation.
```

第一步：数据的读取与存储

数据集的存储格式为 csv，需要按列队数据进行读取，代码如下：

【程序 7-1】

```
import csv
agnews_train = csv.reader(open("./dataset/train.csv","r"))
for line in agnews_train:
    print(line)
```

输入结果如图 7.2 所示。

```
['2', 'Sharapova wins in fine style', 'Maria Sharapova and Amelie Mauresmo opened their challenges at the WTA Champ:
['2', 'Leeds deny Sainsbury deal extension', 'Leeds chairman Gerald Krasner has laughed off suggestions that he has
['2', 'Rangers ride wave of optimism', 'IT IS doubtful whether Alex McLeish had much time eight weeks ago to dwell
['2', 'Washington-Bound Expos Hire Ticket Agency', 'WASHINGTON Nov 12, 2004 - The Expos cleared another logistical
['2', 'NHL #39;s losses not as bad as they say: Forbes mag', 'NEW YORK - Forbes magazine says the NHL #39;s financia
['1', 'Resistance Rages to Lift Pressure Off Fallujah', 'BAGHDAD, November 12 (IslamOnline.net  amp; News Agencies)
```

图 7.2　Ag_news 中的数据形式

读取的 train 中的每行数据内容被默认以逗号分隔，按列依次存储在序列不同的位置中。为了分类方便，可以使用不同的数组将数据按类别进行存储。当然也可以根据需要使用 pandas，但是为了后续操作和运算速度，这里主要使用 Python 原生函数和 Numpy 进行计算。

【程序 7-2】

```
import csv
agnews_label = []
agnews_title = []
agnews_text = []
agnews_train = csv.reader(open("./dataset/train.csv","r"))
for line in agnews_train:
    agnews_label.append(line[0])
    agnews_title.append(line[1].lower())
    agnews_text.append(line[2].lower())
```

可以看到不同的内容被存储在不同的数组之中，为了统一行使，将所有的字母统一转换成小写便于后续的计算。

第二步：文本的清洗

文本中除了常用的标点符号外，还包含着大量的特殊字符，因此需要对文本进行清洗。

文本清洗的方法一般使用正则表达式，可以匹配小写'a'至'z'大写'A'至'Z'或者数字'0'到'9'的范围之外的所有字符，并用空格代替，这个方法无须指定所有标点符号，代码如下：

```
import re
text = re.sub(r"[^a-z0-9]"," ",text)
```

这里 re 是 Python 中对应正则表达式的 Python 包，字符串“^”的意义是求反，即只保留要求的字符而替换非要求保留的字符。更细一步的分析可以知道，文本清洗中除了将不需要的符号使用空格替换外，还产生一个问题，即空格数目过多和在文本的首尾有空格残留，这样同样影响文本的读取，因此还需要对替换符号后的文本进行二次处理。

【程序 7-3】

```
import re
def text_clear(text):
```

```
    text = text.lower()                          #将文本转化成小写
    text = re.sub(r"[^a-z0-9]"," ",text)         #替换非标准字符，^是求反操作
    text = re.sub(r" +", " ", text)              #替换多重空格
    text = text.strip()                          #取出首尾空格
text = text.split(" ")                           #对句子按空格分隔
    return text
```

由于加载了新的数据清洗工具，因此在读取数据时可以使用自定义的函数将文本信息处理后存储，代码如下：

【程序 7-4】

```
import csv
import tools
import numpy as np
agnews_label = []
agnews_title = []
agnews_text = []
agnews_train = csv.reader(open("./dataset/train.csv","r"))
for line in agnews_train:
    agnews_label.append(np.float32(line[0]))
    agnews_title.append(tools.text_clear(line[1]))
    agnews_text.append(tools.text_clear(line[2]))
```

这里使用了额外的包和 Numpy 函数对数据进行处理，因此可以获得处理后较为干净的数据，如图 7.3 所示。

```
pilots union at united makes pension deal
quot us economy growth to slow down next year quot
microsoft moves against spyware with giant acquisition
aussies pile on runs
manning ready to face ravens 39 aggressive defense
gambhir dravid hit tons as india score 334 for two night lead
croatians vote in presidential elections mesic expected to win second term afp
nba wrap heat tame bobcats to extend winning streak
historic turkey eu deal welcomed
```

图 7.3　清理后的 Ag_news 数据

7.1.2　停用词的使用

观察分好词的文本集，每组文本中除了能够表达含义的名词和动词外，还有大量没有意义的副词，例如‘is’‘are’‘the’等。这些词的存在并不会给句子增加太多含义，反而会由于频率非常多而会影响后续的词向量分析。因此，为了减少我们要处理的词汇量，降低后续程序的复杂度，需要清除停用词。清除停用词一般用的是 NLTK 工具包。安装代码如下：

```
conda install nltk
```

除了安装 NLTK 外，还有一个非常重要的内容，就是仅仅依靠安装了 NLTK 并不能够使用停用词，需要额外再下载 NLTK 停用词包，建议读者通过控制端进入 NLTK，之后运行如图 7.4 所示的代码，打开 NLTK 的下载控制台。

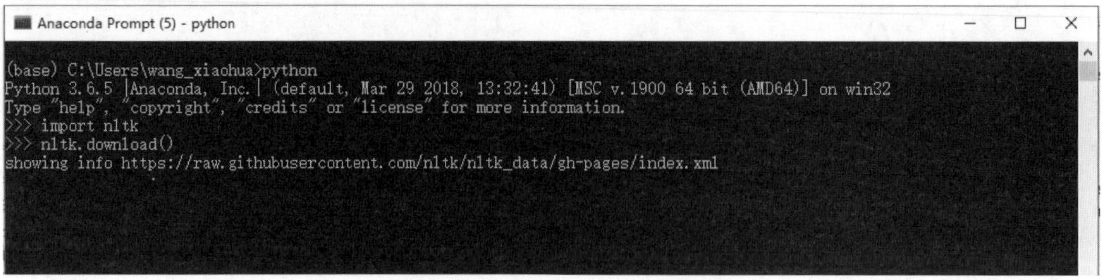

```
Anaconda Prompt (5) - python
(base) C:\Users\wang_xiaohua>python
Python 3.6.5 |Anaconda, Inc.| (default, Mar 29 2018, 13:32:41) [MSC v.1900 64 bit (AMD64)] on win32
Type "help", "copyright", "credits" or "license" for more information.
>>> import nltk
>>> nltk.download()
showing info https://raw.githubusercontent.com/nltk/nltk_data/gh-pages/index.xml
```

图 7.4 安装 NLTK 并打开控制台

打开的 NLTK 控制台如图 7.5 所示。

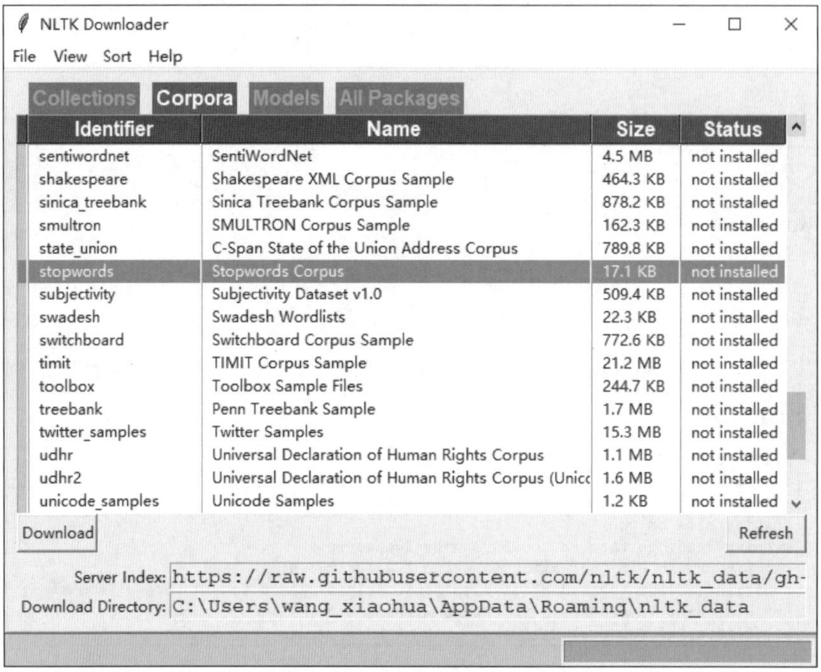

NLTK Downloader

File View Sort Help

Collections | Corpora | Models | All Packages

Identifier	Name	Size	Status
sentiwordnet	SentiWordNet	4.5 MB	not installed
shakespeare	Shakespeare XML Corpus Sample	464.3 KB	not installed
sinica_treebank	Sinica Treebank Corpus Sample	878.2 KB	not installed
smultron	SMULTRON Corpus Sample	162.3 KB	not installed
state_union	C-Span State of the Union Address Corpus	789.8 KB	not installed
stopwords	Stopwords Corpus	17.1 KB	not installed
subjectivity	Subjectivity Dataset v1.0	509.4 KB	not installed
swadesh	Swadesh Wordlists	22.3 KB	not installed
switchboard	Switchboard Corpus Sample	772.6 KB	not installed
timit	TIMIT Corpus Sample	21.2 MB	not installed
toolbox	Toolbox Sample Files	244.7 KB	not installed
treebank	Penn Treebank Sample	1.7 MB	not installed
twitter_samples	Twitter Samples	15.3 MB	not installed
udhr	Universal Declaration of Human Rights Corpus	1.1 MB	not installed
udhr2	Universal Declaration of Human Rights Corpus (Unic	1.6 MB	not installed
unicode_samples	Unicode Samples	1.2 KB	not installed

Download　　Refresh

Server Index: https://raw.githubusercontent.com/nltk/nltk_data/gh-

Download Directory: C:\Users\wang_xiaohua\AppData\Roaming\nltk_data

图 7.5 NLTK 控制台

在 Corpora 选项卡下选择 stopwords，单击 Download 按钮下载数据。下载后验证方法如下：

```
stoplist = stopwords.words('english')
print(stoplist)
```

stoplist 将停用词获取到一个数组列表中，打印结果如图 7.6 所示。

['i', 'me', 'my', 'myself', 'we', 'our', 'ours', 'ourselves', 'you', "you're", "you've", "you'll", "you'd", 'your', 'yours', 'yourself', 'yourselves', 'he', 'him', 'his', 'himself', 'she', "she's", 'her', 'hers', 'herself', 'it', "it's", 'its', 'itself', 'they', 'them', 'their', 'theirs', 'themselves', 'what', 'which', 'who', 'whom', 'this', 'that', "that'll", 'these', 'those', 'am', 'is', 'are', 'was', 'were', 'be', 'been', 'being', 'have', 'has', 'had', 'having', 'do', 'does', 'did', 'doing', 'a', 'an', 'the', 'and', 'but', 'if', 'or', 'because', 'as', 'until', 'while', 'of', 'at', 'by', 'for', 'with', 'about', 'against', 'between', 'into', 'through', 'during', 'before', 'after', 'above', 'below', 'to', 'from', 'up', 'down', 'in', 'out', 'on', 'off', 'over', 'under', 'again', 'further', 'then', 'once', 'here', 'there', 'when', 'where', 'why', 'how', 'all', 'any', 'both', 'each', 'few', 'more', 'most', 'other', 'some', 'such', 'no', 'nor', 'not', 'only', 'own', 'same', 'so', 'than', 'too', 'very', 's', 't', 'can', 'will', 'just', 'don', "don't", 'should', "should've", 'now', 'd', 'll', 'm', 'o', 're', 've', 'y', 'ain', 'aren', "aren't", 'couldn', "couldn't", 'didn', "didn't", 'doesn', "doesn't", 'hadn', "hadn't", 'hasn', "hasn't", 'haven', "haven't", 'isn', "isn't", 'ma', 'mightn', "mightn't", 'mustn', "mustn't", 'needn', "needn't", 'shan', "shan't", 'shouldn', "shouldn't", 'wasn', "wasn't", 'weren', "weren't", 'won', "won't", 'wouldn', "wouldn't"]

图 7.6 停用词数据

下面就是将停用词数据加载到文本清洁器中，除此之外，由于英文文本的特殊性，单词会具有不同的变化和变形，例如后缀'ing'和'ed'可以丢弃、'ies'可以用'y'替换等。这样可能会变成不是完整词的词干，但是只要这个词的所有形式都还原成同一个词干即可。NLTK 中对这部分词根还原的处理使用的函数为：

```
PorterStemmer().stem(word)
```

整体代码如下：

```
def text_clear(text):
    text = text.lower()                              #将文本转化成小写
    text = re.sub(r"[^a-z0-9]"," ",text)             #替换非标准字符，^是求反操作
    text = re.sub(r" +", " ", text)                  #替换多重空格
    text = text.strip()                              #取出首尾空格
    text = text.split(" ")
    text = [word for word in text if word not in stoplist]     #去除停用词
    text = [PorterStemmer().stem(word) for word in text]       #还原词干部分
    text.append("eos")                               #添加结束符
    text = ["bos"] + text                            #添加开始符
return text
```

这样生成的最终结果如图 7.7 所示。

```
['baghdad', 'reuters', 'daily', 'struggle', 'dodge', 'bullets', 'bombings', 'enough', 'many', 'iraqis', 'face', 'freezing'
['abuja', 'reuters', 'african', 'union', 'said', 'saturday', 'sudan', 'started', 'withdrawing', 'troops', 'darfur', 'ahead
['beirut', 'reuters', 'syria', 'intense', 'pressure', 'quit', 'lebanon', 'pulled', 'security', 'forces', 'three', 'key', '
['karachi', 'reuters', 'pakistani', 'president', 'pervez', 'musharraf', 'said', 'stay', 'army', 'chief', 'reneging', 'pled
['red', 'sox', 'general', 'manager', 'theo', 'epstein', 'acknowledged', 'edgar', 'renteria', 'luxury', '2005', 'red', 'sox
['miami', 'dolphins', 'put', 'courtship', 'lsu', 'coach', 'nick', 'saban', 'hold', 'comply', 'nfl', 'hiring', 'policy', 'i
```

图 7.7　生成的数据

相对于未处理过的文本，获取的是一个相对干净的文本数据。下面对文本的清洁处理步骤做个总结：

- **Tokenization**：将句子进行拆分，以单个词或者字符的形式予以存储，文本清洁函数中 text.split 函数执行的就是这个操作。
- **Normalization**：将词语正则化，lower 函数和 PorterStemmer 函数做了此方面的工作，将数据转为小写和还原词干。
- **Rare word replacement**：对于出现频率较低的词语予以替换，一般将词频小于 5 的词语替换成一个特殊的 Token <UNK>。本文由于训练集和测试集中的词语较为集中而没有使用这个步骤。
- **Add <BOS> <EOS>**：添加每个句子的开始和结束标识符。
- **Long Sentence Cut-Off or short Sentence Padding**：对过长的句子进行截取，对过短的句子进行补全。

由于模型的需要，笔者在处理的时候并没有完整地使用以上多个方面。在不同的项目中读者可以自行斟酌使用。

7.1.3 词向量训练模型 word2vec 使用介绍

word2vec（见图 7.8）是 Google 在 2013 年推出的一个 NLP 工具，特点是将所有的词向量化，这样词与词之间就可以定量地去度量它们之间的关系，挖掘词之间的联系。

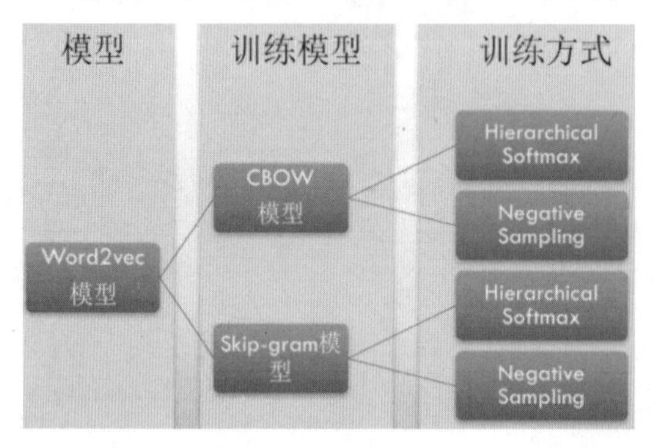

图 7.8 word2vec 模型

用词向量来表示词并不是 word2vec 的首创，在很久之前就出现了。最早的词向量是很冗长的，词向量维度大小为整个词汇表的大小，对于每个具体的词汇表中的词，将对应的位置置为 1。

例如，5 个词组成的词汇表，词"Queen"的序号为 2，那么它的词向量就是(0,1,0,0,0)(0,1,0,0,0)。同样的道理，词"Woman"的词向量就是(0,0,0,1,0)(0,0,0,1,0)。这种词向量的编码方式一般叫作 1-of-N representation 或者 one hot。

one hot 用来表示词向量非常简单，但是有很多问题。最大的问题是词汇表一般都非常大，比如达到百万级别，这样每个词都用百万维的向量来表示基本不可能。这样的向量除了一个位置是 1，其余的位置全部都是 0，表达的效率不高。将其使用在卷积神经网络中使得网络难以收敛。

word2vec 是一种可以解决 one hot 的方法，思路是通过训练将每个词都映射到一个较短的词向量上。所有的这些词向量构成了向量空间，进而可以用普通的统计学的方法来研究词与词之间的关系。

word2vec 具体的训练方法主要有 2 个部分，即 CBOW 和 Skip-gram 模型。

（1）CBOW 模型：CBOW（Continuous Bag-of-Word Model）又称连续词袋模型，是一个三层神经网络。该模型的特点是输入已知上下文，输出对当前单词的预测，如图 7.9 所示。

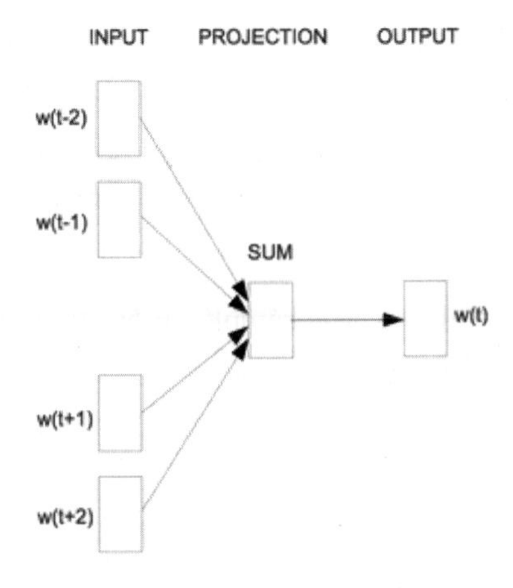

图 7.9　CBOW 模型

（2）**Skip-gram 模型**：Skip-gram 模型与 CBOW 模型正好相反（见图 7.10），由当前词预测上下文词。

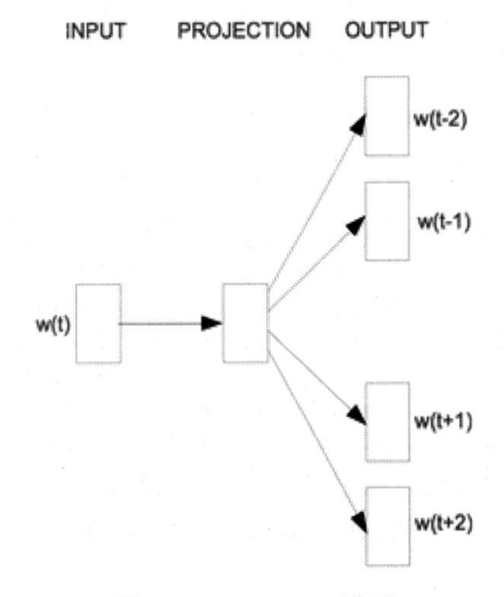

图 7.10　Skip-gram 模型

word2vec 更为细节的训练模型和训练方式这里不做讨论。本节将主要介绍训练一个可以获得和使用的 word2vec 向量。

对于词向量的模型训练有很多方法，最为简单的是使用 Python 工具包中的 gensim 包对数据进行训练。

第一步：训练 word2vec 模型

第一步是对词模型进行训练，代码非常简单：

```
from gensim.models import word2vec    #导入 gensim 包
#设置训练参数
model = word2vec.Word2Vec(agnews_text,size=64, min_count = 0,window = 5)
model_name = "corpusWord2Vec.bin"                  #模型存储名
model.save(model_name)                             #将训练好的模型存储
```

首先在代码中导入 gensim 包，之后 Word2Vec 函数根据设定的参数对 word2vce 模型进行训练。这里略微解释一下主要参数。Word2Vec 的主要参数如下：

```
    Word2Vec(sentences, workers=num_workers, size=num_features, min_count =
min_word_count, window = context, sample = downsampling, iter = 5)
```

其中，sentences 是输入数据，worker 是并行运行的线程数，size 是词向量的维数，min_count 是最小的词频，window 是上下文窗口大小，sample 是对频繁词汇下的采样设置，iter 是循环的次数。一般没有特殊要求，按默认值设置即可。

save 函数将生成的模型进行存储，以供后续使用。

第二步：word2vec 模型的使用

模型的使用非常简单，代码如下：

```
text = "Prediction Unit Helps Forecast Wildfires"
text = tools.text_clear(text)
print(model[text].shape)
```

其中，text 是需要转换的文本，同样调用 text_clear 函数对文本进行清理。之后使用训练好的模型对文本进行转换。转换后的文本内容如下：

```
['bos', 'predict', 'unit', 'help', 'forecast', 'wildfir', 'eos']
```

计算后的 word2vec 文本向量实际上是一个[7,64]大小的矩阵，部分如图 7.11 所示。

```
[[-2.30043262e-01  9.95051086e-01 -5.99774718e-01 -2.18779755e+00
  -2.42732501e+00  1.42853677e+00  4.19419765e-01  1.01147270e+00
   3.12305957e-01  9.40802813e-01 -1.26786101e+00  1.90110123e+00
  -1.00584543e+00  5.89528739e-01  6.55723274e-01 -1.54996490e+00
  -1.46146846e+00 -6.19645091e-03  1.97032082e+00  1.67241061e+00
   1.04563618e+00  3.28550845e-01  6.12566888e-01  1.49095607e+00
   7.72413433e-01 -8.21017563e-01 -1.71305871e+00  1.74249041e+00
   6.58117175e-01 -2.38789499e-01 -1.29177213e-01  1.35001493e+00
```

图 7.11 word2vec 文本向量

第三步：对已有模型补充训练

模型训练完毕后，可以对其进行存储，但是随着要训练文档的增加，gensim 同样也提供了持续性训练模型的方法，代码如下：

```
    from gensim.models import word2vec                          #导入 gensim 包
    model = word2vec.Word2Vec.load('./corpusWord2Vec.bin')      #载入存储的模型
    model.train(agnews_title, epochs=model.epochs,
total_examples=model.corpus_count) #继续模型训练
```

word2vec 提供了加载存储模型的函数。之后 train 函数继续对模型进行训练，将最初训练集中的 agnews_text 作为初始的训练文档，agnews_title 作为后续训练部分，这样可以合在一起作为更多的训练文件进行训练。完整代码如下：

【程序 7-5】

```
import csv
```

```
    import tools
    import numpy as np
    agnews_label = []
    agnews_title = []
    agnews_text = []
    agnews_train = csv.reader(open("./dataset/train.csv","r"))
    for line in agnews_train:
        agnews_label.append(np.float32(line[0]))
        agnews_title.append(tools.text_clear(line[1]))
        agnews_text.append(tools.text_clear(line[2]))

    print("开始训练模型")
    from gensim.models import word2vec
    model = word2vec.Word2Vec(agnews_text,size=64, min_count = 0,window =
5,iter=128)
    model_name = "corpusWord2Vec.bin"
    model.save(model_name)
    from gensim.models import word2vec
    model = word2vec.Word2Vec.load('./corpusWord2Vec.bin')
    model.train(agnews_title, epochs=model.epochs,
total_examples=model.corpus_count)
```

模型的使用在第二步已经做了介绍，请读者自行完成。

对于需要训练的数据集和需要测试的数据集，一般而言建议读者在使用的时候一起予以训练，这样才能够获得最好的语义标注。在现实工程中对数据的训练往往都有着极大的训练样本，文本容量能够达到几十甚至上百吉字节的数据，因而不会产生词语缺失的问题，在实际工程中只需要在训练集上对文本进行训练即可。

7.1.4 文本主题的提取：基于TF-IDF（选学）

使用卷积神经网络对文本分类时，文本主题提取并不是必需的。

一般来说文本的提取主要涉及以下几种：

- 基于TF-IDF的文本关键字提取。
- 基于TextRank的文本关键词提取。

除此之外，还有很多模型和方法能够帮助做文本抽取，特别是对于大文本内容。本书由于篇幅关系对这方面的内容并不展开描写，有兴趣的读者可以参考相关教程。下面先介绍基于TF-IDF的文本关键字提取。

第一步：TF-IDF简介

目标文本经过文本清洗和停用词的去除后，一般可以认为剩下的均为有着目标含义的词。如果需要对其特征进行更进一步的提取，那么提取的应该是那些能代表文章的元素，包括词、短语、句子、标点以及其他信息的词。从词的角度考虑，需要提取对文章表达贡献度大的词。TF-IDF公式定义如图7.12所示。

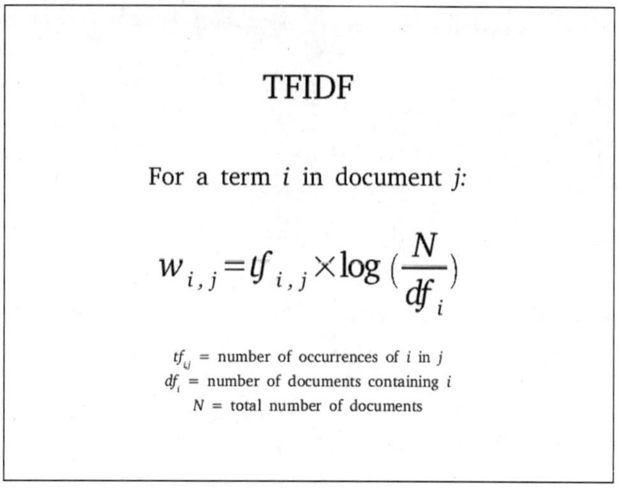

TFIDF

For a term i in document j:

$$w_{i,j} = tf_{i,j} \times \log\left(\frac{N}{df_i}\right)$$

$tf_{i,j}$ = number of occurrences of i in j
df_i = number of documents containing i
N = total number of documents

图 7.12 TF-IDF 简介

TF-IDF 是一种用于资讯检索与信息勘测的常用加权技术。TF-IDF 是一种统计方法，用来衡量一个词对一个文件集的重要程度。字词的重要性与其在文件中出现的次数成正比，而与其在文件集中出现的次数成反比。该算法在数据挖掘、文本处理和信息检索等领域得到了广泛的应用，最为常见的应用即从一个文章中提取文章的关键词。

TF-IDF 的主要思想是：如果某个词或短语在一篇文章中出现的频率 TF 高，并且在其他文章中很少出现，则认为此词或者短语具有很好的类别区分能力，适合用来分类。其中，TF（Term Frequency）表示词条在文章 Document 中出现的频率。

$$\text{词频（TF）} = \frac{\text{某个词在单个文本中出现的次数}}{\text{某个词在整个语料库中出现的次数}}$$

IDF（Inverse Document Frequency）的主要思想就是，包含某个词 Word 的文档越少，这个词的区分度越大，也就是 IDF 越大。

$$\text{逆文档频率（IDF）} = \log\left(\frac{\text{语料库的文本总数}}{\text{语料库中包含该词的文本数} + 1}\right)$$

TF-IDF 的计算实际上就是 TF×IDF：

$$\text{TF-IDF} = \text{词频} \times \text{逆文档频率} = \text{TF} \times \text{IDF}$$

第二步：TF-IDF 的实现

首先是 IDF 的计算，代码如下：

```
import math
def idf(corpus):   # corpus 为输入的全部语料文本库文件
    idfs = {}
    d = 0.0
    # 统计词出现次数
    for doc in corpus:
        d += 1
        counted = []
```

```
        for word in doc:
            if not word in counted:
                counted.append(word)
                if word in idfs:
                    idfs[word] += 1
                else:
                    idfs[word] = 1
    #计算每个词逆文档值
    for word in idfs:
        idfs[word] = math.log(d/float(idfs[word]))
    return idfs
```

下一步是使用计算好的 IDF 计算每个文档的 TF-IDF 值：

```
idfs = idf(agnews_text)                    #获取计算好的文本中每个词的 IDF 词频
for text in agnews_text:                   #获取文档集中每个文档
    word_tfidf = {}
    for word in text:                      #依次获取每个文档中的每个词
        if word in word_tfidf:             #计算每个词的词频
            word_tfidf[word] += 1
        else:
            word_tfidf[word] = 1
    for word in word_tfidf:
        word_tfidf[word] *= idfs[word]         #计算每个词的 TF-IDF 值
```

计算 TF-IDF 的完整代码如下：

【程序 7-6】

```
import math
def idf(corpus):
    idfs = {}
    d = 0.0
    #统计词出现次数
    for doc in corpus:
        d += 1
        counted = []
        for word in doc:
            if not word in counted:
                counted.append(word)
                if word in idfs:
                    idfs[word] += 1
                else:
                    idfs[word] = 1
    #计算每个词逆文档值
    for word in idfs:
        idfs[word] = math.log(d/float(idfs[word]))
    return idfs
#获取计算好的文本中每个词的 IDF 词频
#agnews_text 是经过处理后的语料库文档，在数据清洗一节中有详细介绍
idfs = idf(agnews_text)
for text in agnews_text:             #获取文档集中每个文档
```

```
        word_tfidf = {}
        for word in text:              #依次获取每个文档中的每个词
            if word in word_idf:       #计算每个词的词频
                word_tfidf[word] += 1
            else:
                word_tfidf[word] = 1
        for word in word_tfidf:
            word_tfidf[word] *= idfs[word]    #word_tfidf 为计算后的每个词的 TF-IDF 值

        values_list = sorted(word_tfidf.items(), key=lambda item: item[1],
reverse=True) #按 value 排序
        values_list = [value[0] for value in values_list]   #生成排序后的单个文档
```

第三步：建立有限量的词矩阵

将重排的文档根据训练好的 word2vec 向量建立一个有限量的词矩阵，请读者自行完成。

第四步：将 TF-IDF 单独定义一个类

将 TF-IDF 的计算函数单独整合到一个类中，方便后续的使用，代码如下：

【程序 7-7】

```
class TFIDF_score:
    def __init__(self,corpus,model = None):
        self.corpus = corpus
        self.model = model
        self.idfs = self.__idf()

    def __idf(self):
        idfs = {}
        d = 0.0
        # 统计词出现次数
        for doc in self.corpus:
            d += 1
            counted = []
            for word in doc:
                if not word in counted:
                    counted.append(word)
                    if word in idfs:
                        idfs[word] += 1
                    else:
                        idfs[word] = 1
        # 计算每个词逆文档值
        for word in idfs:
            idfs[word] = math.log(d / float(idfs[word]))
        return idfs

    def __get_TFIDF_score(self, text):
        word_tfidf = {}
        for word in text:                # 依次获取每个文档中的每个词
            if word in word_tfidf:       # 计算每个词的词频
                word_tfidf[word] += 1
```

```
            else:
                word_tfidf[word] = 1
        for word in word_tfidf:
            word_tfidf[word] *= self.idfs[word]  #计算每个词的 TF-IDF 值
        values_list = sorted(word_tfidf.items(), key=lambda word_tfidf:
word_tfidf[1], reverse=True) #将 TF-IDF 数据按重要程度从大到小排序
        return values_list

    def get_TFIDF_result(self,text):
        values_list = self.__get_TFIDF_score(text)
        value_list = []
        for value in values_list:
            value_list.append(value[0])
        return (value_list)
```

使用方法如下：

```
tfidf = TFIDF_score(agnews_text)        #agnews_text 为获取的数据集
for line in agnews_text:
value_list = tfidf.get_TFIDF_result(line)
print(value_list)
print(model[value_list])
```

其中，agnews_text 为从文档中获取的正文数据集，也可以使用标题或者文档进行处理。

7.1.5 文本主题的提取：基于 TextRank（选学）

TextRank 算法的核心思想来源自著名的网页排名算法 PageRank（见图 7.13）。PageRank 是 Sergey Brin 与 Larry Page 于 1998 年在 WWW7 会议上提出来的，用来解决链接分析中网页排名的问题。在衡量一个网页的排名时，可以根据感觉认为：

- 当一个网页被更多网页所链接时，其排名会越靠前。
- 排名高的网页应具有更大的表决权，即当一个网页被排名高的网页所链接时，其重要性也应对应提高。

图 7.13 PageRank 算法

TextRank 算法（见图 7.14）与 PageRank 类似，其将文本拆分成最小组成单元（即词汇）作为网络节点，组成词汇网络图模型。TextRank 在迭代计算词汇权重时与 PageRank 一样，理论上是需要计算边权的。为了简化计算，通常会默认相同的初始权重，以及在分配相邻词汇权重时进行均分。

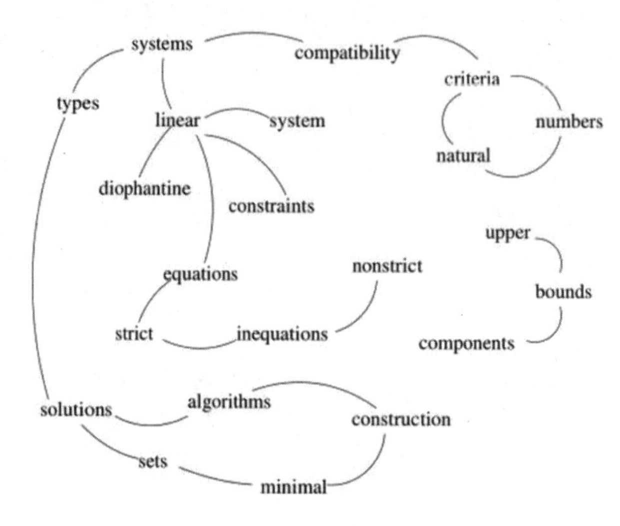

图 7.14 TextRank 算法

第一步：TextRank 前置介绍

TextRank 用于对文本关键词进行提取，步骤如下：

- 把给定的文本 T 按照完整句子进行分割。
- 对于每个句子，进行分词和词性标注处理，并过滤掉停用词，只保留指定词性的单词，如名词、动词、形容词等。
- 构建候选关键词图 $G=(V,E)$，其中 V 为节点集，由每个词之间的相似度作为连接的边值。
- 根据下面的公式迭代传播各节点的权重，直至收敛：

$$\mathrm{WS}(V_i)=(1-d)+d*\sum_{V_j\in \mathrm{In}(V_i)}\frac{w_{ji}}{v_k\in \mathrm{Out}(V_j)}\mathrm{WS}(V_j)$$

对节点权重进行倒序排序，作为按重要程度排列的关键词。

第二步：TextRank 类的实现

整体 TextRank 的实现如下所示：

【程序 7-8】

```
class TextRank_score:
    def __init__(self,agnews_text):
        self.agnews_text = agnews_text
        self.filter_list = self.__get_agnews_text()
        self.win = self.__get_win()
        self.agnews_text_dict = self.__get_TextRank_score_dict()
```

```
    def __get_agnews_text(self):
        sentence = []
        for text in self.agnews_text:
            for word in text:
                sentence.append(word)
        return sentence

    def __get_win(self):
        win = {}
        for i in range(len(self.filter_list)):
            if self.filter_list[i] not in win.keys():
                win[self.filter_list[i]] = set()
            if i - 5 < 0:
                lindex = 0
            else:
                lindex = i - 5
            for j in self.filter_list[lindex:i + 5]:
                win[self.filter_list[i]].add(j)
        return win
    def __get_TextRank_score_dict(self):
        time = 0
        score = {w: 1.0 for w in self.filter_list}
        while (time < 50):
            for k, v in self.win.items():
                s = score[k] / len(v)
                score[k] = 0
                for i in v:
                    score[i] += s
            time += 1
        agnews_text_dict = {}
        for key in score:
            agnews_text_dict[key] = score[key]
        return agnews_text_dict

    def __get_TextRank_score(self, text):
        temp_dict = {}
        for word in text:
            if word in self.agnews_text_dict.keys():
                temp_dict[word] = (self.agnews_text_dict[word])
        values_list = sorted(temp_dict.items(), key=lambda word_tfidf:
word_tfidf[1],
                             reverse=False)  # 将 TextRank 数据按重要程度从大到小排序
        return values_list
    def get_TextRank_result(self,text):
        temp_dict = {}
        for word in text:
            if word in self.agnews_text_dict.keys():
                temp_dict[word] = (self.agnews_text_dict[word])
        values_list = sorted(temp_dict.items(), key=lambda word_tfidf:
```

```
word_tfidf[1], reverse=False)
          value_list = []
          for value in values_list:
             value_list.append(value[0])
          return (value_list)
```

TextRank 是另外一种能够实现关键词抽取的方法。除此之外，还有基于相似度聚类以及其他方法。相对于本书对应的数据集来说，文本的提取并不是必需的。本节为选学内容，有兴趣的读者可以自行学习。

7.2 更多的 word embedding 方法——fastText 和预训练词向量

在实际的模型计算过程中，word2vec 是一个最常用也是最重要的将“字”转换成“字嵌入（word embedding）”的方式。

对于普通的文本来说，供人类所了解和掌握的信息传递方式并不能简易地被计算机所理解，因此 word embedding 是目前来说解决向计算机传递文字信息的最好方式，如图 7.15 所示。

单词	长度为 3 的词向量		
我	0.3	-0.2	0.1
爱	-0.6	0.4	0.7
我	0.3	-0.2	0.1
的	0.5	-0.8	0.9
祖	-0.4	0.7	0.2
国	-0.9	0.3	-0.4

图 7.15 word embedding

随着研究人员对 word embedding 的研究深入和计算机处理能力的提高，更多更好的方法被提出，例如新的 fastText 和使用预训练的词嵌入模型去对数据进行处理。

本节是上一节的延续，从方法上介绍 fastText 的训练和预训练词向量的使用。

7.2.1 fastText 的原理与基础算法

相对于传统的 word2vec 计算方法，fastText 是一种更为快速和新的计算 word embedding 的方法，其优点主要有以下几个方面：

- fastText 在保持高精度的情况下加快了训练速度和测试速度。
- fastText 对 word embedding 的训练更加精准。
- fastText 采用两个重要的算法：N-gram（第一次出现这个词，下文有说明）、Hierarchical softmax。

1. 算法一

相对于 word2vec 中采用的 CBOW 架构，fastText 采用的是 N-gram 架构，如图 7.16 所示。

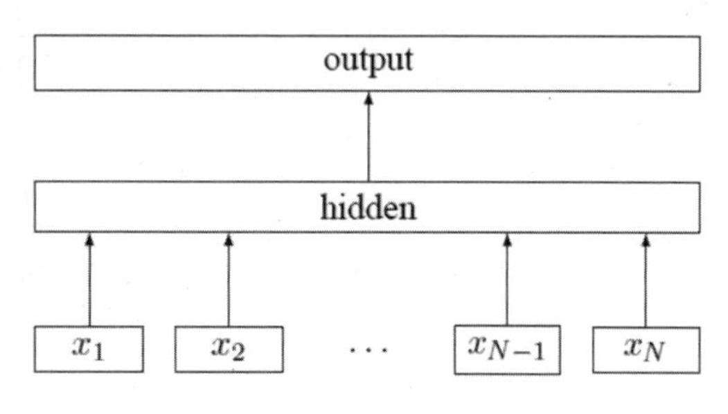

图 7.16　N-gram 架构

其中，$x_1,x_2,\ldots,x_{N-1},x_N$ 表示一个文本中的 N-gram 向量，每个特征是词向量的平均值。这里顺便介绍一下 N-gram 的意义。

N-gram 常用的有 3 种：1-gram、2-gram、3-gram，分别对应一元、二元、三元。

以“我想去成都吃火锅”为例，对其进行分词处理，得到的数组是：[“我”，“想”，“去”，“成”，“都”，“吃”，“火”，“锅”]。这就是 1-gram，分词的时候对应一个滑动窗口，窗口大小为 1，所以每次只取一个值。

使用 2-gram 就会得到[“我想”，“想去”，“去成”，“成都”，“都吃”，“吃火”，“火锅”]。N-gram 模型认为词与词之间有关系的距离为 N，如果超过 N 则认为它们之间没有联系，所以就不会出现“我成”“我去”这些词。

如果使用 3-gram，就是[“我想去”，“想去成”，“去成都”，...]。

N 理论上可以设置为任意值，但是一般设置成上面 3 个类型就够了。

2. 算法二

当语料类别较多时，使用 hierarchical softmax(hs)减轻计算量。fastText 中的 hierarchical softmax 利用 Huffman 树实现，将词向量作为叶子节点，之后根据词向量构建 Huffman 树，如图 7.17 所示。

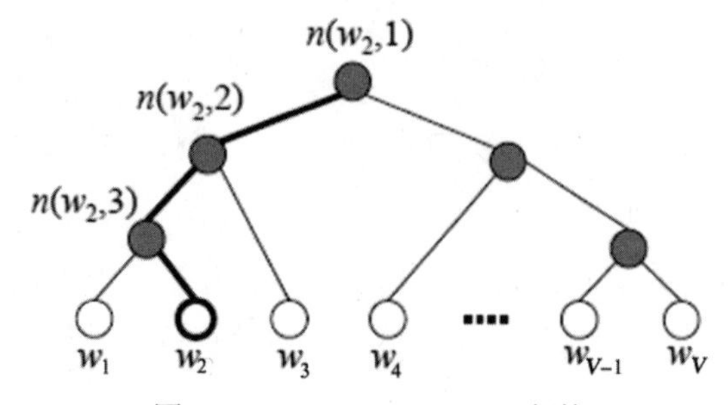

图 7.17　hierarchical softmax 架构

hierarchical softmax 的算法较为复杂，这里不过多阐述，有兴趣的读者可以自行研究。

7.2.2 fastText 训练以及与 TensorFlow 2.X 的协同使用

前面介绍完架构和理论，本小节开始使用 fastText。这里主要介绍中文部分的 fastText 处理。

第一步：数据收集与分词

为了演示 fastText 的使用，构造如图 7.18 所示的数据集。

```
text = [
"卷积神经网络在图像处理领域获得了极大成功，其结合特征提取和目标训练为一体的模型能够最好地利用已有的信息对结果进行反馈训练。",
"对于文本识别的卷积神经网络来说，同样也是充分利用特征提取时提取的文本特征来计算文本特征权值大小的，归一化处理需要处理的数据。",
"这样使得原来的文本信息抽象成一个向量化的样本集，之后将样本集和训练好的模板输入卷积神经网络进行处理。",
"本节将在上一节的基础上使用卷积神经网络实现文本分类的问题，这里将采用两种主要基于字符的和基于word embedding形式的词卷积神经网络处理方法。",
"实际上无论是基于字符的还是基于word embedding形式的处理方式都是可以相互转换的，这里只介绍使用基本的使用模型和方法，更多的应用还需要读者自行挖掘和设计。"
]
```

图 7.18 演示数据集

text 中是一系列的短句文本，以每个逗号为一句进行区分，一个简单的处理函数如下：

```
import jieba
jieba_cut_list = []
for line in text:
    jieba_cut = jieba.lcut(line)
    jieba_cut_list.append(jieba_cut)
print(jieba_cut)
```

打印结果如下所示：

```
['卷积', '神经网络', '在', '图像处理', '领域', '获得', '了', '极大', '成功', '，', '其', '结合', '特征提取', '和', '目标', '训练', '为', '一体', '的', '模
['对于', '文本', '识别', '的', '卷积', '神经网络', '来说', '，', '同样', '也', '是', '充分利用', '特征提取', '时', '提取', '的', '文本', '特征', '来', '计
['这样', '使得', '原来', '的', '文本', '信息', '抽象', '成', '一个', '向', '量化', '的', '样本', '集', '，', '之后', '将', '样本', '集', '和', '训练', '好
['本节', '将', '在', '上', '一节', '的', '基础', '上', '使用', '卷积', '神经网络', '实现', '文本', '分类', '的', '问题', '，', '这里', '将', '采用', '两种
['实际上', '无论是', '基于', '字符', '的', '还是', '基于', 'wordEmbedding', '形式', '的', '处理', '方式', '都', '是', '可以', '相互', '转换', '的', '，',
```

其中每一行根据 jieba 的分词模型进行分词处理，之后存在每一行中的是已经被分过词的数据。

第二步：使用 gensim 中 fastText 进行词嵌入计算

gensim.models 中除了含有前文介绍过的 word2vec 函数，还包含有 fastText 的专用计算类，代码如下（参数定义在下）：

```
from gensim.models import fastText
model =
fastText(min_count=5,size=300,window=7,workers=10,iter=50,seed=17,sg=1,hs=1)
```

其中，fastText 参数定义如下：

- sentences (iterable of iterables, optional)：供训练的句子，可以使用简单的列表，但是对于大语料库，建议直接从磁盘/网络流迭代传输句子。
- size (int, optional)：word 向量的维度。

- window (int, optional)：一个句子中当前单词和被预测单词的最大距离。
- min_count (int, optional)：忽略词频小于此值的单词。
- workers (int, optional)：训练模型时使用的线程数。
- sg ({0, 1}, optional)：模型的训练算法，1代表skip-gram，0代表CBOW。
- hs ({0, 1}, optional)：1采用hierarchical softmax训练模型，0使用负采样。
- iter：模型迭代的次数。
- seed (int, optional)：随机数发生器种子。

在定义的fastText类中，依次设定了最低词频度、单词训练的最大距离、迭代数以及训练模型等。完整训练例子如下所示：

【程序7-9】

```
text = [
"卷积神经网络在图像处理领域获得了极大成功，其结合特征提取和目标训练为一体的模型能够最好地利用已有的信息对结果进行反馈训练。",
"对于文本识别的卷积神经网络来说，同样也是充分利用特征提取时提取的文本特征来计算文本特征权值大小的，归一化处理需要处理的数据。",
"这样使得原来的文本信息抽象成一个向量化的样本集，之后将样本集和训练好的模板输入卷积神经网络进行处理。",
"本节将在上一节的基础上使用卷积神经网络实现文本分类的问题，这里将采用两种主要基于字符的和基于word embedding形式的词卷积神经网络处理方法。",
"实际上无论是基于字符的还是基于word embedding形式的处理方式都是可以相互转换的，这里只介绍使用基本的使用模型和方法，更多的应用还需要读者自行挖掘和设计。"
]
import jieba
jieba_cut_list = []
for line in text:
    jieba_cut = jieba.lcut(line)
    jieba_cut_list.append(jieba_cut)

from gensim.models import fasttext

model = fasttext
(min_count=5,size=300,window=7,workers=10,iter=50,seed=17,sg=1,hs=1)
model.build_vocab(jieba_cut_list)
model.train(jieba_cut_list, total_examples=model.corpus_count,
epochs=model.iter)#这里使用笔者给出的固定格式即可
model.save("./models/xiaohua_fasttext_model_jieba.model")
```

model中的build_vocab函数是对数据进行词库建立，train函数是对model模型训练模式的设定，这里使用笔者给出的格式即可。

最后是训练好的模型存储问题，这里模型被存储在models文件夹中。

第三步：使用训练好的fastText做参数读取

使用训练好的fastText做参数读取很方便，直接载入训练好的模型，之后将带测试的文本输入即可，代码如下：

```
from gensim.models import fastText

model = fastText.load("./models/xiaohua_fasttext_model_jieba.model")
embedding = (model["卷积","神经网络"])    #卷积与神经网络，这 2 个词都是经过预训练的
print(embedding)
```

与训练过程不同的是，这里 fastText 使用自带的 load 函数将保存的模型进行载入，之后类似于传统的 list 方式将已训练过的值打印出来。结果如图 7.19 所示。

```
[[ 1.23337319e-03 -9.69461864e-04 -4.65232151e-04  1.65295496e-05
   6.20143139e-04  3.27190675e-04 -5.20014262e-04 -4.33940208e-04
   8.33714148e-06 -1.41896703e-03  6.71732007e-04 -2.83392437e-04
  -8.72086384e-04 -4.66861471e-04  5.24930423e-04  1.78475538e-03
   3.34764016e-04  6.07557013e-05  2.41720420e-03  2.02693231e-03
  -5.14851243e-04  2.17236055e-04 -1.65287266e-03 -5.34027582e-04
   8.42795998e-04 -2.87764735e-04 -8.72804667e-05  1.26866275e-04
  -5.43480506e-04  2.25654570e-04 -7.17494229e-04  1.42720155e-03
```

图 7.19　打印结果

注　意

fastText 的模型只能打印已训练过的词向量而不能打印未经过训练的词，在上例中模型输出的值是已经过训练的“卷积”和“神经网络”这 2 个词。

打印输出值维度如下：

```
print(embedding.shape)
```

结果输入如下所示：

（2, 300）

第四步：继续已有的 fastText 模型进行词嵌入训练

有时候需要在训练好的模型上继续做词嵌入训练，可以利用已训练好的模型或者利用计算机碎片时间进行迭代训练。理论上，数据集内容越多，训练时间越长，训练精度越准。

```
model = fastText.load("./models/xiaohua_fasttext_model_jieba.model")
# second_sentences 是新的训练数据，处理方法和上面一样
model.build_vocab(second_sentences, update=True)
model.train(second_sentences, total_examples=model.corpus_count, epochs=6)
model.min_count = 10
model.save("./models/xiaohua_fasttext_model_jieba.model")
```

在这里需要额外设置的是一些 model 的参数，读者仿照笔者写的格式写作即可。

第五步：提取 fastText 模型训练结果作为预训练词嵌入数据（请读者一定注意位置对应关系）

训练好的 fastText 模型可以作为深度学习的预训练词嵌入输入到模型中使用，相对于随机生成的向量，预训练的词嵌入数据带有部分位置以及语义信息。

获取预训练好的词嵌入数据代码如下：

```
    def get_embedding_model(Word2VecModel):
        # 存储所有的词语
        vocab_list = [word for word, Vocab in Word2VecModel.wv.vocab.items()]

        # 初始化 '[word : token] ', 后期 tokenize 语料库就是用该词典。
        word_index = {" ": 0}
        word_vector = {}  # 初始化'[word : vector]'字典

        # 初始化存储所有向量的大矩阵，留意其中多一位（首行），词向量全为 0，用于 padding 补零
        # 行数为“所有单词数+1”，比如 10000+1；列数为词向量“维度”，比如 100
        embeddings_matrix = np.zeros((len(vocab_list) + 1,
Word2VecModel.vector_size))

        ## 填充上述的字典和大矩阵
        for i in range(len(vocab_list)):
            word = vocab_list[i]  # 每个词语
            word_index[word] = i + 1  # 词语：序号
            word_vector[word] = Word2VecModel.wv[word]  # 词语：词向量
            embeddings_matrix[i + 1] = Word2VecModel.wv[word]  # 词向量矩阵

        #这里的 word_vector 数据量较大时不好打印
        #word_index 和 embeddings_matrix 的作用在下文中阐述
        return word_index, word_vector, embeddings_matrix
```

在示例代码中，首先通过迭代方法获取训练的词库列表，之后建立字典使得词和序列号进行一一对应。

返回值分别是 3 个数值：word_index、word_vector、 embeddings_matrix。其中，word_index 是词的序列，embeddings_matrix 是生成的与词向量表所对应的 embedding 矩阵。需要提示的是，实际上 embedding 可以根据传入的数据不同而对其位置进行修正，但是此修正必须伴随 word_index 一起进行位置改变。

使用输出的 embeddings_matrix 则由下列函数完成：

```
    import tensorflow as tf
    embedding_table =
tf.keras.layers.Embedding(input_dim=len(embeddings_matrix),
    output_dim=300,weights=[embeddings_matrix],trainable=False)
```

在这里训练好的 embeddings_matrix 被作为参数传递给 TensorFlow 2.0 中 Embedding 列表进行设置。需要注意的是对于其部分参数需要根据传入的 embeddings_matrix 进行设置，读者只需要遵循这种写法即可。

下面的一个问题是 TensorFlow 的 embedding 中进行 look_up 查询时，传入的是每个字符的序号，因此需要一个“编码器”将字符编码为对应的序号。

```
    # 序号化文本，tokenizer 句子，并返回每个句子所对应的词语索引
    # 这个只能对单个字，对词语切词的时候无法处理
    def tokenizer(texts, word_index):
        token_indexs = []
        for sentence in texts:
            new_txt = []
```

```
        for word in sentence:
            try:
                new_txt.append(word_index[word])  # 把句子中的词语转化为 index
            except:
                new_txt.append(0)
        token_indexs.append(new_txt)
    return token_indexs
```

tokenizer 函数用于对单词的序列化，这里根据上文生成的 word_index 对每个词语进行编号。

下面的代码段使用训练好的预训练参数做一个测试，打印相同字符在 fastText 中的词嵌入值以及读取到 TensorFlow 中的 embedding 矩阵中的对应值，代码如下：

【程序 7-10】

```
import numpy as np
import gensim

def get_embedding_model(Word2VecModel):
    # 存储所有的词语
    vocab_list = [word for word, Vocab in Word2VecModel.wv.vocab.items()]

    # 初始化 '[word : token] '，后期 tokenize 语料库就使用该词典
    word_index = {" ": 0}
    word_vector = {}  # 初始化'[word : vector]'字典

    # 初始化存储所有向量的大矩阵，留意其中多一位（首行），词向量全为 0，用于 padding 补零
    # 行数为所有单词数+1，比如 10000+1 ；列数为词向量“维度”，比如 100
    embeddings_matrix = np.zeros((len(vocab_list) + 1,
Word2VecModel.vector_size))

    ## 填充上述的字典和大矩阵
    for i in range(len(vocab_list)):
        word = vocab_list[i]  # 每个词语
        word_index[word] = i + 1  # 词语：序号
        word_vector[word] = Word2VecModel.wv[word]  # 词语：词向量
        embeddings_matrix[i + 1] = Word2VecModel.wv[word]  # 词向量矩阵

    #这里的 word_vector 不好打印
    return word_index, word_vector, embeddings_matrix

# 序号化文本，tokenizer 句子，并返回每个句子所对应的词语索引
# 这个只能对单个字，对词语切词的时候无法处理
def tokenizer(texts, word_index):
    token_indexs = []
    for sentence in texts:
        new_txt = []
        for word in sentence:
            try:
                new_txt.append(word_index[word])  # 把句子中的词语转化为 index
            except:
                new_txt.append(0)
```

```
            token_indexs.append(new_txt)
        return token_indexs

    if __name__ == "__main__":
        ## 1 获取 gensim 的模型
        model = gensim.models.word2vec.Word2Vec.load("./models/
xiaohua_fasttext_model_jieba.model")
        word_index, word_vector, embeddings_matrix = get_embedding_model(model)

        token_indexs = tokenizer("卷积",word_index)
        print(token_indexs)

        #下面就是这个的实现，embedding_table
        import tensorflow as tf
        embedding_table = tf.keras.layers.Embedding(input_dim=
len(embeddings_matrix),output_dim=300,weights=[embeddings_matrix],trainable=Fa
lse)

        char = "卷积"
        char_index = word_index[char]

        #下面是一个小测试，分别打印对应词嵌入的前 5 个值
        print(model[char][:5])
        print((embedding_table(np.array([[char_index]])))[0][0][:5])
```

提　示

注意训练好的模型读取使用方法，这种方法在下一节还会用到。

打印结果如图 7.20 所示。无论使用读取的 embedding 矩阵还是 TensorFlow 2.X 构建的 embedding 表格，对于相同的字符来说其值都是相同的，因此可以认为 TensorFlow 载入了 fastText 的预训练参数。

```
[ 1.2333732e-03 -9.6946186e-04 -4.6523215e-04  1.6529550e-05
  6.2014314e-04]
2020-02-29 09:14:51.577953: I tensorflow/stream_executor/platform/default/
2020-02-29 09:14:51.727246: I tensorflow/core/common_runtime/gpu/gpu_devic
name: GeForce GTX 1660 Ti major: 7 minor: 5 memoryClockRate(GHz): 1.77
pciBusID: 0000:01:00.0
2020-02-29 09:14:51.727909: I tensorflow/stream_executor/platform/default/
2020-02-29 09:14:51.728589: I tensorflow/core/common_runtime/gpu/gpu_devic
2020-02-29 09:14:51.731195: I tensorflow/core/platform/cpu_feature_guard.c
2020-02-29 09:14:51.734921: I tensorflow/core/common_runtime/gpu/gpu_devic
name: GeForce GTX 1660 Ti major: 7 minor: 5 memoryClockRate(GHz): 1.77
pciBusID: 0000:01:00.0
2020-02-29 09:14:51.735061: I tensorflow/stream_executor/platform/default/
2020-02-29 09:14:51.735435: I tensorflow/core/common_runtime/gpu/gpu_devic
2020-02-29 09:14:54.123569: I tensorflow/core/common_runtime/gpu/gpu_devic
2020-02-29 09:14:54.123682: I tensorflow/core/common_runtime/gpu/gpu_devic
2020-02-29 09:14:54.123746: I tensorflow/core/common_runtime/gpu/gpu_devic
2020-02-29 09:14:54.125479: I tensorflow/core/common_runtime/gpu/gpu_devic
tf.Tensor(
[ 1.2333732e-03 -9.6946186e-04 -4.6523215e-04  1.6529550e-05
  6.2014314e-04], shape=(5,), dtype=float32)
```

图 7.20　打印结果

7.2.3 使用其他预训练参数做 TensorFlow 词嵌入矩阵（中文）

无论是使用 word2vec 还是 fastText 作为训练基础都是可以的。对于个人用户或者规模不大的公司机构来说，做一个庞大的预训练项目是一个费时费力的工程。

既然它山之石（见图 7.21）可以攻玉，那么为什么不借助其他免费的训练好的词向量作为使用基础呢？

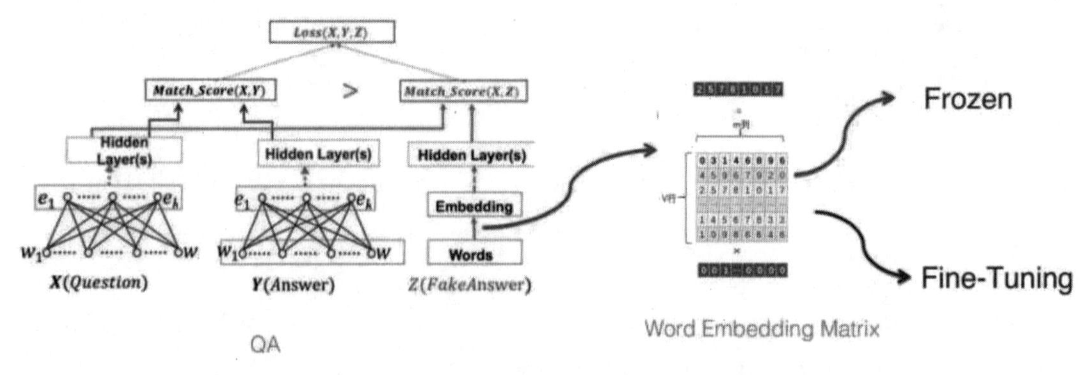

图 7.21　它山之石

在中文部分，较为常用并且免费的词嵌入预训练数据为腾讯的词向量，地址如下所示：

https://ai.tencent.com/ailab/nlp/embedding.html

下载界面如图 7.22 所示。

Tencent AI Lab Embedding Corpus for Chinese Words and Phrases

A corpus on continuous distributed representations of Chinese words and phrases.

Introduction

This corpus provides 200-dimension vector representations, a.k.a. embeddings, for over 8 million Chinese words and phrases, which are pre-trained on large-scale high-quality data. These vectors, capturing semantic meanings for Chinese words and phrases, can be widely applied in many downstream Chinese processing tasks (e.g., named entity recognition and text classification) and in further research.

Data Description

Download the corpus from: Tencent_AILab_ChineseEmbedding.tar.gz.

The pre-trained embeddings are in ***Tencent_AILab_ChineseEmbedding.txt***. The first line shows the total number of embeddings and their dimension size, separated by a space. In each line below, the first column indicates a Chinese word or phrase, followed by a space and its embedding. For each embedding, its values in different dimensions are separated by spaces.

图 7.22　腾讯的词向量

下面使用 TensorFlow 2.X 载入预训练模型做词矩阵的初始化。

```
from gensim.models.word2vec import KeyedVectors
wv_from_text = KeyedVectors.load_word2vec_format(file, binary=False)
```

下面的步骤与 7.2.2 节程序相似，读者可以自行编写完成。

7.3 针对文本的卷积神经网络模型简介——字符卷积

卷积神经网络在图像处理领域获得了极大成功，其结合特征提取和目标训练为一体的模型能够最好地利用已有的信息对结果进行反馈训练。

对于文本识别的卷积神经网络来说，同样也是充分利用特征提取时提取的文本特征来计算文本特征权值大小的，归一化处理需要处理的数据。这样使得原来的文本信息抽象成一个向量化的样本集，之后将样本集和训练好的模板输入卷积神经网络进行处理。

本节将在上一节的基础上使用卷积神经网络实现文本分类的问题，这里将采用两种主要基于字符和基于 word embedding 形式的词卷积神经网络处理方法。实际上，无论是基于字符的还是基于 word embedding 形式的处理方式都是可以相互转换的，这里只介绍使用基本的使用模型和方法，更多的应用还需要读者自行挖掘和设计。

7.3.1 字符（非单词）文本的处理

本小节将介绍基于字符的 CNN 处理方法。基于单词的卷积处理内容将在下一节介绍，请读者循序渐进地学习。

任何一个英文单词都是由字母构成的，因此可以简单地将英文单词拆分成字母的表示形式：

```
hello -> ["h","e","l","l","o"]
```

这样可以看到一个单词“hello”被人为地拆分成“h”“e”“l”“l”“o”这 5 个字母。对于 Hello 的处理有 2 种方法，即采用 one-hot 的方式和采用字符 embedding 的方式处理。这样“hello”这个单词就被转成一个[5,n]大小的矩阵，本例中采用 one-hot 的方式处理。

使用卷积神经网络计算字符矩阵时，对于每个单词拆分成的数据根据不同的长度对其进行卷积处理，提取出高层抽象概念。这样做的好处是不需要使用预训练好的词向量和语法句法结构等信息。除此之外，字符级还有一个好处就是可以很容易地推广到所有语言。使用 CNN 处理字符文本分类的原理如图 7.23 所示。

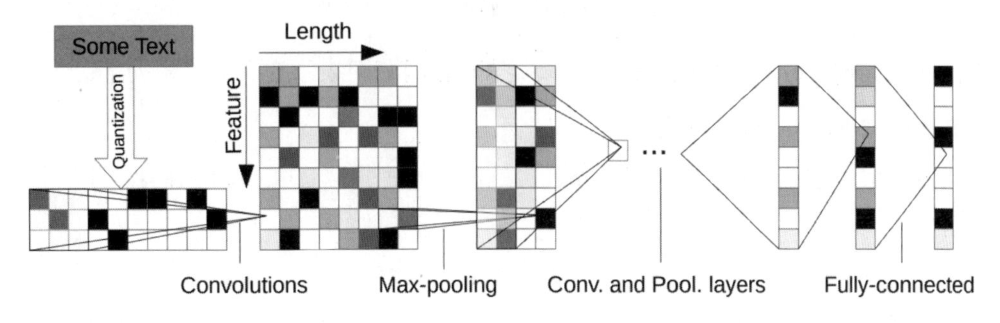

图 7.23　使用 CNN 处理字符文本分类

第一步：标题文本的读取与转化

对于 Agnews 数据集来说，每个分类的文本条例既有对应的分类，也有标题和文本内容，对于文本内容的抽取在上一节的选学内容中也有介绍，这里采用直接使用标题文本的方法进行处理，如图 7.24 所示。

3	Money Funds Fell in Latest Week (AP)
3	Fed minutes show dissent over inflation (USATODAY.com)
3	Safety Net (Forbes.com)
3	Wall St. Bears Claw Back Into the Black
3	Oil and Economy Cloud Stocks' Outlook
3	No Need for OPEC to Pump More-Iran Gov
3	Non-OPEC Nations Should Up Output-Purnomo
3	Google IPO Auction Off to Rocky Start
3	Dollar Falls Broadly on Record Trade Gap
3	Rescuing an Old Saver
3	Kids Rule for Back-to-School
3	In a Down Market, Head Toward Value Funds

图 7.24　AG_news 标题文本

读取标题和 label 的程序请读者参考文本数据处理的内容自行完成。由于只是对文本标题进行处理，因此在做数据清洗的时候不用处理停用词和进行词干还原，并且空格是字符计算，因此不需保留空格直接删除即可。完整代码如下：

```
def text_clearTitle(text):
   text = text.lower()                         #将文本转化成小写
   text = re.sub(r"[^a-z]"," ",text)           #替换非标准字符，^是求反操作
   text = re.sub(r" +", " ", text)             #替换多重空格
   text = text.strip()                         #取出首尾空格
   text = text + " eos"                        #添加结束符，请注意，eos 前面有一个空格
return text
```

这样获取的结果如图 7.25 所示。

```
wal mart dec sales still seen up pct eos
sabotage stops iraq s north oil exports eos
corporate cost cutters miss out eos
murdoch will shell out mil for manhattan penthouse eos
au says sudan begins troop withdrawal from darfur reuters eos
insurgents attack iraq election offices reuters eos
syria redeploys some security forces in lebanon reuters eos
security scare closes british airport ap eos
iraqi judges start quizzing saddam aides ap eos
musharraf says won t quit as army chief reuters eos
```

图 7.25　AG_news 标题文本抽取结果

不同的标题被整合成一系列可能对于人类来说没有任何表示意义的一系列字符。

第二步：文本的 one-hot 处理

下面将生成的字符串进行 one-hot 处理，处理的方式非常简单，首先建立一个 26 个字母的字符表：

```
alphabet_title = "abcdefghijklmnopqrstuvwxyz"
```

根据不同字符在字符表中的位置进行编码，编码位置设置成 1，其他设置为 0。例如，字

符“c”在字符表中是第 3 个，那么获取的字符矩阵为：

```
[0,0,1,0,0,0,0,0,0,0,0,0,0,0,0,0,0,0,0,0,0,0,0,0,0,0,0]
```

其他的类似，代码如下：

```
def get_one_hot(list):
values = np.array(list)
n_values = len(alphabet_title) + 1
return np.eye(n_values)[values]
```

这段代码的作用就是将生成的字符序列转换成矩阵，如图 7.26 所示。

```
                      [[0. 1. 0. 0. 0. 0. 0. 0. 0. 0. 0. 0. 0. 0. 0. 0. 0. 0. 0. 0. 0. 0. 0. 0.
                        0. 0. 0.]
                       [0. 0. 1. 0. 0. 0. 0. 0. 0. 0. 0. 0. 0. 0. 0. 0. 0. 0. 0. 0. 0. 0. 0. 0.
                        0. 0. 0.]
                       [0. 0. 0. 1. 0. 0. 0. 0. 0. 0. 0. 0. 0. 0. 0. 0. 0. 0. 0. 0. 0. 0. 0. 0.
                        0. 0. 0.]
[1,2,3,4,5,6,0] ->     [0. 0. 0. 0. 1. 0. 0. 0. 0. 0. 0. 0. 0. 0. 0. 0. 0. 0. 0. 0. 0. 0. 0. 0.
                        0. 0. 0.]
                       [0. 0. 0. 0. 0. 1. 0. 0. 0. 0. 0. 0. 0. 0. 0. 0. 0. 0. 0. 0. 0. 0. 0. 0.
                        0. 0. 0.]
                       [0. 0. 0. 0. 0. 0. 1. 0. 0. 0. 0. 0. 0. 0. 0. 0. 0. 0. 0. 0. 0. 0. 0. 0.
                        0. 0. 0.]
                       [1. 0. 0. 0. 0. 0. 0. 0. 0. 0. 0. 0. 0. 0. 0. 0. 0. 0. 0. 0. 0. 0. 0. 0.
                        0. 0. 0.]]
```

图 7.26　字符转化矩阵示意图

下一步将字符串按字符表中的顺序转换成数字序列，代码如下：

```
def get_char_list(string):
    alphabet_title = "abcdefghijklmnopqrstuvwxyz"
    char_list = []
    for char in string:
        num = alphabet_title.index(char)
        char_list.append(num)
    return char_list
```

这样生成的结果如下：

```
hello  ->  [7, 4, 11, 11, 14]
```

将代码段整合在一起，最终结果如下：

```
def get_one_hot(list,alphabet_title = None):
    if alphabet_title == None:                    #设置字符集
        alphabet_title = "abcdefghijklmnopqrstuvwxyz"
    else:alphabet_title = alphabet_title
    values = np.array(list) #获取字符数列
    n_values = len(alphabet_title) + 1            #获取字符表长度
    return np.eye(n_values)[values]

def get_char_list(string,alphabet_title = None):
    if alphabet_title == None:
        alphabet_title = "abcdefghijklmnopqrstuvwxyz"
    else:alphabet_title = alphabet_title
    char_list = []
```

```
    for char in string:                           #获取字符串中的字符
        num = alphabet_title.index(char)          #获取对应位置
        char_list.append(num)                     #组合位置编码
    return char_list
#主代码
def get_string_matrix(string):
    char_list = get_char_list(string)
    string_matrix = get_one_hot(char_list)
    return string_matrix
```

这样生成的结果如图 7.27 所示。

```
[[0. 0. 0. 0. 0. 0. 0. 1. 0. 0. 0. 0. 0. 0. 0. 0. 0. 0. 0. 0. 0. 0. 0. 0. 0.
  0. 0. 0.]
 [0. 0. 0. 0. 1. 0. 0. 0. 0. 0. 0. 0. 0. 0. 0. 0. 0. 0. 0. 0. 0. 0. 0. 0. 0.
  0. 0. 0.]
 [0. 0. 0. 0. 0. 0. 0. 0. 0. 0. 0. 1. 0. 0. 0. 0. 0. 0. 0. 0. 0. 0. 0. 0. 0.
  0. 0. 0.]
 [0. 0. 0. 0. 0. 0. 0. 0. 0. 0. 0. 1. 0. 0. 0. 0. 0. 0. 0. 0. 0. 0. 0. 0. 0.
  0. 0. 0.]
 [0. 0. 0. 0. 0. 0. 0. 0. 0. 0. 0. 0. 0. 0. 1. 0. 0. 0. 0. 0. 0. 0. 0. 0. 0.
  0. 0. 0.]]
```

图 7.27 转换字符串并做 one_hot 处理

单词“hello”被转换成一个[5,26]大小的矩阵，供下一步处理。但是这里又产生一个新的问题，对于不同长度的字符串，组成的矩阵行长度不同。虽然卷积神经网络可以处理具有不同长度的字符串，但是在本例中还是以相同大小的矩阵作为数据输入进行计算。

第三步：生成文本的矩阵的细节处理——矩阵补全

下一步就是根据文本标题生成 one-hot 矩阵，而上一步中的矩阵生成 one-hot 矩阵函数，读者可以自行将其变更成类使用，这样能够在使用时更为简易和便捷。此处笔者将使用单独的函数也就是上一步写的函数引入使用。

```
import csv
import numpy as np
import tools
agnews_title = []
agnews_train = csv.reader(open("./dataset/train.csv","r"))
for line in agnews_train:
    agnews_title.append(tools.text_clearTitle(line[1]))
for title in agnews_title:
    string_matrix = tools.get_string_matrix(title)
    print(string_matrix.shape)
```

打印结果如图 7.28 所示。

```
(51, 28)
(59, 28)
(44, 28)
(47, 28)
(51, 28)
(91, 28)
(54, 28)
(42, 28)
```

图 7.28 补全后的矩阵维度

生成的文本矩阵被整形成一个有一定大小规则的矩阵输出。这里又出现了一个新的问题，对于不同长度的文本，单词和字母的多少并不是固定的，虽然对于**全卷积**神经网络来说输入的数据维度可以不统一和固定，但是本部分还是对其进行处理。

对于不同长度的矩阵处理，一个简单的思路就是将其进行规范化处理。长的截短，短的补长。本文的思路也是如此，代码如下：

```
#n 为设定的长度，可以根据需要修正
def get_handle_string_matrix(string,n = 64):
    string_length= len(string)                          #获取字符串长度
    if string_length > 64:                              #判断是否大于 64，
        string = string[:64]                            #长度大于 64 的字符串予以截短
        string_matrix = get_string_matrix(string)     #获取文本矩阵
        return string_matrix
    else:   #对于长度不够的字符串
        string_matrix = get_string_matrix(string)     #获取字符串矩阵
        handle_length = n - string_length           #获取需要补全的长度
        pad_matrix = np.zeros([handle_length,28])     #使用全 0 矩阵进行补全
        #将字符矩阵和全 0 矩阵进行叠加，将全 0 矩阵叠加到字符矩阵后面
        string_matrix = np.concatenate([string_matrix,pad_matrix],axis=0)
        return string_matrix
```

代码分成两部分，首先是对不同长度的字符进行处理，对于长度大于 64 的字符截取前部分进行矩阵获取。其中，64 是人为设定的大小，也可以根据需要对其进行自由修改。

对于长度不达 64 的字符串，则需要对其进行补全，生成由余数构成的全 0 矩阵对生成矩阵进行处理。

这样经过修饰后的代码如下：

```
import csv
import numpy as np
import tools
agnews_title = []
agnews_train = csv.reader(open("./dataset/train.csv","r"))
for line in agnews_train:
    agnews_title.append(tools.text_clearTitle(line[1]))
for title in agnews_title:
    string_matrix = tools. get_handle_string_matrix (title)
    print(string_matrix.shape)
```

打印结果如图 7.29 所示。

```
(64, 28)
(64, 28)
(64, 28)
(64, 28)
(64, 28)
(64, 28)
(64, 28)
(64, 28)
```

图 7.29　标准化补全后的矩阵维度

第四步：标签的 one-hot 矩阵构建

对于分类的表示，这里同样可以使用对于矩阵的 one-hot 方法对其分类做出分类重构，代码如下：

```
def get_label_one_hot(list):
    values = np.array(list)
    n_values = np.max(values) + 1
    return np.eye(n_values)[values]
```

仿照文本的 one-hot 函数，根据传进来的序列化参数对列表进行重构，形成一个新的 one-hot 矩阵，从而能够反映出不同的类别。

第五步：数据集的构建

通过准备文本数据集，将文本进行清洗，去除不相干的词提取主干并根据需要设定矩阵维度和大小，全部代码如下（tools 代码为上文分布代码，在主代码后部位）：

```
import csv
import numpy as np
import tools
agnews_label = []                                                    #空标签列表
agnews_title = []                                                    #空文本标题文档
agnews_train = csv.reader(open("./dataset/train.csv","r"))      #读取数据集
for line in agnews_train:                                            #分行迭代文本数据
    agnews_label.append(np.int(line[0]))                             #将标签读入标签列表
    agnews_title.append(tools.text_clearTitle(line[1]))          #将文本读入
train_dataset = []
for title in agnews_title:
    string_matrix = tools.get_handle_string_matrix(title)        #构建文本矩阵
    train_dataset.append(string_matrix)                #将文本矩阵读取训练列表
train_dataset = np.array(train_dataset)                #将原生的训练列表转换成Numpy格式
#将 label 列表转换成 one-hot 格式
label_dataset = tools.get_label_one_hot(agnews_label)
```

这里首先通过 csv 库获取全文本数据，之后逐行将文本和标签读入，分别将其转化成 one-hot 矩阵后利用 Numpy 库将对应的列表转换成 Numpy 格式，结果如图 7.30 所示。

```
(120000, 64, 28)
(120000, 5)
```

图 7.30　标准化转换后的 AG_news

这里分别生成了训练集数量数据和标签数据的 one-hot 矩阵列表，训练集的维度为[12000,64,28]。其中，第一个数字是总的样本数，第二个和第三个数字分别为生成的矩阵维度。

标签数据为一个二维矩阵，12000 是样本的总数，5 是类别。这里读者可能会提出疑问：明明只有 4 个类别，为什么会出现 5 个，因为 one-hot 是从 0 开始，标签的分类是从 1 开始的，会自动生成一个 0 的标签。全部 tools 函数如下，读者可以将其改成类的形式进行处理。

【程序 7-11】

```
import re
```

```
from nltk.corpus import stopwords
from nltk.stem.porter import PorterStemmer
import numpy as np

#对英文文本做数据清洗
stoplist = stopwords.words('english')
def text_clear(text):
    text = text.lower()                          #将文本转化成小写
    text = re.sub(r"[^a-z]"," ",text)            #替换非标准字符，^是求反操作
    text = re.sub(r" +", " ", text)              #替换多重空格
    text = text.strip()                          #取出首尾空格
    text = text.split(" ")
    text = [word for word in text if word not in stoplist]      #去除停用词
    text = [PorterStemmer().stem(word) for word in text]        #还原词干部分
    text.append("eos")                                          #添加结束符
    text = ["bos"] + text                                       #添加开始符
    return text
#对标题进行处理
def text_clearTitle(text):
    text = text.lower()                                         #将文本转化成小写
    text = re.sub(r"[^a-z]"," ",text)                           #替换非标准字符，^是求反操作
    text = re.sub(r" +", " ", text)                             #替换多重空格
    #text = re.sub(" ", "", text)                               #替换隔断空格
    text = text.strip()                                         #取出首尾空格
    text = text + " eos"                                        #添加结束符
return text
#生成标题的one-hot标签
def get_label_one_hot(list):
    values = np.array(list)
    n_values = np.max(values) + 1
return np.eye(n_values)[values]
#生成文本的one-hot矩阵
def get_one_hot(list,alphabet_title = None):
    if alphabet_title == None:                                  #设置字符集
        alphabet_title = "abcdefghijklmnopqrstuvwxyz "
    else:alphabet_title = alphabet_title
    values = np.array(list)                            #获取字符数列
    n_values = len(alphabet_title) + 1                          #获取字符表长度
    return np.eye(n_values)[values]
#获取文本在词典中位置列表
def get_char_list(string,alphabet_title = None):
    if alphabet_title == None:
        alphabet_title = "abcdefghijklmnopqrstuvwxyz "
    else:alphabet_title = alphabet_title
    char_list = []
    for char in string:                                         #获取字符串中的字符
        num = alphabet_title.index(char)                        #获取对应位置
        char_list.append(num)                                   #组合位置编码
    return char_list
#生成文本矩阵
```

```
def get_string_matrix(string):
    char_list = get_char_list(string)
    string_matrix = get_one_hot(char_list)
    return string_matrix
#获取补全后的文本矩阵
def get_handle_string_matrix(string,n = 64):
    string_length= len(string)
    if string_length > 64:
        string = string[:64]
        string_matrix = get_string_matrix(string)
        return string_matrix
    else:
        string_matrix = get_string_matrix(string)
        handle_length = n - string_length
        pad_matrix = np.zeros([handle_length,28])
        string_matrix = np.concatenate([string_matrix,pad_matrix],axis=0)
        return string_matrix]
#获取数据集
def get_dataset():
    agnews_label = []
    agnews_title = []
    agnews_train = csv.reader(open("./dataset/train.csv","r"))
    for line in agnews_train:
        agnews_label.append(np.int(line[0]))
        agnews_title.append(text_clearTitle(line[1]))
    train_dataset = []
    for title in agnews_title:
        string_matrix = get_handle_string_matrix(title)
        train_dataset.append(string_matrix)
    train_dataset = np.array(train_dataset)
    label_dataset = get_label_one_hot(agnews_label)
    return train_dataset,label_dataset
```

7.3.2 卷积神经网络文本分类模型的实现——conv1d（一维卷积）

对文本的数据集处理完毕后，下面进入基于卷积神经网络的分辨模型设计（见图 7.31）。模型的设计多种多样。

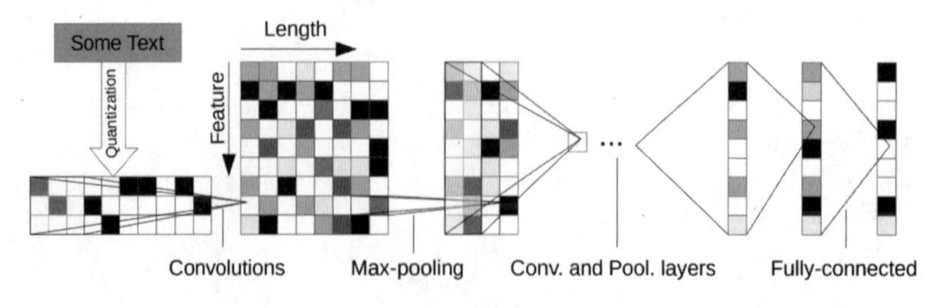

图 7.31　使用 CNN 处理字符文本分类

如同图 7.31 的结构，笔者根据类似的模型设计了一个由 5 层神经网络构成的文本分类模型。

1	Conv 3x3 1x1
2	Conv 5x5 1x1
3	Conv 3x3 1x1
4	full_connect 512
5	full_connect 5

这里使用的是 5 层神经网络，前 3 个基于一维的卷积神经网络，后 2 个全连接层用于分类任务，代码如下：

```
def char_CNN():
    xs = tf.keras.Input([])
    # 第一层卷积
    conv_1 = tf.keras.layers.Conv1D( 1, 3,activation=tf.nn.relu)(xs)
    conv_1 = tf.keras.layers.BatchNormalization(conv_1)

    # 第二层卷积
    conv_2 = tf.keras.layers.Conv1D( 1, 5,activation=tf.nn.relu)(conv_1)
    conv_2 = tf.keras.layers.BatchNormalization(conv_2)
    # 第三层卷积
    conv_3 = tf.keras.layers.Conv1D( 1, 5,activation=tf.nn.relu)(conv_2)
    conv_3 = tf.keras.layers.BatchNormalization(conv_3)
    flatten = tf.keras.layers.Flatten()(conv_3)
    # 全连接网络
    fc_1 = tf.keras.layers.Dense( 512,activation=tf.nn.relu)(flatten)
    logits = tf.keras.layers.Dense(5,activation=tf.nn.softmax)(fc_1)
    model = tf.keras.Model(inputs=xs, outputs=logits)
    return model
```

这里是完整的训练模型，训练代码如下：

```
import csv
import numpy as np
import tools
import tensorflow as tf
from sklearn.model_selection import train_test_split
train_dataset,label_dataset = tools.get_dataset()
#将数据集划分为训练集和测试集
X_train,X_test, y_train, y_test = train_test_split(train_dataset,
label_dataset,test_size=0.1, random_state=217)
batch_size  = 12
train_data = tf.data.Dataset.from_tensor_slices((X_train,
y_train)).batch(batch_size)

model = tools.char_CNN() # 使用模型进行计算
model.compile(optimizer=tf.optimizers.Adam(1e-3),
loss=tf.losses.categorical_crossentropy,metrics = ['accuracy'])
model.fit(train_data, epochs=1)
```

```
score = model.evaluate(X_test, y_test)
print("last score:",score)
```

首先获取完整的数据集，之后通过 train_test_split 函数对数据集进行划分，将数据分为训练集和测试集。模型的计算和损失函数的优化和传统的 TensorFlow 方法类似，这里不多做阐述。

最终结果请读者自行完成。需要说明的是，这里的模型是一个较为简易的基于短文本分类的文本分类模型，效果并不太好，仅仅起到一个抛砖引玉的作用。

7.4 针对文本的卷积神经网络模型简介——词卷积

使用字符卷积对文本分类是可以的，但是相对于词来说字符包含的信息并没有“词”的内容多，即使卷积神经网络能够较好地对数据信息进行学习，由于包含的内容关系其最终效果也就一般。

在字符卷积的基础上，研究人员尝试使用词为基础数据对文本进行处理。图 7.32 是使用 CNN 做词卷积模型。

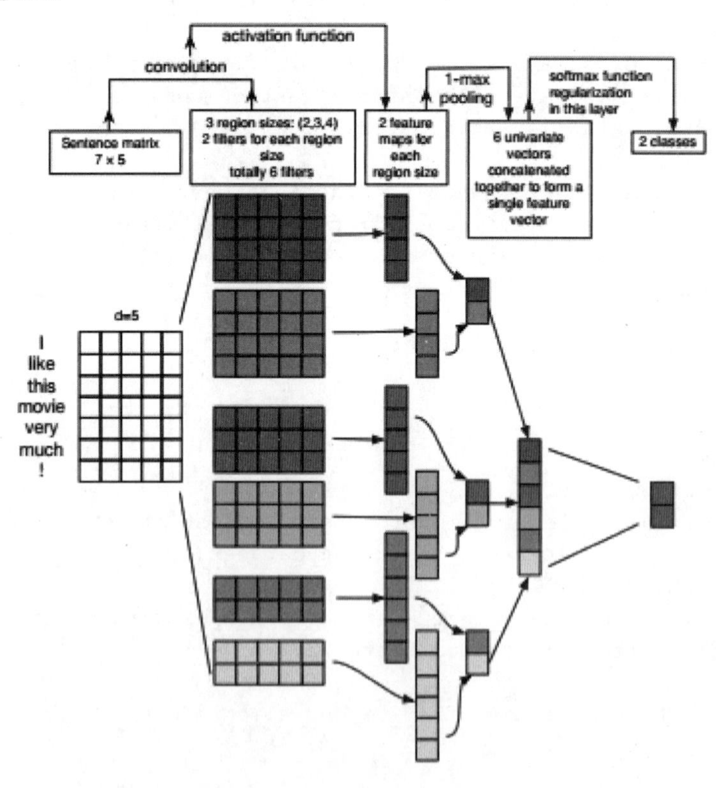

图 7.32 使用 CNN 做词卷积模型

在实际读写中，一般短文本用于表达较为集中的思想，文本长度有限、结构紧凑、能够独立表达意思，因此可以使用基于词卷积的神经网络对数据进行处理。

7.4.1　单词的文本处理

使用卷积神经网络对单词进行处理的一个最基本的要求就是将文本转换成计算机可以识别的数据。在上一节的学习内容中使用卷积神经网络对字符的 one-hot 矩阵进行分析处理。一个简单的想法也是是否将文本中的单词依旧处理成 one-hot 矩阵，如图 7.33 所示。

	start	I	can	code	end
max sentence	10000	01000	00100	00010	00001
start	00000	00000	00000	00000	10000
start I	00000	00000	00000	10000	01000
start I can	00000	00000	10000	01000	00100
start I can code	00000	10000	01000	00100	00010
start I can code end	10000	01000	00100	00010	00001

图 7.33　词的 one-hot 处理

使用 one-hot 对单词进行表示从理论上可行，但是在事实中并不是一种可行方案，对于基于字符的 one-hot 方案来说，所有的字符会在一个相对合适的字库中选取，例如从 26 个字母或者一些常用的字符，那么总量并不会很多（通常少于 128 个），因此组成的矩阵也不会很大。

对于单词来说，常用的英文单词或者中文词语一般在 5000 左右，因此建立一个稀疏、庞大的 one-hot 矩阵是一个不切实际的想法。

目前来说一个较好的解决方法就是使用 word2vec 的 word embedding 方法，这样可以通过学习将字库中的词转换成维度一定的向量，作为卷积神经网络的计算依据。本节的处理和计算依旧使用文本标题作为处理的目标。单词词向量的建立步骤如下所示。

第一步：分词模型的处理

与 one-hot 的数据读取类似，首先是对文本进行清理，去除停用词和标准化文本。需要注意的是，对于 word2vec 训练模型来说，需要输入若干个词列表，因此要将获取的文本进行分词，转换成数组的形式存储。

```
def text_clearTitle_word2vec(text):
    text = text.lower()                      #将文本转化成小写
    text = re.sub(r"[^a-z]"," ",text)       #替换非标准字符，^是求反操作
    text = re.sub(r" +", " ", text)         #替换多重空格
    text = text.strip()                      #取出首尾空格
    text = text + " eos"                     #添加结束符，注意 eos 前有空格
    text = text.split(" ")                   #将文本分词转成列表存储
    return text
```

请读者自行验证。

第二步：分词模型的训练与载入

基于已有的分词数组对不同维度的矩阵分别处理，需要注意的是，对于 word2vec 词向量

来说，简单地将待补全的矩阵用全 0 矩阵补全是不合适的，因此一个最好的方法就是将 0 矩阵修改为一个非常小的常数矩阵，代码如下：

```
    def get_word2vec_dataset(n = 12):
        agnews_label = []                                   #创建标签列表
        agnews_title = []                                   #创建标题列表
        agnews_train = csv.reader(open("./dataset/train.csv", "r"))
        for line in agnews_train:                           #将数据读取对应列表中
            agnews_label.append(np.int(line[0]))
            #先将数据进行清洗之后再读取
            agnews_title.append(text_clearTitle_word2vec(line[1]))
        from gensim.models import word2vec                  # 导入 gensim 包
        # 设置训练参数
        model = word2vec.Word2Vec(agnews_title, size=64, min_count=0, window=5)
        train_dataset = []                                  #创建训练集列表
        for line in agnews_title:                           #对长度进行判定
            length = len(line)                              #获取列表长度
            if length > n:                                  #对列表长度进行判断
                line = line[:n]                             #截取需要的长度列表
                word2vec_matrix = (model[line])             #获取 word2vec 矩阵
                train_dataset.append(word2vec_matrix)  #将 word2vec 矩阵添加到训练集中
            else:                         #补全长度不够的操作
                word2vec_matrix = (model[line])             #获取 word2vec 矩阵
                pad_length = n - length                     #获取需要补全的长度
                #创建补全矩阵并增加一个小数值
                pad_matrix = np.zeros([pad_length, 64]) + 1e-10
                word2vec_matrix = np.concatenate([word2vec_matrix, pad_matrix],
axis=0) #矩阵补全
                #将 word2vec 矩阵添加到训练集中
                train_dataset.append(word2vec_matrix)
        train_dataset = np.expand_dims(train_dataset,3)      #将三维矩阵进行扩展
        label_dataset = get_label_one_hot(agnews_label)      #转换成 one-hot 矩阵
        return train_dataset, label_dataset
```

最终的结果如图 7.34 所示。

```
(120000, 12, 64, 1)
(120000, 5)
```

图 7.34 次卷积处理后的 AG_news 数据集

注 意

在代码的倒数第四行以黑色标注是对三维矩阵进行扩展，在不改变具体数值大小的前提下扩展了矩阵的维度，这样是为下一步使用二维卷积对文本进行分类做数据准备。

7.4.2 卷积神经网络文本分类模型的实现——conv2d（二维卷积）

图 7.35 是对卷积神经网络进行设计。

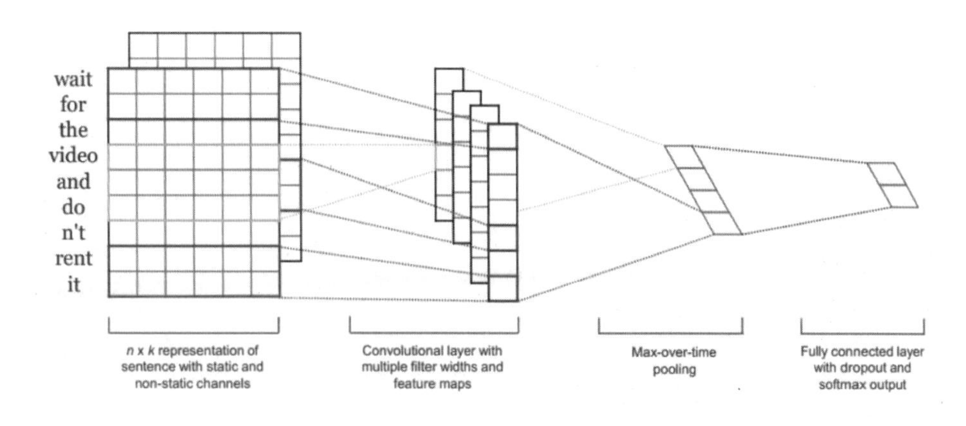

图 7.35　使用二维卷积进行文本分类任务

模型的思想很简单，根据输入的已转化成 word embedding 形式的词矩阵通过不同的卷积提取不同的长度进行二维卷积计算，将最终的计算值进行链接，之后经过池化层获取不同矩阵均值，之后通过一个全连接层对其进行分类。

```
    def word2vec_CNN():
        xs = tf.keras.Input([None,None])
        # 设置卷积核大小为[3,64]、通道为 12 的卷积计算
        conv_3 = tf.keras.layers.Conv2D(12, [3, 64],activation=tf.nn.relu)(xs)
        # 设置卷积核大小为[5,64]、通道为 12 的卷积计算
        conv_5 = tf.keras.layers.Conv2D(12, [5,
64],activation=tf.nn.relu)(conv_3)
        # 设置卷积核大小为[7,64]、通道为 12 的卷积计算
        conv_7 = tf.keras.layers.Conv2D(12, [7,
64],activation=tf.nn.relu)(conv_5)
        # 下面对卷积计算的结果进行池化处理，将池化处理的结果转成二维结构
        conv_3_mean = tf.keras.layers.Flatten(tf.reduce_max(conv_3, axis=1,
keep_dims=True))
        conv_5_mean = tf.keras.layers.Flatten(tf.reduce_max(conv_5, axis=1,
keep_dims=True))
        conv_7_mean = tf.keras.layers.Flatten(tf.reduce_max(conv_7, axis=1,
keep_dims=True))
        # 连接多个卷积值
        flatten = tf.concat([conv_3_mean, conv_5_mean, conv_7_mean], axis=1)
        # 采用全连接层进行分类
        fc_1 = tf.keras.layers.Dense(128,activation=tf.nn.relu)(flatten)
        # 获取分类数据
        logits = tf.keras.layers.Dense(5,activation=tf.nn.softmax)(fc_1)
        model = tf.keras.Model(inputs=xs, outputs=logits)
    return model
```

模型使用不同的卷积核生成了 12 个通道的卷积层依次对输入数据进行处理，池化层接在对应的卷积层之后，作用是对对应的卷积层输出数据做全局拉伸和平整，最终的 2 个全连接层的作用是对数据进行最终的计算和分类判定。

文本分类模型所需要的 tools 函数如下所示：

【程序 7-12】

```
import re
import csv
import tensorflow as tf
#文本清理函数
def text_clearTitle_word2vec(text,n=12):
    text = text.lower()                          #将文本转化成小写
    text = re.sub(r"[^a-z]"," ",text)            #替换非标准字符，^是求反操作
    text = re.sub(r" +", " ", text)              #替换多重空格
    #text = re.sub(" ", "", text)                #替换隔断空格
    text = text.strip()                          #取出首尾空格
    text = text + " eos"                         #添加结束符
    text = text.split(" ")
    return text
#将标签转为 one-hot 格式函数
def get_label_one_hot(list):
    values = np.array(list)
    n_values = np.max(values) + 1
    return np.eye(n_values)[values]

#获取训练集和标签函数
def get_word2vec_dataset(n = 12):
    agnews_label = []
    agnews_title = []
    agnews_train = csv.reader(open("./dataset/train.csv", "r"))
    for line in agnews_train:
        agnews_label.append(np.int(line[0]))
        agnews_title.append(text_clearTitle_word2vec(line[1]))
    from gensim.models import word2vec  # 导入 gensim 包
    # 设置训练参数
    model = word2vec.Word2Vec(agnews_title, size=64, min_count=0, window=5)
    train_dataset = []
    for line in agnews_title:
        length = len(line)
        if length > n:
            line = line[:n]
            word2vec_matrix = (model[line])
            train_dataset.append(word2vec_matrix)
        else:
            word2vec_matrix = (model[line])
            pad_length = n - length
            pad_matrix = np.zeros([pad_length, 64]) + 1e-10
            word2vec_matrix = np.concatenate([word2vec_matrix, pad_matrix],
axis=0)
            train_dataset.append(word2vec_matrix)
    train_dataset = np.expand_dims(train_dataset,3)
    label_dataset = get_label_one_hot(agnews_label)
    return train_dataset, label_dataset
#word2vec_CNN 的模型
def word2vec_CNN():
```

```
        xs = tf.keras.Input([None,None])
        # 设置卷积核大小为[3,64]、通道为 12 的卷积计算
        conv_3 = tf.keras.layers.Conv2D(12, [3, 64],activation=tf.nn.relu)(xs)
        # 设置卷积核大小为[5,64]、通道为 12 的卷积计算
        conv_5 = tf.keras.layers.Conv2D(12, [5,
64],activation=tf.nn.relu)(conv_3)
        # 设置卷积核大小为[7,64]、通道为 12 的卷积计算
        conv_7 = tf.keras.layers.Conv2D(12, [7,
64],activation=tf.nn.relu)(conv_5)
        # 下面对卷积计算的结果进行池化处理，将池化处理的结果转成二维结构
        conv_3_mean = tf.keras.layers.Flatten(tf.reduce_max(conv_3, axis=1,
keep_dims=True))
        conv_5_mean = tf.keras.layers.Flatten(tf.reduce_max(conv_5, axis=1,
keep_dims=True))
        conv_7_mean = tf.keras.layers.Flatten(tf.reduce_max(conv_7, axis=1,
keep_dims=True))
        # 连接多个卷积值
        flatten = tf.concat([conv_3_mean, conv_5_mean, conv_7_mean], axis=1)
        # 采用全连接层进行分类
        fc_1 = tf.keras.layers.Dense(128,activation=tf.nn.relu)(flatten)
        # 获取分类数据
        logits = tf.keras.layers.Dense(5,activation=tf.nn.softmax)(fc_1)
        model = tf.keras.Model(inputs=xs, outputs=logits)
    return model
```

模型的训练较为简单，由下列代码实现：

```
    import tools
    import tensorflow as tf
    from sklearn.model_selection import train_test_split
    train_dataset,label_dataset = tools.get_word2vec_dataset() #获取数据集
    X_train,X_test, y_train, y_test = train_test_split(train_dataset,
label_dataset,test_size=0.1, random_state=217)
    #切分数据集为训练集和测试集
    batch_size  = 12
    train_data = tf.data.Dataset.from_tensor_slices((X_train,
y_train)).batch(batch_size)
    model = tools.word2vec_CNN() # 使用模型进行计算
    model.compile(optimizer=tf.optimizers.Adam(1e-3),
loss=tf.losses.categorical_crossentropy,metrics = ['accuracy'])
    model.fit(train_data, epochs=1)
    score = model.evaluate(X_test, y_test)
    print("last score:",score)
```

最终测试集的准确率在 80%左右，请读者根据配置自行完成。

7.5 使用卷积对文本分类的补充内容

在上面的章节中，笔者通过不同的卷积（一维卷积和二维卷积）实现了文本的分类，并且通过使用 gensim 掌握了对文本进行词向量转化的方法。词向量 word embedding 是目前最常用的将文本转成向量的方法，比较适合较为复杂词袋中词组较多的情况。

使用 one-hot 方法对字符进行表示是一种非常简单的方法，但是其使用受限较大，产生的矩阵较为稀疏，因此在实用性上并不是很强，笔者在这里统一推荐使用 word embedding 的方式对词进行处理。

可能有读者会产生疑问，使用 word2vec 的形式来计算字符的“字向量”是否可行？答案是完全可以，并且准确度相对于单纯采用 one-hot 形式的矩阵表示能有更好的表现和准确度。

7.5.1 汉字的文本处理

对于汉字的文本处理，一个非常简单的办法就是将汉字转化成拼音的形式，使用 Python 提供的拼音库包：

```
pip install pypinyin
```

使用方法如下：

```
from pypinyin import pinyin, lazy_pinyin, Style
value = lazy_pinyin('你好')  # 不考虑多音字的情况
print(value)
```

打印结果如下：

```
['ni', 'hao']
```

这里是不考虑多音字的普通模式，除此之外还有带有拼音符号的多音字字母，有兴趣的读者可以自行学习。

较为常用的对汉字文本处理的方法是使用分词器进行文本分词，将分词后的词数列去除停用词和副词之后制作 word embedding，如图 7.36 所示。

```
text = "在上面的章节中，笔者通过不同的卷积（一维卷积和二维卷积）实现了文本的分类，" \
       "并且通过使用Gensim掌握了对文本进行词向量转化的方法。词向量word embedding是" \
       "目前最常用的将文本转成向量的方法，比较适合较为复杂词袋中词组较多的情况。" \
       "使用one-hot方法对字符进行表示是一种非常简单的方法，但是其使用受限较大，" \
       "产生的矩阵较为稀疏，因此在实用性上并不是很强，笔者在这里统一推荐使用word embedding" \
       "的方式对词进行处理。可能有读者会产生疑问，使用word2vec的形式来计算字符的“字向量”是否可行  " \
       "答案是完全可以，并且准确度相对于单纯采用one-hot形式的矩阵表示能有更好的表现和准确度。"
```

图 7.36 使用分词器进行文本分词

这是本节的说明，这里对其进行分词并转化成词向量的形式进行处理。

第一步：读取数据

这里为了演示直接使用字符串作为数据的存储格式。对于多行文本的读取，读者可以使用 Python 类库中的文本读取工具，这里不再多做阐述。

```
text = "在上面的章节中，笔者通过不同的卷积（一维卷积和二维卷积）实现了文本的分类，并且通过使用 Gensim 掌握了对文本进行词向量转化的方法。词向量 word embedding 是目前最常用的将文本转成向量的方法，比较适合较为复杂词袋中词组较多的情况。使用 one-hot 方法对字符进行表示是一种非常简单的方法，但是其使用受限较大，产生的矩阵较为稀疏，因此在实用性上并不是很强，笔者在这里统一推荐使用 word embedding 的方式对词进行处理。可能有读者会产生疑问，使用 word2vec 的形式来计算字符的"字向量"是否可行？答案是完全可以，并且准确度相对于单纯采用 one-hot 形式的矩阵表示能有更好的表现和准确度。"
```

第二步：中文文本的清理与分词

下面使用分词工具对中文文本进行分词计算。对于文本分词工具，Python 类库中最为常用的是“jieba”（结巴）分词，导入语句如下：

```
import jieba                    #分词器
import re                       #正则表达式库包
```

对于正文的文本，首先需要对其进清洗并提出非标准字符，这里采用“re”正则表达式对文本进行处理，部分处理代码如下：

```
text = re.sub(r"[a-zA-Z0-9-，。“”（）]"," ",text)    #替换非标准字符，^是求反操作
text = re.sub(r" +", " ", text)      #替换多重空格
text = re.sub(" ", "", text)         #替换隔断空格
```

处理好的文本如图 7.37 所示。

```
"在上面的章节中笔者通过不同的卷积一维卷积和二维卷积实现了文本的分类" \
"并且通过使用掌握了对文本进行词向量转化的方法词向量是目前最常用的将" \
"文本转成向量的方法比较适合较为复杂词袋中词组较多的情况使用方法对字" \
"符进行表示是一种非常简单的方法但是其使用受限较大产生的矩阵较为" \
"稀疏因此在实用性上并不是很强笔者在这里统一推荐使用的方式对词进行处" \
"理可能有读者会产生疑问使用的形式来计算字符的字向量是否可行" \
"答案是完全可以并且准确度相对于单纯采用形式的矩阵表示能有更" \
"好的表现和准确度"
```

图 7.37 处理好的文本

可以看到文本中的数字、非汉字字符以及标点符号已经被删除，并且其中由于删除不标准字符所遗留的空格也一一删除了，留下的是完整的待切分文本内容。

jieba 库包是用于对中文文本进行分词的工具，分词函数如下：

```
text_list = jieba.lcut_for_search(text)
```

这里使用 jieba 分词对文本进行分词，之后将分词后的结果以数组的形式存储，打印结果如图 7.38 所示。

```
['在', '上面', '的', '章节', '中', '笔者', '通过', '不同', '的', '卷积',
 '一维', '卷积', '和', '二维', '卷积', '实现', '了', '文本', '的', '分类',
 '并且', '通过', '使用', '掌握', '了', '对', '文本', '进行', '词', '向量',
 '转化', '的', '方法', '词', '向量', '是', '目前', '最', '常用', '的',
 '将', '文本', '转', '成', '向量', '的', '方法', '比较', '适合', '较为',
 '复杂', '词', '袋中', '词组', '较', '多', '的', '情况', '使用', '方法',
 '对', '字符', '进行', '表示', '是', '一种', '非常', '简单', '非常简单',
 '的', '方法', '但是','其', '使用', '受限', '较大', '产生', '的',
 '矩阵', '较为', '稀疏', '因此', '在', '实用', '实用性', '上', '并', '不是',
 '很强', '笔者', '在', '这里', '统一', '推荐', '使用', '的', '方式', '对词',
 '进行', '处理', '可能', '有', '读者', '会', '产生', '疑问', '使用',
 '的', '形式', '来', '计算', '字符', '的', '字', '向量', '是否', '可行',
 '答案', '是', '完全', '可以', '并且', '准确', '准确度', '相对',
 '于', '单纯', '采用', '形式', '的', '矩阵', '表示','能', '有', '更好',
 '的', '表现', '和', '准确', '准确度']
```

图 7.38　分词后的中文文本

第三步：使用 gensim 构建词向量

使用 gensim 构建词向量的方法相信读者已经较为熟悉，这里直接使用即可，代码如下：

```
from gensim.models import word2vec              # 导入gensim包
# 设置训练参数，注意方括号内容
model = word2vec.Word2Vec([text_list], size=50, min_count=1, window=3)
print(model["章节"])
```

有一个非常重要的需要注意的细节，因为 word2vec.Word2Vec 函数接受的是一个**二维**数组，而本文通过 jieba 分词的结果是一个**一维**数组，因此需要在其上加上一个数组符号人为构建一个新的数据结构，否则在打印词向量时会报错。

代码正确执行，等待 gensim 训练完成后打印一个字符的向量，如图 7.39 所示。

```
[ 0.00700214 -0.00771189 -0.00651557  0.00805341  0.00060104 -0.00614405
  0.00336286 -0.00911157  0.0008981   0.00469631 -0.00536773 -0.00359946
  0.0051344  -0.00519805 -0.00942803 -0.00215036 -0.00504649 -0.00531102
  0.00060753 -0.00373814 -0.00554779 -0.00814913  0.00525336 -0.00070392
  0.00515197  0.00504736 -0.00126333 -0.00581168  0.00431437  0.00871824
  0.00618446  0.00265644 -0.00094638 -0.0051491   0.00861935  0.0091601
 -0.00820806 -0.00257573 -0.00670012  0.01000227  0.00413029  0.00592533
 -0.00560609 -0.00134225  0.00945567 -0.00521776  0.00641463  0.00850249
 -0.00726161  0.0013621 ]
```

图 7.39　单个中文词的向量

完整代码如下所示：

【程序 7-13】

```
import jieba
import re
text = re.sub(r"[a-zA-Z0-9-,。“”()]"," ",text)      #替换非标准字符，^是求反操作
text = re.sub(r" +", " ", text)                       #替换多重空格
text = re.sub(" ", "", text)                          #替换隔断空格
print(text)
text_list = jieba.lcut_for_search(text)
from gensim.models import word2vec                    # 导入gensim包
# 设置训练参数
```

```
model = word2vec.Word2Vec([text_list], size=50, min_count=1, window=3)
print(model["章节"])
```

后续工程，读者可以自行参考二维卷积对文本处理的模型进行下一步的计算。

7.5.2 其他细节

对于普通的文本，完全可以通过一系列的清洗和向量化处理将其转换成矩阵的形式，之后通过卷积神经网络对文本进行处理。在上一节中仅仅做了中文向量的词处理、缺乏主题提取、去除停用词等操作，相信读者可以自行根据需要进行补全。

有一个非常重要的想法，就是对于word embedding构成的矩阵能否使用已有的模型进行处理，例如在前面章节中笔者手把手带读者实现的ResNet网络以及加上了attention机制的记忆力模型（见图7.40）。

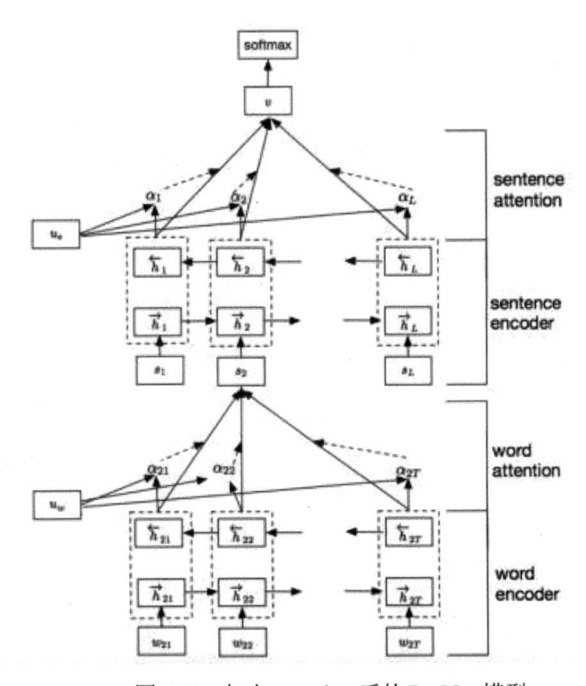

图7.40 加上attention后的ResNet模型

答案是可以的，笔者在文本识别的过程中同样使用ResNet50作为文本模型识别器，可以获得不低于现有模型的准确率，有兴趣的读者可以自行验证。

7.6 本章小结

卷积神经网络并不是只能对图像进行处理，在本章中演示了使用卷积神经网络对文本进行分类的方法。对于文本处理来说，传统的基于贝叶斯分类和循环神经网络（RNN）实现的文本分类方法，卷积神经网络一样可以实现，而且效果并不比上面的差。

卷积神经网络的应用非常广泛，通过正确的数据处理和建模可以达到程序设计人员心中所要求的目标，更为重要的是，相对于循环神经网络（RNN）来说，卷积神经网络在训练过程中的训练速度更快（并发计算）、处理范围更大（图矩阵）、能够获取更多的相互联系（感受野）。因此，卷积神经网络在机器学习中会有越来越重要的作用。

预训练 embedding 内容是本章新加入的部分。使用 word embedding 等价于把 embedding 层的网络用预训练好的参数矩阵初始化了，但是只能初始化第一层网络参数，再高层的参数则无能为力。

下游 NLP 任务在使用 word embedding 的时候一般有两种做法：一种是 Frozen，就是 word embedding 那层网络参数固定不动；另外一种是 Fine-Tuning，就是 word embedding 这层参数随着训练过程被不断更新。具体采用哪种方法需要使用者在实践中不断尝试并根据结果做出选择。

第 8 章

实战——站在冠军肩膀上的情感分类实战

在本书的前言部分，笔者介绍了一个情感分类的实现，相信看到本章的读者一定对模型的架构和实现不再陌生。本章将继续深入挖掘做基本情感分类所涉及的内容，特别是一个没有涉及的层——GRU（Gate Recurrent Unit）层。本章将对此进行介绍。

此外，为了更好地帮助读者了解情感分类的实战，本章将介绍更多的模型进行情感分类的程序设计，在介绍不同的模型和使用状况的基础上，也能够更好地帮助读者巩固和复习前期的学习内容。

8.1 GRU 与情感分类

本书的第 1 章就实现了一个基础的情感分类任务，虽然较为简单，但是对于一个完整的项目来说，其所要求的各个部分都是完整无缺的。

8.1.1 什么是 GRU

GRU（Gate Recurrent Unit）是循环神经网络（Recurrent Neural Network, RNN）的一种，是为了解决长期记忆和反向传播中的梯度等问题而提出来的一种神经网络结构，是一种用于处理序列数据的神经网络。GRU 更擅长于处理序列变化的数据，比如某个单词的意思会因为上文提到的内容不同而有不同的含义。

1．GRU 的输入与输出结构

GRU 的输入与输出结构如图 8.1 所示。

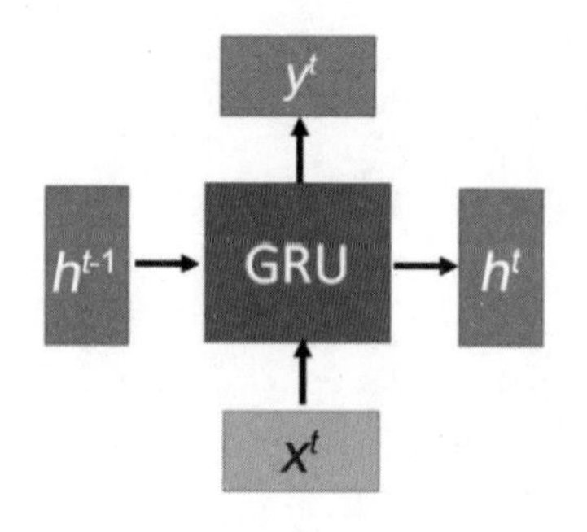

图 8.1　GRU 的输入与输出结构

通过 GRU 的输入输出结构可以看到，在 GRU 中有一个当前的输入 x^t，和上一个节点传递下来的隐状态（hidden state）h^{t-1}，这个隐状态包含了之前节点的相关信息。

结合 x^t 和 h^{t-1}，GRU 会得到当前隐藏节点的输出 y^t 和传递给下一个节点的隐状态 h^t。

2．门——GRU 的重要设计

一般认为，“门”是 GRU 能够替代传统的 RNN 循环网络起作用的原因。先通过上一个传输下来的状态 h^{t-1} 和当前节点的输入 x^t 来获取两个门控状态，如图 8.2 所示。

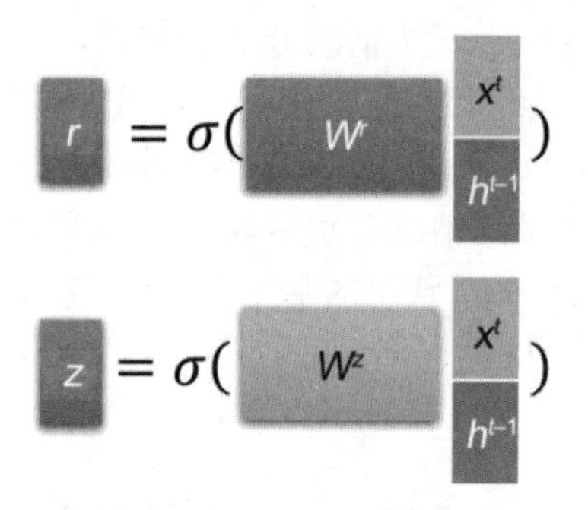

图 8.2　两个门控状态

其中，r 控制重置的门控（reset gate），z 控制更新的门控（update gate），σ 为 sigmoid 函数，通过这个函数可以将数据变换为 0~1 范围内的数值，充当门控信号。

得到门控信号之后，首先使用重置门控来得到“重置”之后的数据 $h^{(t-1)'} = h^{t-1} \times r$，再将 $h^{(t-1)'}$ 与输入 x^t 进行拼接，再通过一个 tanh 激活函数来将数据放缩到–1~1 的范围内，即得到如图 8.3 所示的 h'。

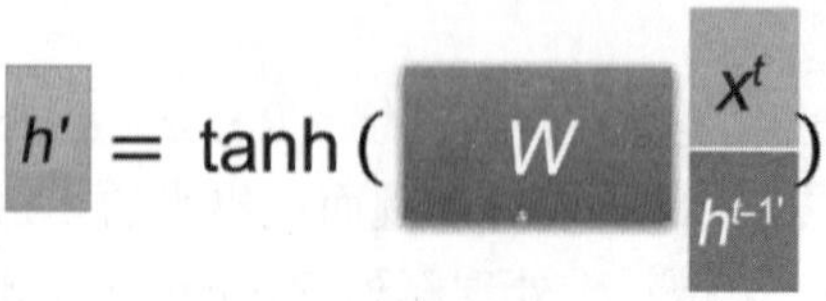

h' = tanh (W x^t $h^{t-1'}$)

图 8.3　得到 h'

这里的 h' 主要是包含了当前输入的 x^t 数据。有针对性地对 h' 添加到当前的隐藏状态，相当于“记忆了当前时刻的状态”。

3．GRU 的结构

最后介绍 GRU 最关键的一个步骤，可以称之为“更新记忆”阶段。在这个阶段，GRU 同时进行了遗忘和记忆两个步骤，如图 8.4 所示。

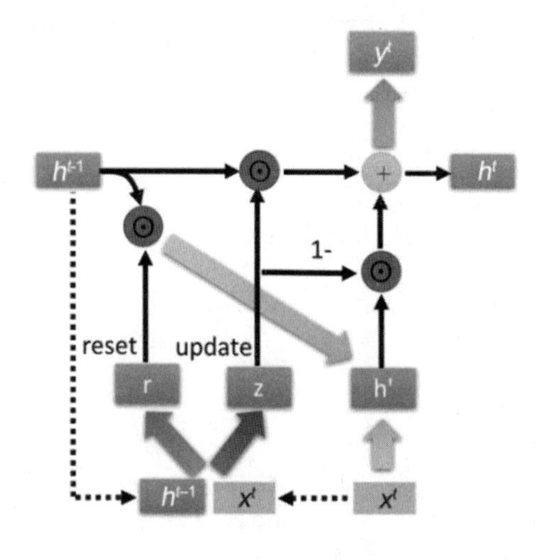

图 8.4　更新记忆

使用了先前得到的更新门控（update gate）“z”，从而能够获得新的更新，公式如下：

$$h^t=z\times h^{t-1}+（1-z）\times h'$$

公式说明如下：

$z\times h^{t-1}$：表示对原本隐藏状态的选择性“遗忘”。这里的 z 可以想象成遗忘门（forget gate），忘记 h^{t-1} 维度中一些不重要的信息。

$（1-z）\times h'$：表示对包含当前节点信息的 h' 进行选择性“记忆”。与上面类似，这里的 $1-z$ 会忘记 h' 维度中一些不重要的信息。或者，这里我们更应当看作是对 h' 维度中的某些信息进行选择。

因此，整个公式的操作就是忘记传递下来的 h^{t-1} 中的某些维度信息，并加入当前节点输入的某些维度信息。

可以看到，这里的遗忘 z 和选择（$1-z$）是联动的。也就是说，对于传递进来的维度信息，我们会进行选择性遗忘。遗忘了多少权重（z），我们就会使用包含当前输入的 h' 中所对应的权重弥补（$1-z$）的量，从而使得 GRU 的输出保持一种“恒定”状态。

8.1.2　使用 GRU 的情感分类

使用 GRU 的情感分类代码如程序 8-1 所示，这里笔者就不再过多解释了，相信读者已经有能力完整运行。本节的重点集中在一个新类（tf.keras.layers.GRU）上。

【程序 8-1】

```
import numpy as np

labels = []
context = []
vocab = set()
with open("ChnSentiCorp.txt",mode="r",encoding="UTF-8") as emotion_file:
    for line in emotion_file.readlines():
        line = line.strip().split(",")
        labels.append(int(line[0]))

        text = line[1]
        context.append(text)
        for char in text:vocab.add(char)

voacb_list = list(sorted(vocab))    #3508
print(len(voacb_list))

token_list = []
for text in context:
    token = [voacb_list.index(char) for char in text]
    token = token[:80] + [0]*(80 - len(token))
    token_list.append(token)

token_list = np.array(token_list)
labels = np.array(labels)

import tensorflow as tf

input_token = tf.keras.Input(shape=(80,))
embedding = tf.keras.layers.Embedding(input_dim=3508,
output_dim=128)(input_token)
embedding = tf.keras.layers.Bidirectional(tf.keras.layers.GRU(128))
(embedding)
output = tf.keras.layers.Dense(2,activation=tf.nn.softmax)(embedding)

model = tf.keras.Model(input_token,output)

model.compile(optimizer='adam', loss=tf.keras.losses.sparse_categorical_
crossentropy,metrics=['accuracy'])
# 模型拟合，即训练
model.fit(token_list, labels,epochs=10,verbose=2)
```

8.1.3 TensorFlow 中的 GRU 层详解

从前面的情感分类实现相信读者已经了解了如何使用 GRU 在深度学习模型中进行计算，下面详细介绍 GRU 函数的参数及说明。

```
keras.layers.recurrent.GRU(units, activation='tanh',
```

```
recurrent_activation='hard_sigmoid', use_bias=True,
kernel_initializer='glorot_uniform', recurrent_initializer='orthogonal',
bias_initializer='zeros', kernel_regularizer=None, recurrent_regularizer=None,
bias_regularizer=None, activity_regularizer=None, kernel_constraint=None,
recurrent_constraint=None, bias_constraint=None, dropout=0.0,
recurrent_dropout=0.0)
```

参数说明如下：

- units：输出维度。
- activation：激活函数，为预定义的激活函数名（参考激活函数）。
- use_bias: 布尔值，是否使用偏置项。
- kernel_initializer：权值初始化方法，为预定义初始化方法名的字符串或用于初始化权重的初始化器。
- recurrent_initializer：循环核的初始化方法，为预定义初始化方法名的字符串或用于初始化权重的初始化器。
- bias_initializer：权值初始化方法，为预定义初始化方法名的字符串或用于初始化权重的初始化器。
- kernel_regularizer：施加在权重上的正则项。
- bias_regularizer：施加在偏置向量上的正则项。
- recurrent_regularizer：施加在循环核上的正则项。
- activity_regularizer：施加在输出上的正则项。
- kernel_constraints：施加在权重上的约束项。
- recurrent_constraints：施加在循环核上的约束项。
- bias_constraints：施加在偏置上的约束项。
- dropout：0~1 之间的浮点数，控制输入线性变换的神经元断开比例。
- recurrent_dropout：0~1 之间的浮点数，控制循环状态线性变换的神经元断开比例。

8.1.4　单向不行就双向

在程序 8-1 中，在 Keras 的 GUR 层外面还套有一个前面没有出现过的函数：

```
tf.keras.layers.Bidirectional
```

Bidirectional 函数是双向传输函数，其目的是将相同的信息以不同的方式呈现给循环网络，可以提高精度并缓解遗忘问题。双向 GRU 是一种常见的 GRU 变体，常用于自然语言处理任务。

GRU 特别依赖于顺序或时间，按顺序处理输入序列的时间步，而打乱时间步或反转时间步会完全改变 GRU 从序列中提取的表示。正是由于这个原因，如果顺序对问题很重要（比如室温预测等问题），那么 GRU 的表现会很好。双向 GRU 利用了这种顺序敏感性，每个 GRU 分别沿一个方向对输入序列进行处理（时间正序和时间逆序），然后将它们的表示合并在一起（见图 8.5）。通过沿这两个方向处理序列，双向 GRU 捕捉到可能被单向 GRU 的模式。

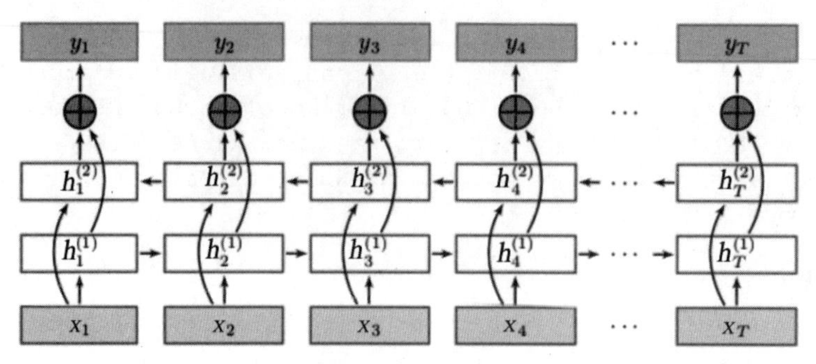

图 8.5　双向 GRU

一般来说，按时间正序的模型会优于时间逆序的模型。对于文本分类等问题来说，一个单词对理解句子的重要性通常并不取决于它在句子中的位置，即用正序序列和逆序序列，或者随机打断“词语（不是字）”出现的位置，分别训练并且评估要给 GRU，性能几乎相同。这证实了一个假设：虽然单词顺序对理解语言很重要，但使用哪种顺序并不重要。

$$\vec{h}_{it} = \overrightarrow{\mathrm{GRU}}(x_{it}), t \in [1, T]$$
$$\vec{h}_{it} = \overrightarrow{\mathrm{GRU}}(x_{it}), t \in [T, 1]$$

双向循环层还有一个好处——在机器学习中，如果一种数据表示不同但有用，那么总是值得加以利用的。这种表示与其他表示的差异越大越好，它们提供了查看数据的全新角度，抓住了数据中被其他方法忽略的内容，因此可以提高模型在某个任务上的性能。

至于 tf.keras.layers.Bidirectional 函数的使用，请读者记住笔者的使用方法，直接套在 GRU 层的外部即可。

8.2　站在巨人肩膀上的情感分类

ResNet 既可作为图像分类的模型使用，也可以作为自然语言处理的特征提取器使用，如图 8.6 所示。

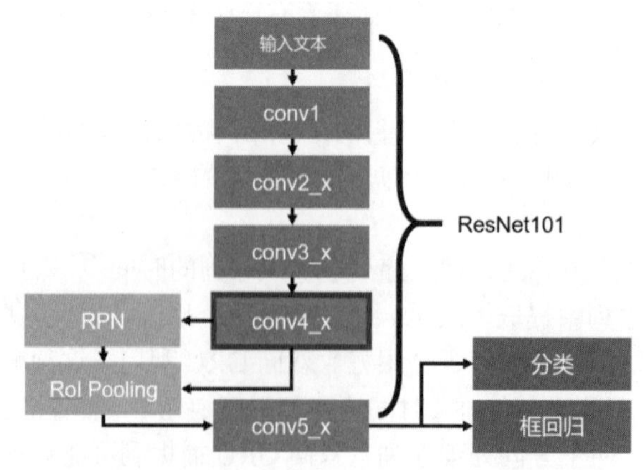

图 8.6　ResNet 作为自然语言处理的特征提取器

8.2.1　使用 TensorFlow 自带的模型做文本分类

用户在调用 TensorFlow 框架进行深度学习时，除乐意自定义各种模型，还可以直接使用 TensorFlow 自带的预定义模型进行数据处理。更为贴心的是，TensorFlow 在提供各种预定义模型时还提供了各种预定义模型参数下载。（本章只使用预定义参数做文本分类的特征提取，而不使用预训练参数。）

第一步：预训练模型的载入

TensorFlow 中有哪些预训练模型在前面的章节中已经做了介绍，这里笔者就不再阐述。本节只使用 ResNet 这个最为常用和经典的模型做特征提取模型，代码如下：

```
    resnet_layer = tf.keras.applications.ResNet50(include_top=False,
weights=None)
```

这是直接调用定义在 Keras 中的预训练模型，对于不同的 ResNet 模型层数，这里笔者只使用 ResNet50 作为目标模型。

ResNet50 中还需要对参数进行设置，其中最为重要的是 include_top 和 weights 这 2 个参数：include_top 提示 Resnet 是否以模型本身的分类层结果进行输出，weights 确定了是否使用预训练参数。在本例中只使用 Resnet 做特征提取的模型，因此也不使用预训练的参数。

当然，也可以用预训练模型直接打印 summary 描述，如下所示：

```
    import tensorflow as tf
    #调用预训练模型
    resnet_layer = tf.keras.applications.ResNet50(include_top=False,
weights=None)
    print(resnet_layer.summary())
```

结果展示如图 8.7 所示。

```
activation_47 (Activation)      (None, None, None, 5 0          bn5c_branch2b[0][0]

res5c_branch2c (Conv2D)         (None, None, None, 2 1050624    activation_47[0][0]

bn5c_branch2c (BatchNormalizati (None, None, None, 2 8192       res5c_branch2c[0][0]

add_15 (Add)                    (None, None, None, 2 0          bn5c_branch2c[0][0]
                                                                activation_45[0][0]

activation_48 (Activation)      (None, None, None, 2 0          add_15[0][0]
==========================================================================================
Total params: 23,587,712
Trainable params: 23,534,592
Non-trainable params: 53,120
```

图 8.7　打印结果

这里笔者只展示了一小部分层名称和参数打印结果，有兴趣的读者可以独立打印查验。

第二步：使用预训练模型进行文本分类

使用预训练模型进行文本分类，实际上就是将预训练模型的最终输出层进行替换，使得预训练模型可以满足输出的判定需要。

【程序 8-2】

```
import tensorflow as tf

#调用预训练模型
resnet_layer = tf.keras.applications.ResNet50(include_top=False,
weights=None)

import numpy as np

labels = []
context = []
vocab = set()
with open("ChnSentiCorp.txt",mode="r",encoding="UTF-8") as emotion_file:
    for line in emotion_file.readlines():
        line = line.strip().split(",")
        labels.append(int(line[0]))
        text = line[1]
        context.append(text)
        for char in text:vocab.add(char)

voacb_list = list(sorted(vocab))    #3508
print(len(voacb_list))

token_list = []
for text in context:
    token = [voacb_list.index(char) for char in text]
    token = token[:80] + [0]*(80 - len(token))
    token_list.append(token)

token_list = np.array(token_list)
labels = np.array(labels)

input_token = tf.keras.Input(shape=(80,))
embedding = tf.keras.layers.Embedding(input_dim=3508,
output_dim=128)(input_token)
embedding = tf.tile(tf.expand_dims(embedding,axis=-1),[1,1,1,3])

embedding = resnet_layer(embedding)     #使用预训练模型做特征提取
embedding = tf.keras.layers.Flatten()(embedding)   #“拉平”上一层的输出值

output = tf.keras.layers.Dense(2,activation=tf.nn.softmax)(embedding)

model = tf.keras.Model(input_token,output)

model.compile(optimizer=tf.keras.optimizers.Adam(1e-4),
```

```
loss=tf.keras.losses.sparse_categorical_crossentropy, metrics=['accuracy'])
    # 模型拟合，即训练
    model.fit(token_list, labels,epochs=10,verbose=2)
```

最终结果如图 8.8 所示。

```
7765/7765 - 37s - loss: 0.6316 - accuracy: 0.7489
Epoch 7/10
7765/7765 - 37s - loss: 0.5630 - accuracy: 0.7706
Epoch 8/10
7765/7765 - 37s - loss: 0.5326 - accuracy: 0.7959
Epoch 9/10
7765/7765 - 37s - loss: 0.4610 - accuracy: 0.8272
Epoch 10/10
7765/7765 - 37s - loss: 0.3692 - accuracy: 0.8572
```

图 8.8　打印结果

经过 10 轮的训练，可以看到准确率已经达到 0.8572。有兴趣的读者可以增大循环训练的次数，从而获得更高的成绩。

除了使用 ResNet 进行特征提取以外，还可以使用其他的预训练模型进行特征提取，例如 VGGNET。对于 VGGNET 的构造，这里笔者不再描述。读者需要知道，VGGNET 的诞生标志着深度学习真正被实现和利用起来，是一种合理有效地解决问题的工具。

TensorFlow 的预训练模型同样带有 VGG 的模型模块，调用方式和 ResNet 相同，并且同样需要屏蔽顶部分类层和预训练参数，代码如下所示：

```
vgg = tf.keras.applications.VGG16(include_top=False, weights=None)
```

完整代码如程序 8-3 所示。

【程序 8-3】

```
import tensorflow as tf

#调用 TensorFlow 自带的 VGG 模型，屏蔽分类层和预训练权重
vgg = tf.keras.applications.VGG16(include_top=False, weights=None)
import numpy as np

labels = []
context = []
vocab = set()
with open("ChnSentiCorp.txt",mode="r",encoding="UTF-8") as emotion_file:
    for line in emotion_file.readlines():
        line = line.strip().split(",")
        labels.append(int(line[0]))
        text = line[1]
        context.append(text)
        for char in text:vocab.add(char)

voacb_list = list(sorted(vocab))    #3508
print(len(voacb_list))
```

```
    token_list = []
    for text in context:
        token = [voacb_list.index(char) for char in text]
        token = token[:80] + [0]*(80 - len(token))
        token_list.append(token)

    token_list = np.array(token_list)
    labels = np.array(labels)

    input_token = tf.keras.Input(shape=(80,))
    embedding = 
tf.keras.layers.Embedding(input_dim=3508,output_dim=128)(input_token)
    embedding = tf.tile(tf.expand_dims(embedding,axis=-1),[1,1,1,3])

    embedding = vgg(embedding)  #使用预训练模型做特征提取
    embedding = tf.keras.layers.Flatten()(embedding)   #“拉平”上一层的输出值

    output = tf.keras.layers.Dense(2,activation=tf.nn.softmax)(embedding)

    model = tf.keras.Model(input_token,output)

    model.compile(optimizer=tf.keras.optimizers.Adam(1e-4),
loss=tf.keras.losses.sparse_categorical_crossentropy, metrics=['accuracy'])
    # 模型拟合，即训练
    model.fit(token_list, labels,epochs=10,verbose=2)
```

训练结果如图 8.9 所示。

同样是经过 10 轮的训练，使用 VGGNET 的模型正确率达到了 0.95，那么是否可以理解为 VGGNET 的分辨力强于 ResNet？答案是不能。因为在所有的评测数据中 ResNet 对图像特征的提取能力都要强于 VGGNET，最大的可能是结构的不同造成了不同特征提取能力的不同。

```
7765/7765 - 26s - loss: 0.3162 - accuracy: 0.8665
Epoch 6/10
7765/7765 - 26s - loss: 0.2748 - accuracy: 0.8868
Epoch 7/10
7765/7765 - 26s - loss: 0.2300 - accuracy: 0.9061
Epoch 8/10
7765/7765 - 26s - loss: 0.1914 - accuracy: 0.9262
Epoch 9/10
7765/7765 - 26s - loss: 0.1506 - accuracy: 0.9436
Epoch 10/10
7765/7765 - 26s - loss: 0.1232 - accuracy: 0.9557
```

图 8.9　打印结果

有兴趣的读者可以测试更多的自带模型的特征提取能力。

8.2.2　使用自定义的 DPCNN 做模型分类

本节将介绍一个全新的模型 DPCNN（Deep Pyramid Convolutional Neural Networks for Text Categorization）做特征的提取，顺便教会读者如何自定义一个特征提取器。

在 word embedding 的章节中，笔者介绍了文本分类的一个经典模型——TextCNN，这是最早借助于卷积对文本特征提取的一个模型。

DPCNN 是在 TextCNN 的基础上结合 ResNet 模型的 shortcut 连接建立的一个新的特征提取器，可以说是严格意义上第一个 word-level 广泛有效的深层文本分类卷积神经网，其总体架构如图 8.10 所示。

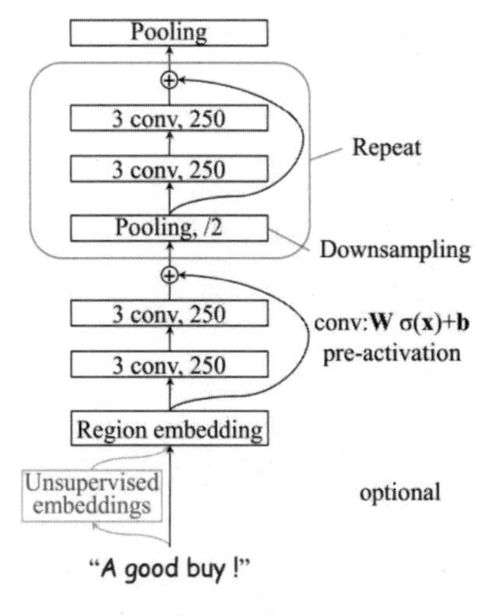

图 8.10　DPCNN 架构

从架构上看，DPCNN 的底层貌似保持了跟 TextCNN 一样的结构，Region embedding 的意思是是包含多尺寸卷积滤波器的卷积层的卷积结果，即对一个文本区域/片段（比如按 3 个字分割的若干个连词 3gram）进行一组卷积操作后生成的 embedding，如图 8.11 所示。

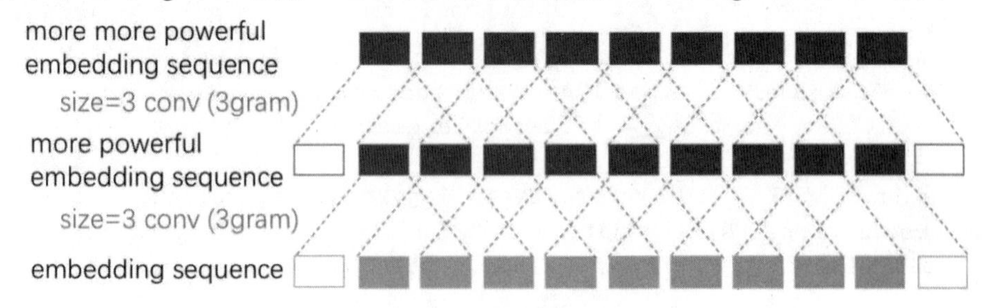

图 8.11　按 3 个字分割的若干个连词 3gram

下面笔者尽可能讲解得简单一些。DPCNN 相对于 TextCNN 最大池化以后进行计算，选择直接在提取的 embedding 上进行卷积操作，能够根据设计的卷积核大小结合更可能多的当前“字符”的上下文信息。

如果将输入输出序列的第 n 个字符 embedding 称为第 n 个词位，那么 size 为 n 的卷积核产生的卷积对其进行操作，就是将输入序列的每个词位及其左右($(n-1)/2$)个词的上下文信息压缩为该词位的 embedding，也就是说，产生了每个词位被上下文信息修饰过的更高 level 更加准确的语义。

这也是 DPCNN 克服 TextCNN 的缺点、捕获长距离模式从而产生更好的语义提取信息的能力。

DPCNN 在模型构建的时候引入了 ResNet 模型中的 shortcut 连接，将当前层的输入和输出进行连接，克服了由于增大深度所造成的梯度消失或者梯度爆炸。

DPCNN 的代码如下所示：

```
    class DPCNN(tf.keras.layers.Layer):
        #d_model 是每个字符的维度，filter_num 是定义文本的长度
       def __init__(self,d_model = 128,filter_num = 80,kernel_size = 3):
           self.d_model = d_model
           self.filter_num = filter_num
           self.kernel_size = kernel_size
           super(DPCNN, self).__init__()


       def build(self, input_shape):

           self.seq_length = input_shape[1]

           self.region_conv2d = tf.keras.layers.Conv2D(filters=self.filter_num,
kernel_size=[self.kernel_size,self.d_model])

           self.conv_3_0 = tf.keras.layers.Conv2D(filters=self.filter_num,
kernel_size=self.kernel_size,padding="SAME",activation=tf.nn.relu)
           self.layer_norm_3_0 = tf.keras.layers.LayerNormalization()

           self.conv_3_1 = tf.keras.layers.Conv2D(filters=self.filter_num,
kernel_size=self.kernel_size,padding="SAME",activation=tf.nn.relu)
           self.layer_norm_3_1 = tf.keras.layers.LayerNormalization()

           self.conv_3_2 = tf.keras.layers.Conv2D(filters=self.filter_num,
kernel_size=self.kernel_size,padding="SAME",activation=tf.nn.relu)
           self.layer_norm_3_2 = tf.keras.layers.LayerNormalization()

           self.conv_3_3 = tf.keras.layers.Conv2D(filters=self.filter_num,
kernel_size=self.kernel_size,padding="SAME",activation=tf.nn.relu)
           self.layer_norm_3_3 = tf.keras.layers.LayerNormalization()

           super(DPCNN, self).build(input_shape)  # 一定要在最后调用它


       def call(self, inputs):
           embedding = inputs
           embedding = tf.expand_dims(embedding,axis=-1)
```

```
        region_embedding = self.region_conv2d(embedding)
        pre_activation = tf.nn.relu(region_embedding)

        with tf.name_scope("conv3_0"):
            conv3 = self.conv_3_0(pre_activation)
            conv3 = self.layer_norm_3_0(conv3)

        with tf.name_scope("conv3_1"):
            conv3 = self.conv_3_0(conv3)
            conv3 = self.layer_norm_3_0(conv3)

        # resdul
        conv3 = conv3 + region_embedding
        pool = tf.pad(conv3, paddings=[[0, 0], [0, 1], [0, 0], [0, 0]])
        pool = tf.nn.max_pool(pool, [1, 3, 1, 1], strides=[1, 2, 1, 1],
padding='VALID')

        with tf.name_scope("conv3_2"):
            conv3 = self.conv_3_2(pool)
            conv3 = self.layer_norm_3_2(conv3)

        with tf.name_scope("conv3_3"):
            conv3 = self.conv_3_3(conv3)
            conv3 = self.layer_norm_3_3(conv3)

        # resdul
        conv3 = conv3 + pool
        conv3 = tf.squeeze(conv3, [2])
        conv3 = tf.keras.layers.GlobalMaxPooling1D()(conv3)
        conv3 = tf.nn.dropout(conv3, 0.17)

        return conv3
```

下面使用 DPCNN 替代 GRU 或者 Resnet 做特征提取，其使用也很方便，代码如下：

```
import dpcnn
dpcnn_layer = dpcnn.DPCNN()
```

具体使用如程序 8-4 所示。

【程序 8-4】

```
import tensorflow as tf

import dpcnn     #引入自定义的 dpcnn
dpcnn_layer = dpcnn.DPCNN()      #创建 DPCNN 层

import numpy as np

labels = []
context = []
vocab = set()
```

```
    with open("ChnSentiCorp.txt",mode="r",encoding="UTF-8") as emotion_file:
        for line in emotion_file.readlines():
            line = line.strip().split(",")
            labels.append(int(line[0]))

            text = line[1]
            context.append(text)
            for char in text:vocab.add(char)

    voacb_list = list(sorted(vocab))    #3508
    print(len(voacb_list))

    token_list = []
    for text in context:
        token = [voacb_list.index(char) for char in text]
        token = token[:80] + [0]*(80 - len(token))
        token_list.append(token)

    token_list = np.array(token_list)
    labels = np.array(labels)

    import tensorflow as tf
    import dpcnn
    input_token = tf.keras.Input(shape=(80,))
    embedding = tf.keras.layers.Embedding(input_dim=3508,
output_dim=128)(input_token)

    embedding = dpcnn.DPCNN(d_model=128)(embedding)     #使用 DPCNN 层做特征提取器

    output = tf.keras.layers.Dense(2,activation=tf.nn.softmax)(embedding)

    model = tf.keras.Model(input_token,output)
    model.compile(optimizer='adam', loss=tf.keras.losses.sparse_categorical_
crossentropy,metrics=['accuracy'])
    # 模型拟合，即训练
    model.fit(token_list, labels,epochs=10,verbose=2)
```

结果如图 8.12 所示。

```
7765/7765 - 3s - loss: 0.1854 - accuracy: 0.9254
Epoch 6/10
7765/7765 - 3s - loss: 0.1485 - accuracy: 0.9419
Epoch 7/10
7765/7765 - 3s - loss: 0.1134 - accuracy: 0.9587
Epoch 8/10
7765/7765 - 3s - loss: 0.0950 - accuracy: 0.9637
Epoch 9/10
7765/7765 - 3s - loss: 0.0740 - accuracy: 0.9742
Epoch 10/10
7765/7765 - 3s - loss: 0.0670 - accuracy: 0.9760
```

图 8.12　打印结果

相对于使用 TensorFlow 自带的模型，DPCNN 极大地优化了运行速度，而且相对于 GRU，其准确率有了一定的提升，这也是模型设计的目的。

8.3　本章小结

本章着重介绍了两类特征提取器，使用 TensorFlow 自带的模型做特征提取器以及编写自定义的模型用作特征提取器。相比较而言，使用专用的自定义模型能够较 TensorFlow 自带的模型带来更好的效果以及更少的训练时间。

实际上无论是开始的 GRU 模型、TensorFlow 自带的模型还是后续自定义的 DPCNN 模型，对于最终的分类器来说起到的都是一个特征提取器的作用。因此，可以将其统一地定义为“编码器”。

编码器用作对特征的提取，在下一章的内容中，笔者将介绍最新的使用注意力模型建立的特征提取器 encoder。

第 9 章

从 0 起步——自然语言处理的编码器

在前面的章节中，笔者带领读者掌握了使用多种方式对字符进行表示的方法，例如最原始的 one-hot 方法、现在较为常用的 word2vec 和 fastText 计算出的 embedding（词嵌入、字嵌入）等。这些都是将字符进行向量化处理的方法。

无论是老方法还是现在常用的方法，或者是将来出现的新算法，有没有一个统一的称谓？答案是“有”，所有的这些处理方法都可以被简称为 encoder（编码器）。编码器可以对文本进行投影，如图 9.1 所示。

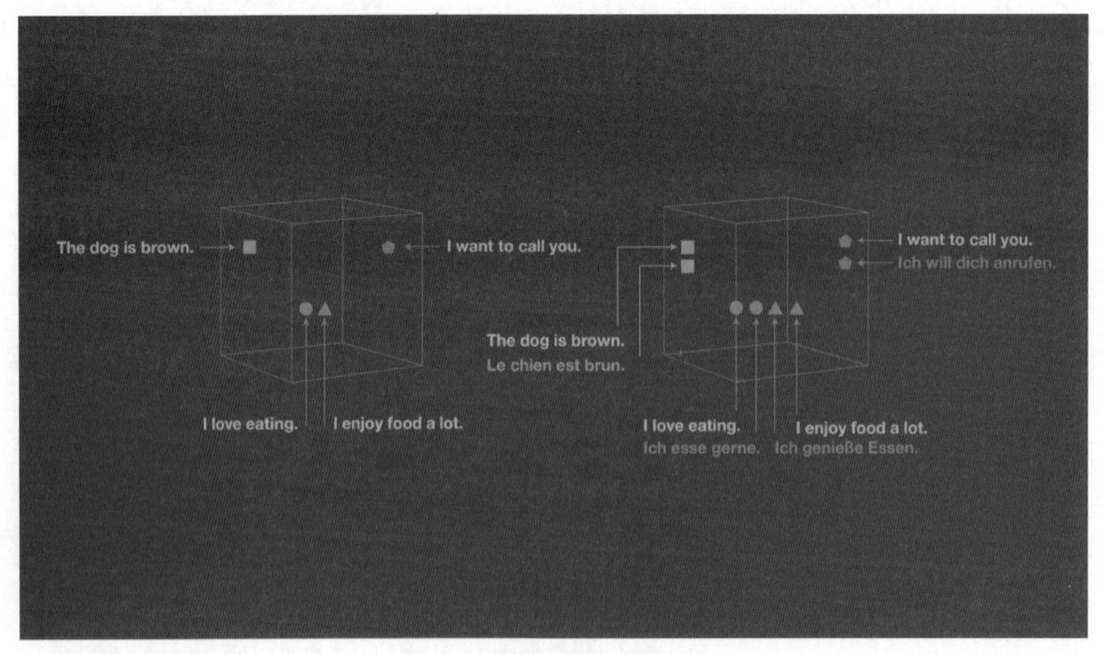

图 9.1　编码器将文本进行投影

编码器的作用要构造一种能够存储字符（词）的若干个特征的表达方式（这个特征具体是什么我们也不知道，这样做就行了），这个就是前文所说的 embedding 形式。

本章开始将从一个“简单”的编码器开始，首先介绍其最核心的架构，以及整体框架的实现，并以此为基础引入编程实战，即对汉字和拼音转换的翻译。

编码器并不是简单地使用，更重要的内容是在此基础上引入 transformer 架构的基础概念，这是一个目前来说最为流行和通用的编码器架构，并在此基础上衍生出了更多的内容，这在下一章会详细介绍。因此，本章以通用解码器为主，读者应将其当成独立的内容来学习。

9.1　编码器的核心——注意力模型

编码器的作用就是对输入的字符序列进行编码处理，从而获得特定的词向量结果。为了简便起见，笔者直接使用 transformer 的编码器方案作为本章编码器的实现，这也是目前最为常用的编码器架构方案。编码器的结构如图 9.2 所示，由以下几个模块构成：

- 初始词向量层（Input Embedding）。
- 位置编码器层（Positional Encoding）。
- 多头自注意力层（Multi-Head Attention）。
- 前馈（Feed Forward）层。

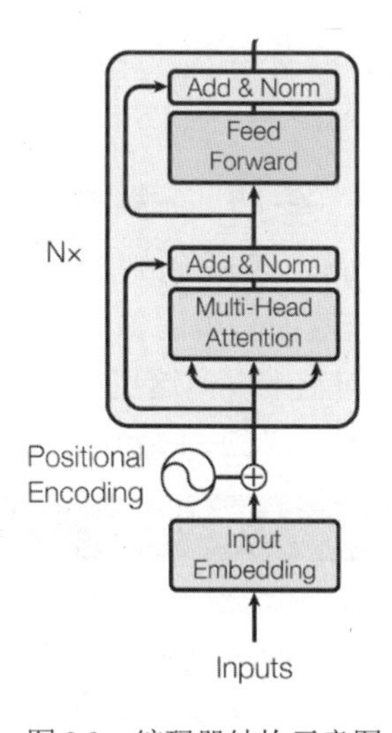

图 9.2　编码器结构示意图

实际上，编码器的构成模块并不是固定的，也没有特定的形式。transformer 的编码器架构是目前最为常用的，因此本章将以此为例。本章首先介绍编码器的最核心内容：注意力模型和架构，并以此为主完成整个编码器的介绍和编写。

9.1.1 输入层——初始词向量层和位置编码器层

初始词向量层和位置编码器层是数据输入的初始层，作用是将输入的序列通过计算并组合成向量矩阵，如图 9.3 所示。

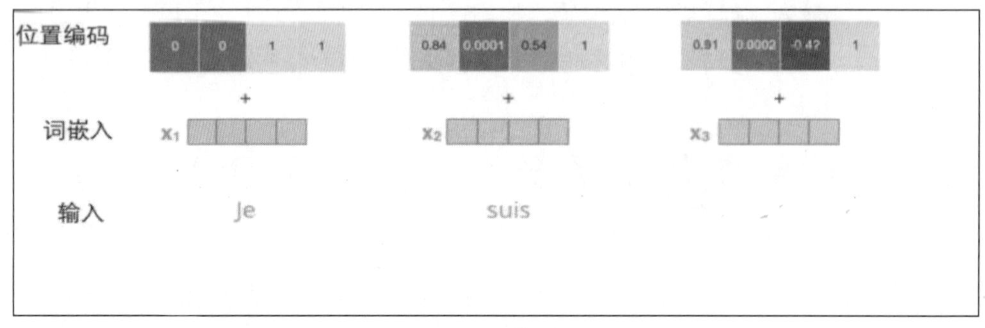

图 9.3 输入层

第一层：初始词向量层

如同大多数的向量构建方法一样，首先将每个输入单词通过词嵌入算法转换为词向量。其中，每个词向量被设定为固定的维度，本书后面将所有词向量的维度设置为 312，具体代码段如下所示：

```
    #请注意代码解释在代码段的下方
    word_embedding_table = tf.keras.layers.Embedding(encoder_vocab_size,
embedding_size)

    encoder_embedding = word_embedding_table(inputs)
```

首先使用 tf.keras.layers.Embedding 函数创建一个随机初始化的向量矩阵。其中，encoder_vocab_size 是字库的个数，一般而言编码器中的字库是包含所有可能出现的“字”的集合；embedding_size 是 embedding 向量维度，这里使用通用的 312 即可。

词向量初始化在 TensorFlow 2.X 中只发生在最底层的编码器中。

提　示

所有的编码器都有一个相同的特点——接收一个向量列表，列表中的每个向量大小为 312 维。在底层（最开始）的编码器中这个向量列表就是词向量，在其他编码器中是下一层编码器的输出。

第二层：位置编码

位置编码是一个非常重要而又有创新性的结构输入。一般自然语言处理使用的都是一个个连续的长度序列，为了使用输入的顺序信息，需要将序列对应的相对以及绝对位置信息注入模型中去。

位置编码和词向量 embeddings 可以设置成同样的维度，都是 312，因此两者在计算时可以直接相加。目前来说位置编码的具体形式有两种，即可训练的参数形式和直接公式计算后的固定值：

- 通过模型训练所得。
- 根据特定公式计算所得（用不同频率的 sine 和 cosine 函数直接计算）。

因此，在实际操作中，模型插入位置编码的方式既可以设计一个可以随模型训练的层，也可以使用一个计算好的矩阵直接插入序列的位置函数，公式如下：

$$PE_{(\text{pos},2i)} = \sin(\text{pos} / 10000^{2i/d_{\text{model}}})$$

$$PE_{(\text{pos},2i)+1} = \cos(\text{pos} / 10000^{2i/d_{\text{model}}})$$

序列中任意一个位置都可以用三角函数表示，pos 是输入序列的最大长度，i 是序列中的各个位置，d_{model} 是设定的与词向量相同的位置 312。代码如下所示：

```
    def positional_encoding(position=512, d_model=embedding_size):
        def get_angles(pos, i, d_model):
            angle_rates = 1 / np.power(10000, (2 * (i // 2)) / np.float32(d_model))
            return pos * angle_rates

        angle_rads = get_angles(np.arange(position)[:, np.newaxis],
np.arange(d_model)[np.newaxis, :], d_model)

        angle_rads[:, 0::2] = np.sin(angle_rads[:, 0::2])
        angle_rads[:, 1::2] = np.cos(angle_rads[:, 1::2])

        pos_encoding = angle_rads[np.newaxis, ...]

        return tf.cast(pos_encoding, dtype=tf.float32)
```

这种位置编码函数的写法有点复杂，读者直接使用即可。最终将词向量矩阵和位置编码组合起来，如图 9.4 所示。

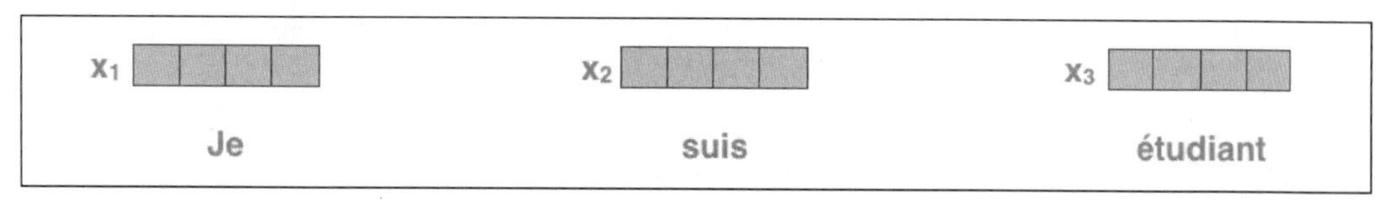

图 9.4　初始词向量

9.1.2　自注意力层（本书重点）

自注意力层不仅是本节的重点，还是本书最重要的内容（实际非常简单）。

注意力层是使用注意力机制构建的。注意力机制是能够脱离距离的限制建立相互关系的一种计算机制，最早是在视觉图像领域提出来的，来自于 2014 年“谷歌大脑”团队的论文“*Recurrent Models of Visual Attention*”，其在 RNN 模型上使用了注意力机制来进行图像分类。

随后，Bahdanau 等人在论文“*Neural Machine Translation by Jointly Learning to Align and Translate*”中使用类似注意力机制在机器翻译任务上将翻译和对齐同时进行，实际上是第一个将注意力机制应用到 NLP 领域中的。

接下来机制被广泛应用在基于 RNN/CNN 等神经网络模型的各种 NLP 任务中。2017 年，Google 机器翻译团队发表的 *Attention is all you need* 中大量使用了自注意力（self-attention）机制来学习文本表示。自注意力机制也成为大家近期的研究热点，并在各种自然语言处理任务上进行探索。

自然语言中的自注意力机制（Self-attention）通常指的是不使用其他额外的信息，仅仅使用自我注意力的形式关注本身，进而从句子中抽取相关信息。自注意力又称作内部注意力，在很多任务上都有十分出色的表现，比如阅读理解、文本继承、自动文本摘要。

下面笔者将依次完成一个最简单的自注意力机制的介绍。

建 议
先通读一遍，等完整阅读完本章后，结合实战代码部分重新阅读两遍以上。

第一步：自注意力中的 query、key 和 value

自注意力机制是进行自我关注从而抽取相关信息的机制。从具体实现上来看，注意力函数的本质可以被描述为一个查询（query）到一系列键（key）–值（value）对的映射，它们被作为一种抽象的向量，主要目的是用来做计算和辅助自注意力，如图 9.5 所示（更详细的解释在后面）。

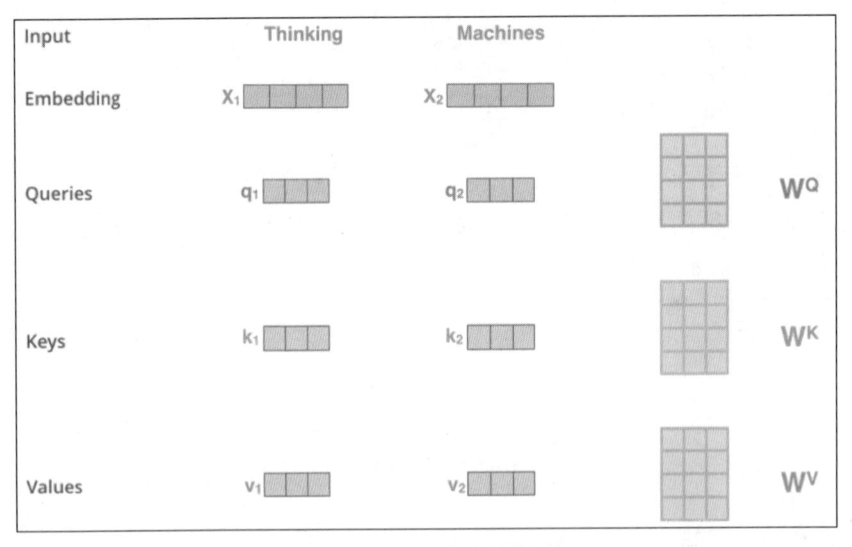

图 9.5　自注意力机制

一个单词 Thinking 经过向量初始化后，经过 3 个不同全连接层重新计算后获取特定维度的值，即看到的 q_1。q_2 的来历也是如此，对单词 Machines 经过 embedding 向量初始化后，经过与上一个单词相同的全连接层计算。之后依次将 q_1 和 q_2 连接起来组成一个新连接后的二维矩阵 W^Q，被定义成 query。

```
W^Q= concat([q1, q2],axis = 0)
```

由于是"自注意力机制"，因此 key 和 value 的值与 query 相同（仅在自注意力架构中 query、

key、value 的值相同），如图 9.6 所示。

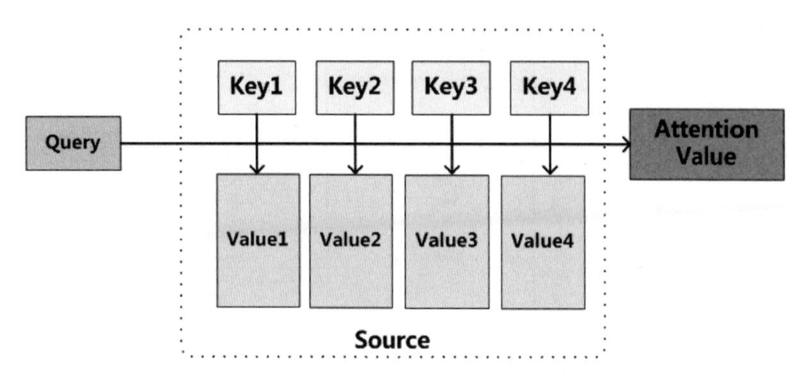

图 9.6　自注意力机制

第二步：使用 query、key 和 value 计算自注意力的值

其过程如下：

（1）将 query 和每个 key 进行相似度计算得到权重，常用的相似度函数有点积、拼接、感知机等，这里笔者使用的是点积计算，如图 9.7 所示。

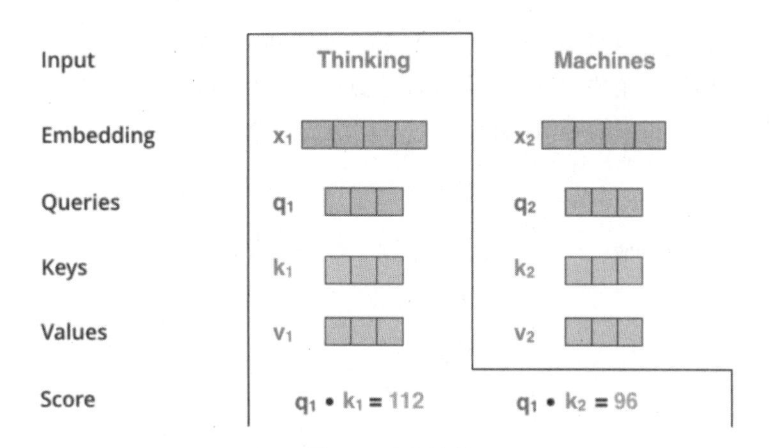

图 9.7　点积计算

（2）使用一个 softmax 函数对这些权重进行归一化，如图 9.8 所示。

softmax 函数的作用是计算不同输入之间的权重“分数”，又称为权重系数。例如，正在考虑“Thinking”这个词，就用它的 q_1 去乘以每个位置的 k_i，随后将得分加以处理再传递给 softmax，然后通过 softmax 计算，其目的是使分数归一化。

这个 softmax 计算分数决定了每个单词在该位置表达的程度。相关联的单词将具有相应位置上最高的 softmax 分数。用这个得分乘以每个 value 向量，可以增强需要关注单词的值，或者降低对不相关单词的关注度。

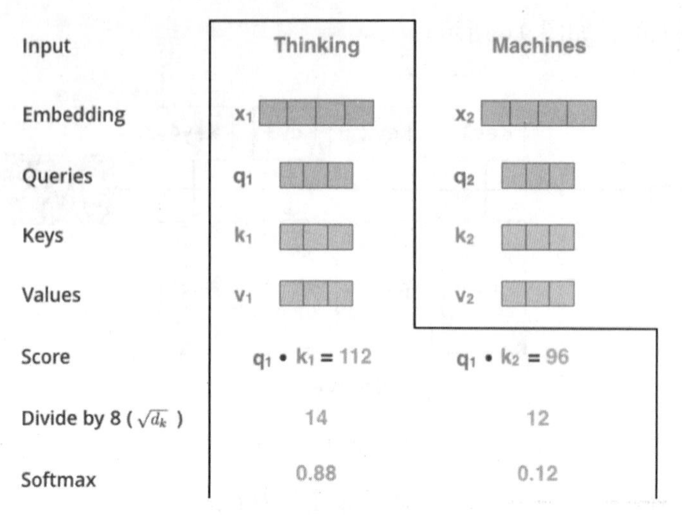

图 9.8　使用 softmax 函数

softmax 的分数决定了当前单词在每个句子中每个单词位置的表示程度。很明显，当前单词对应句子中此单词所在位置的 softmax 的分数最高，但是有时候注意力机制也能关注到此单词外的其他单词。

（3）每个 value 向量乘以 softmax 后的得分，如图 9.9 所示。

最后一步为累加计算相关向量。这会在此位置产生 self-attention 层的输出（对于第一个单词），即最后将权重和相应的键值 value 进行加权求和得到最后的注意力值。

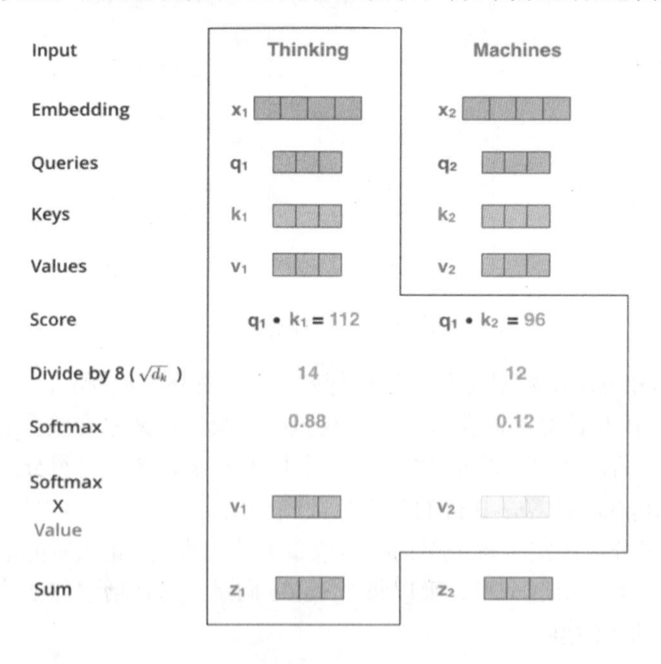

图 9.9　乘以 softmax

总结自注意力的计算过程，（单词级别）就是得到一个可以放到前馈神经网络的向量。然而在实际的实现过程中，该计算会以矩阵的形式完成，以便更快地处理。自注意力公式如下：

$$\text{Attention(Query, Source)} = \sum_{i=1}^{L_x} \boldsymbol{Similarity(Query, Key_i)} * \boldsymbol{Value_i}$$

换成更为通用的矩阵点积的形式将其实现，其结构和形式如图 9.10 所示。

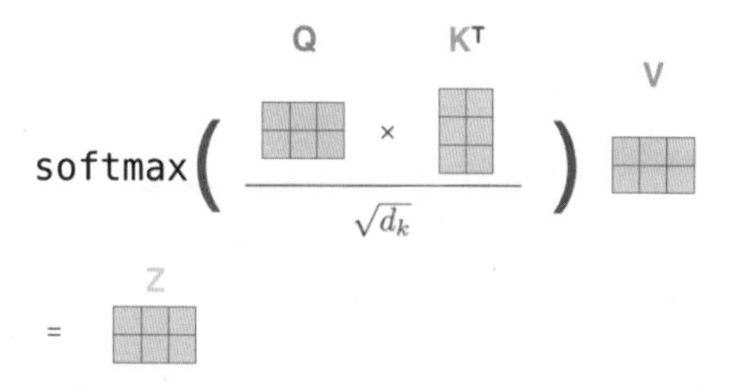

图 9.10　矩阵点积

第三步：自注意力计算的代码实现

自注意力模型的基本架构并不复杂，基本代码如下所示（仅供演示）：

【程序 9-1】

```
import tensorflow as tf

#创建一个输入 embedding 值
input_embedding = tf.keras.Input(shape=[32,312])

#对输入的 input_embedding 进行修正，这里进行了简写
query = tf.keras.layers.Dense(312)(input_embedding)
key = tf.keras.layers.Dense(312)(input_embedding)
value = tf.keras.layers.Dense(312)(input_embedding)

#计算 query 与 key 之间的权重系数
attention_prob = tf.matmul(query,key,transpose_b=True)

#使用 softmax 对权重系数进行归一化计算
attention_prob = tf.nn.softmax(attention_prob)

#计算权重系数与 value 的值从而获取注意力值
attention_score = tf.matmul(attention_prob,value)

print(attention_score)
```

核心代码实现起来实际上是很简单的，到这里读者也只需先掌握这些核心代码即可。

换个角度，笔者从概念上对注意力机制做个解释，注意力机制可以理解为从大量信息中有选择地筛选出少量重要信息并聚焦到这些重要信息上，忽略大多不重要的信息，这种思路仍然成立。聚焦的过程体现在权重系数的计算上，权重越大越聚焦于其对应的 Value 值上，即权重代表了信息的重要性，而权重与 Value 的点积是其对应的最终信息。

完整的代码注意力层结果如下所示：

【程序 9-2】

```
    class Attention(tf.keras.layers.Layer):
        def __init__(self,embedding_size = 312):
            self.embedding_size = embedding_size
            super(Attention, self).__init__()

        def build(self, input_shape):
            self.dense_query =
tf.keras.layers.Dense(units=self.embedding_size,activation=tf.nn.relu)
            self.dense_key =
tf.keras.layers.Dense(units=self.embedding_size,activation=tf.nn.relu)
            self.dense_value =
tf.keras.layers.Dense(units=self.embedding_size,activation=tf.nn.relu)

    # LayerNormalization 层在下一节中会介绍
    self.layer_norm = tf.keras.layers.LayerNormalization()
            super(Attention, self).build(input_shape)  # 一定要在最后调用它

        def call(self, inputs):
            #输入的 query、key、value 值，mask 是“掩模层”
            query,key,value,mask = inputs
            shape = tf.shape(query)

            query_dense = self.dense_query(query)
            key_dense = self.dense_query(key)
            value_dense = self.dense_query(value)

            attention = tf.matmul(query_dense,key_dense,transpose_b=True)/
tf.math.sqrt(tf.cast(embedding_size,tf.float32))   #计算出的query与key的点积还需要
除以一个常数

            attention += mask*-1e9   #在自注意力权重基础上加上掩模值
            attention = tf.nn.softmax(attention)

            attention = tf.keras.layers.Dropout(0.1)(attention)
            attention = tf.matmul(attention,value_dense)

    # LayerNormalization 层在下一节中会介绍
    attention = self.layer_norm((attention + query))

            return attention
```

具体结果请读者自行打印查阅。

9.1.3 ticks 和 LayerNormalization

上一节的最后，笔者通过 TensorFlow 2.X 自定义层的形式编写了注意力模型的代码。与著名显示代码不同的是，在正式的自注意力层中还额外加入了 mask 值，即掩码层。掩码层的

作用就是获取输入序列“有意义的值”，而忽视本身就是用作填充或补全序列的值。一般用0表示有意义的值，用1表示填充值（这点并不固定，0和1的意思可以互换）。

```
[2,3,4,5,5,4,0,0,0] -> [0,0,0,0,0,0,1,1,1]
```

掩码计算的代码如下所示：

```
def create_padding_mark(seq):
    # 获取为0的padding项
    seq = tf.cast(tf.math.equal(seq, 0), tf.float32)

    # 扩充维度以便用于attention矩阵
    return seq[:, np.newaxis, np.newaxis, :] # (batch_size,1,1,seq_len)
```

此外计算出的query与key的点积还需要除以一个常数，其作用是缩小点积的值方便进行softmax计算。

这常常被称为ticks，即采用一点点小的技巧使模型训练能够更加准确和便捷。LayerNormalization函数也是如此。下面笔者详细对其进行介绍。

LayerNormalization函数是专门用作对序列进行整形的函数，其目的是为了防止字符序列在计算过程中发散，从而使得神经网络在拟合的过程中造成影响。TensorFlow 2.0中对LayerNormalization的使用准备高级API，调用如下：

```
#调用LayerNormalization函数
layer_norm = tf.keras.layers.LayerNormalization()
embedding = layer_norm(embedding)  #使用layer_norm对输入数据进行处理
```

图9.11展示LayerNormalization函数与BatchNormalization的不同：BatchNormalization是对一个batch中**不同序列**中所处同一位置的数据做归一化计算，而LayerNormalization是对**同一序列**中不同位置的数据做归一化处理。

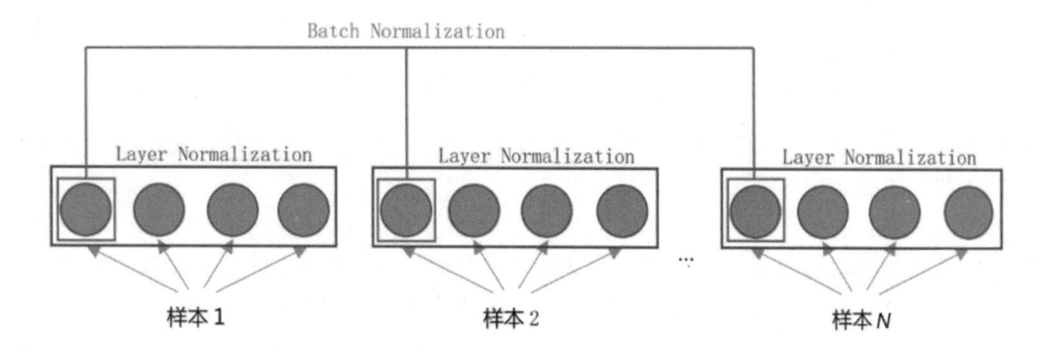

图9.11　LayerNormalization函数与BatchNormalization的不同

有兴趣的读者可以展开学习，这里不再过多阐述。

9.1.4　多头自注意力

9.1.2节的最后使用TensorFlow 2.X自定义层编写了自注意力模型。从中可以看到，除了使用自注意力核心模型才以外，还额外加入了掩码层和点积的除法运算，以及为了整形所使用的 LayerNormalization 函数。实际上，这些都是为了使得整体模型在训练时更加简易和便捷而做出的优化。

前面无论是“掩码”计算、“点积”计算还是使用 layernormalization，都是在某些细枝末节上的修补，那么有没有可能对注意力模型做一个较为大的结构调整，能够更加适应模型的训练？

本节将在此基础上介绍一种较为大型的 ticks，即多头自注意力架构，这是在原始的自注意力模型的基础上做出的一种较大的优化。

多头注意力（multi-head attention）结构如图 9.12 所示，query、key、value 首先经过一个线性变换，之后计算相互之间的注意力值。相对于原始自注意力计算方法，注意这里的计算要做 *h* 次（*h* 为“头”的数目），其实也就是所谓的多头，每一次算一个头。每次 query、key、value 进行线性变换的参数 W 是不一样的。

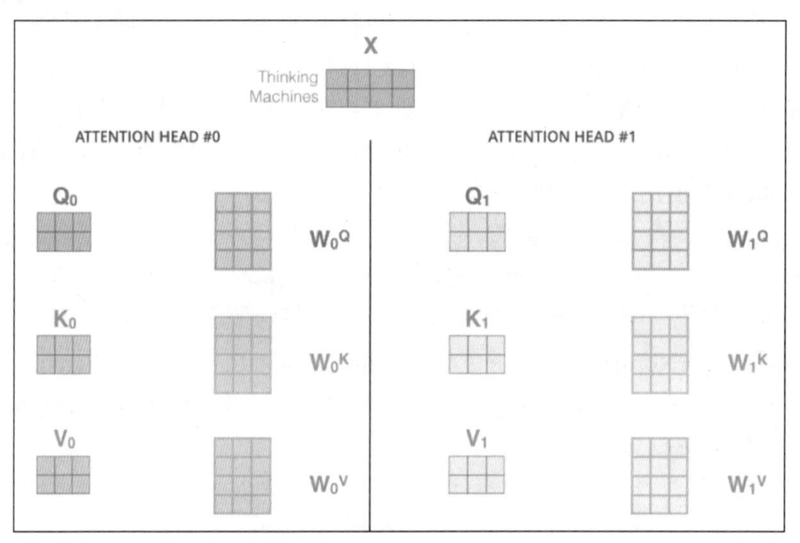

图 9.12　多头注意力（multi-head attention）结构

将 *h* 次的放缩点积注意力值的结果进行拼接，再进行一次线性变换得到的值作为多头注意力的结果，如图 9.13 所示。

这样计算得到的多头注意力值的不同之处在于进行了 *h* 次计算而不仅仅算一次，好处是可以允许模型在不同的表示子空间里学习到相关的信息，并且相对于单独的注意力模型计算复杂度，多头的模型的计算复杂度被大大降低了。拆分多头模型的代码如下所示：

```
def splite_tensor(tensor):
    shape = tf.shape(tensor)
    tensor = tf.reshape(tensor, shape=[shape[0], -1, n_head, embedding_size //
n_head])
    tensor = tf.transpose(tensor, perm=[0, 2, 1, 3])
    return tensor
```

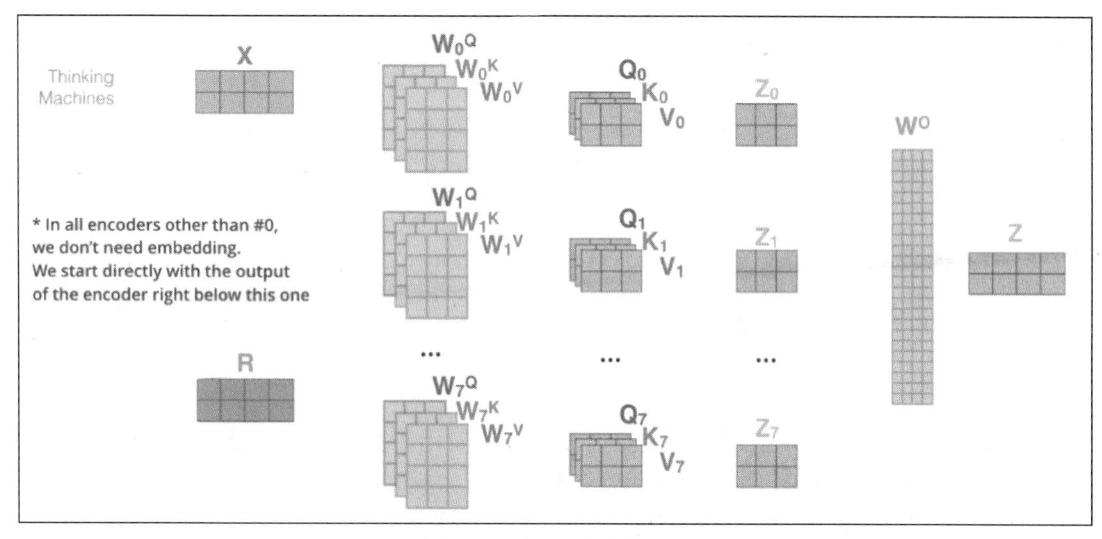

图 9.13　多头注意力的结果

在此基础上可以将注意力模型进行修正，新的多头注意力层代码如下所示：

【程序 9-3】

```
    class MultiHeadAttention(tf.keras.layers.Layer):
        def __init__(self):
            super(MultiHeadAttention, self).__init__()

        def build(self, input_shape):
            self.dense_query = tf.keras.layers.Dense(units=embedding_size,
activation=tf.nn.relu)
            self.dense_key = tf.keras.layers.Dense(units=embedding_size,
activation=tf.nn.relu)
            self.dense_value = tf.keras.layers.Dense(units=embedding_size,
activation=tf.nn.relu)
            self.layer_norm = tf.keras.layers.LayerNormalization()
            super(MultiHeadAttention, self).build(input_shape)  # 一定要在最后调用它

        def call(self, inputs):
            query,key,value,mask = inputs
            shape = tf.shape(query)

            query_dense = self.dense_query(query)
            key_dense = self.dense_query(key)
            value_dense = self.dense_query(value)

            query_dense = splite_tensor(query_dense)
            key_dense = splite_tensor(key_dense)
            value_dense = splite_tensor(value_dense)

            attention = tf.matmul(query_dense,key_dense,transpose_b=True)/
tf.math.sqrt(tf.cast(embedding_size,tf.float32))
```

```
        attention += mask*-1e9
        attention = tf.nn.softmax(attention)

        attention = tf.keras.layers.Dropout(0.1)(attention)
        attention = tf.matmul(attention,value_dense)

        attention = tf.transpose(attention,[0,2,1,3])
        attention = tf.reshape(attention,[shape[0],shape[1],embedding_size])

        attention = self.layer_norm((attention + query))

        return attention
```

相比较单一的注意力模型，多头注意力模型能够简化计算，并且在更多维的空间对数据进行整合。最新的研究表明，实际上使用“多头”注意力模型，每个“头”所关注的内容并不一致，有的关注于相邻之间的序列，有的会关注更远处的单词。

图 9.14 中展示了一个 8 头注意力模型架构，具体请读者自行实现。

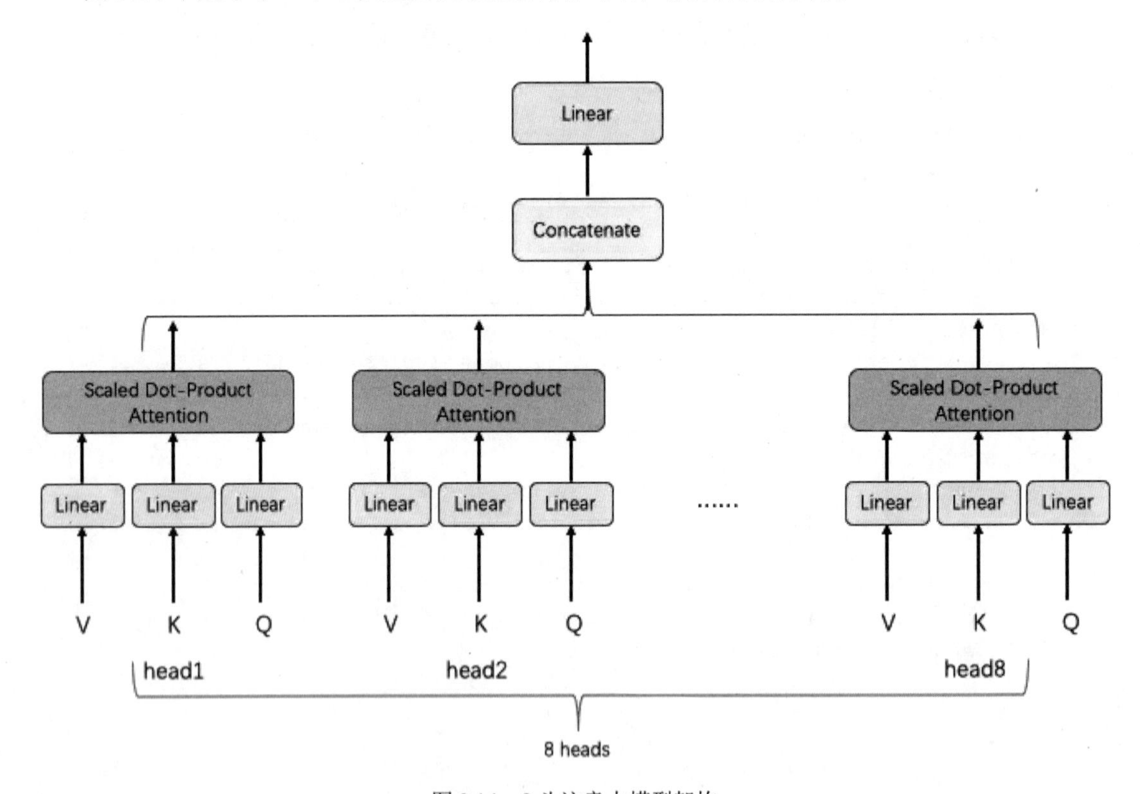

图 9.14　8 头注意力模型架构

9.2　编码器的实现

本节开始介绍编码器的写法。

在前面的章节中，笔者对编码器的核心部件（注意力模型）做了介绍，并且对输入端的词嵌入初始化方法和位置编码做了介绍，正如笔者一开始所介绍的，本章将使用 transformer 的编码器方案去构建，这是目前最为常用的架构方案。

从图 9.15 中可以看到，一个编码器的构造分成三部分：初始向量层、注意力层和前馈层。初始向量层和注意力层的介绍在上一节已经介绍完毕，本节将介绍最后一个部分：前馈层。之后将使用这三部分构建出本书的编码器架构。

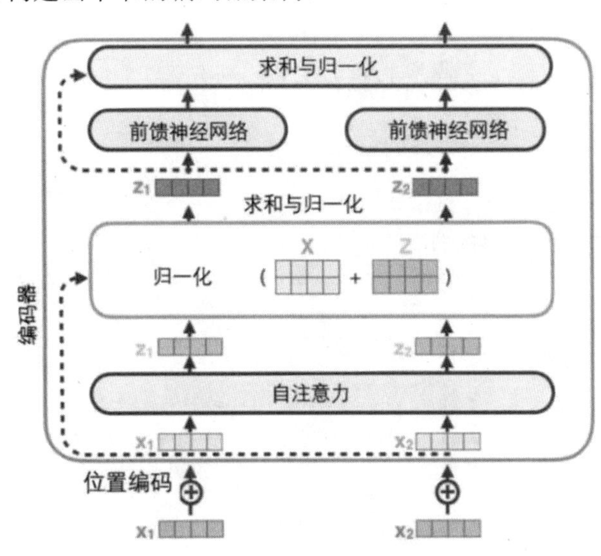

图 9.15　编码器的构造

9.2.1　前馈层的实现

从编码器输入的序列经过一个自注意力(self-attention)层后会传递到前馈(Feed Forward)神经网络中，这个神经网络被称为“前馈层”。这个前馈层的作用是进一步整形通过注意力层获取的整体序列向量。

本书的解码器遵循的是 transformer 架构，因此参考 transformer 中解码器的构建(见图 9.16)。相信读者看到图一定会很诧异，会不会是放错了图？没有！“前馈神经网络”实际上就是加载了激活函数的全连接层神经网络（或者使用一维卷积实现的神经网络，这点不在这里介绍）。

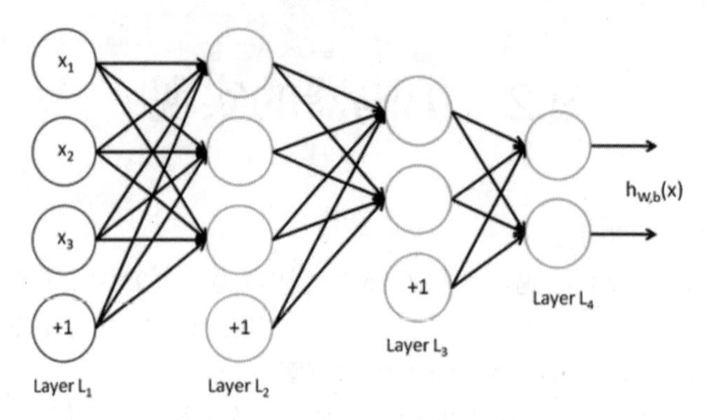

图 9.16 transformer 中解码器的构建

既然了解了所谓的前馈神经网络，其实现也很简单，代码如下：

【程序 9-4】

```
    class FeedForWard(tf.keras.layers.Layer):
        def __init__(self):
            super(FeedForWard, self).__init__()

    def build(self, input_shape):
            #两个全连接层实现前馈神经网络
            self.dense_1 = tf.keras.layers.Dense(embedding_size*4, 
activation=tf.nn.relu)
            self.dense_2 = tf.keras.layers.Dense(embedding_size, 
activation=tf.nn.relu)
            self.layer_norm = tf.keras.layers.LayerNormalization()
            super(FeedForWard, self).build(input_shape)  # 一定要在最后调用它

        def call(self, inputs):
            output = self.dense_1(inputs)
            output = self.dense_2(output)
            output = tf.keras.layers.Dropout(0.1)(output)
            output = self.layer_norm((inputs + output))
            return output
```

代码很简单，需要提醒读者的是，在上文中使用 2 个全连接神经实现了“前馈”，然而实际上为了减少参数减轻运行负担，可以使用一维卷积或者“空洞卷积”替代全连接层实现前馈神经网络，使用一维卷积实现的前馈神经网络如下：

```
    class FeedForWard(tf.keras.layers.Layer):
        def __init__(self):
            super(FeedForWard, self).__init__()

        def build(self, input_shape):
            self.conv_1 = tf.keras.layers.Conv1D(filters=embedding_size*4, 
kernel_size=1,activation=tf.nn.relu)
            self.conv_2 = tf.keras.layers.Conv1D(filters=embedding_size, 
kernel_size=1,activation=tf.nn.relu)
            self.layer_norm = tf.keras.layers.LayerNormalization()
```

```
        super(FeedForWard, self).build(input_shape)  # 一定要在最后调用它

    def call(self, inputs):
        output = self.conv_1(inputs)
        output = self.conv_2(output)
        output = tf.keras.layers.Dropout(0.1)(output)
        output = self.layer_norm((inputs + output))
        return output
```

9.2.2　构建编码器架构

经过本章前面内容的分析可以看到，实现一个 transformer 架构的编码器在理解上并不困难。只需要按架构依次将其组合在一起即可。下面笔者逐步提供代码，读者可参考注释。

（1）引入包，设定超参数

```
#引入 Python 包
import tensorflow as tf
import numpy as np
#设定超参数，设定 embedding 的大小为 312、头的个数为 8
embedding_size = 312
n_head = 8
```

（2）拆分头函数

```
#拆分头函数
def splite_tensor(tensor):
    shape = tf.shape(tensor)
    tensor = tf.reshape(tensor, shape=[shape[0], -1, n_head, embedding_size //
n_head])
    tensor = tf.transpose(tensor, perm=[0, 2, 1, 3])
    return tensor
```

（3）位置编码

```
#位置编码函数
def positional_encoding(position=512, d_model=embedding_size):
    def get_angles(pos, i, d_model):
        angle_rates = 1 / np.power(10000, (2 * (i // 2)) / np.float32(d_model))
        return pos * angle_rates

    angle_rads = get_angles(np.arange(position)[:, np.newaxis],
np.arange(d_model)[np.newaxis, :], d_model)

    # apply sin to even indices in the array; 2i
    angle_rads[:, 0::2] = np.sin(angle_rads[:, 0::2])

    # apply cos to odd indices in the array; 2i+1
    angle_rads[:, 1::2] = np.cos(angle_rads[:, 1::2])

    pos_encoding = angle_rads[np.newaxis, ...]
```

```
    return tf.cast(pos_encoding, dtype=tf.float32)
```

（4）掩码

```
#创建掩码函数
def create_padding_mask(seq):
    seq = tf.cast(tf.math.equal(seq, 0), tf.float32)

    # add extra dimensions to add the padding
    # to the attention logits.
    return seq[:, tf.newaxis, tf.newaxis, :]  # (batch_size, 1, 1, seq_len)
```

（5）多头注意力层

```
#多头注意力层
class MultiHeadAttention(tf.keras.layers.Layer):
    def __init__(self):
        super(MultiHeadAttention, self).__init__()

    def build(self, input_shape):
        self.dense_query = tf.keras.layers.Dense(units=embedding_size,
activation=tf.nn.relu)
        self.dense_key = tf.keras.layers.Dense(units=embedding_size,
activation=tf.nn.relu)
        self.dense_value = tf.keras.layers.Dense(units=embedding_size,
activation=tf.nn.relu)
        self.layer_norm = tf.keras.layers.LayerNormalization()
        super(MultiHeadAttention, self).build(input_shape)  # 一定要在最后调用它

    def call(self, inputs):
        query,key,value,mask = inputs
        shape = tf.shape(query)

        query_dense = self.dense_query(query)
        key_dense = self.dense_query(key)
        value_dense = self.dense_query(value)

        query_dense = splite_tensor(query_dense)
        key_dense = splite_tensor(key_dense)
        value_dense = splite_tensor(value_dense)

        attention = tf.matmul(query_dense,key_dense,transpose_b=True)/
tf.math.sqrt(tf.cast(embedding_size,tf.float32))

        attention += mask*-1e9
        attention = tf.nn.softmax(attention)

        attention = tf.keras.layers.Dropout(0.1)(attention)
        attention = tf.matmul(attention,value_dense)

        attention = tf.transpose(attention,[0,2,1,3])
```

```
        attention = tf.reshape(attention,[shape[0],shape[1],embedding_size])

        attention = self.layer_norm((attention + query))

        return attention
```

（6）前馈层

```
#编码器的实现
#创建前馈层
class FeedForWard(tf.keras.layers.Layer):
    def __init__(self):
        super(FeedForWard, self).__init__()

    def build(self, input_shape):
        self.conv_1 = tf.keras.layers.Conv1D(filters=embedding_size*4,
kernel_size=1,activation=tf.nn.relu)
        self.conv_2 = tf.keras.layers.Conv1D(filters=embedding_size,
kernel_size=1,activation=tf.nn.relu)
        self.layer_norm = tf.keras.layers.LayerNormalization()
        super(FeedForWard, self).build(input_shape)  # 一定要在最后调用它

    def call(self, inputs):
        output = self.conv_1(inputs)
        output = self.conv_2(output)
        output = tf.keras.layers.Dropout(0.1)(output)
        output = self.layer_norm((inputs + output))
        return output
```

（7）编码器

```
class Encoder(tf.keras.layers.Layer):
    #参数设定了输入字库的个数和输出字库的个数
    #为了实战演示使用，在做测试时将其设置成一个大小相同的常数即可，例如都设成 1024
    def __init__(self,encoder_vocab_size,target_vocab_size):
        super(Encoder, self).__init__()
        self.encoder_vocab_size = encoder_vocab_size
        self.target_vocab_size = target_vocab_size
        self.word_embedding_table = tf.keras.layers.Embedding
(encoder_vocab_size,embedding_size)
        self.position_embedding = positional_encoding()

    def build(self, input_shape):
        self.multiHeadAttention = MultiHeadAttention()
        self.feedForWard = FeedForWard()
        self.last_dense = tf.keras.layers.Dense(units=self.target_vocab_size,
activation=tf.nn.softmax)   #分类器的作用在下一节介绍
        super(Encoder, self).build(input_shape)  # 一定要在最后调用它

    def call(self, inputs):
        encoder_embedding = self.word_embedding_table(inputs)
        position_embedding = tf.slice(self.position_embedding,[0,0,0],
```

```
[1,tf.shape(inputs)[1],-1])
        encoder_embedding = encoder_embedding + position_embedding
        encoder_mask = create_padding_mask(inputs)
        encoder_embedding = self.multiHeadAttention([encoder_embedding,
encoder_embedding,encoder_embedding,encoder_mask])
        encoder_embedding = self.feedForWard(encoder_embedding)

        output = self.last_dense(encoder_embedding) #分类器的作用在下一节介绍
        return output
```

对代码进行测试也很简单，只需要创建一个虚拟输入函数即可打印出模型构建和参数，代码如下：

```
encoder_input = tf.keras.Input(shape=(48,))
output = Encoder(1024,1024)(encoder_input)
model = tf.keras.Model(encoder_input,output)
print(model.summary())
```

这里设定了输入字库的个数和输出字库的个数，均为常数 1024，打印结果如图 9.17 所示。

```
Model: "model"
_________________________________________________________________
Layer (type)                 Output Shape              Param #
=================================================================
input_1 (InputLayer)         [(None, 48)]              0
_________________________________________________________________
encoder (Encoder)            (None, 48, 2048)          1839728
=================================================================
Total params: 1,839,728
Trainable params: 1,839,728
Non-trainable params: 0
_________________________________________________________________
None
```

图 9.17　打印结果

真正实现一个编码器，从理论和架构上来说并不困难，只需要读者细心即可。

9.3　实战编码器——汉字拼音转化模型

本节将结合前面两节的内容实战编码器，即使用编码器完成一个训练——汉字与拼音的转化，类似图 9.18 的效果。

图 9.18　拼音和汉字

9.3.1　汉字拼音数据集处理

在本例中笔者准备了 15 万条汉字和拼音对应数据。

第一步：数据集展示

汉字拼音数据集如下所示：

```
A11_0   lv4 shi4 yang2 chun1 yan1 jing3 da4 kuai4 wen2 zhang1 de di3 se4 si4 yue4 de lin2 luan2 geng4 shi4 lv4 de2 xian1 huo2 xiu4 mei4 shi1 yi4 ang4 ran2
绿 是 阳 春 烟 景 大 块 文 章 的 底 色 四 月 的 林 峦 更 是 绿 得 鲜 活 秀 媚 诗 意 盎 然

A11_1   ta1 jin3 ping2 yao1 bu4 de li4 liang4 zai4 yong3 dao4 shang4 xia4 fan1 teng2 yong3 dong4 she2 xing2 zhuang4 ru2 hai3 tun2 yi1 zhi2 yi3 yi1 tou2 de you1 shi4 ling3 xian1
他 仅 凭 腰 部 的 力 量 在 泳 道 上 下 翻 腾 蛹 动 蛇 行 状 如 海 豚 一 直 以 一 头 的 优 势 领 先
……
A11_10  pao4 yan3 da3 hao3 le zha4 yao4 zen3 me zhuang1 yue4 zheng4 cai2 yao3 le yao3 ya2 shu1 de tuo1 qu4 yi1 fu2 guang1 bang3 zi chong1 jin4 le shui3 cuan4 dong4
炮 眼 打 好 了 炸 药 怎 么 装 岳 正 才 咬 了 咬 牙 倏 地 脱 去 衣 服 光 膀 子 冲 进 了 水 窜 洞
……
A11_100 ke3 shei2 zhi1 wen2 wan2 hou4 ta1 yi1 zhao4 jing4 zi zhi3 jian4 zuo3 xia4 yan3 jian3 de xian4 you4 cu1 you4 hei1 yu3 you4 ce4 ming2 xian3 bu4 dui4 cheng1
可 谁 知 纹 完 后 她 一 照 镜 子 只 见 左 下 眼 睑 的 线 又 粗 又 黑 与 右 侧 明 显 不 对
```

称

简单做一下介绍。数据集中的数据分成 3 部分，每部分使用特定空格键隔开：

```
A11_10 … … … ke3 shei2 … … …可 谁 … … …
```

- 第一部分 A11_i 为序号，表示序列的条数和行号。
- 第二部分是拼音编号，这里使用的是汉语拼音，与真实的拼音标注不同的是去除了拼音原始标注而使用数字 1、2、3、4 做替代，分别代表当前读音的第一声到第四声，这点请读者注意。
- 最后一部分是汉字的序列，这里与第二部分的拼音部分一一对应。

第二步：获取字库和训练数据

获取数据集中字库的个数也是一个非常重要的问题，一个非常好的办法就是：使用 set 格式的数据读取全部字库中的不同字符。

创建字库和训练数据的完整代码如下所示：

```
with open("zh.tsv", errors="ignore", encoding="UTF-8") as f:
    context = f.readlines()                          #读取内容
    for line in context:
        line = line.strip().split("  ")                   #切分每行中的不同部分
        #处理拼音部分，在头尾加上起止符号
        pinyin = ["GO"] + line[1].split(" ") + ["END"]
hanzi = ["GO"] + line[2].split(" ") + ["END"]  #处理汉字部分，在头尾加上起止符号
        for _pinyin, _hanzi in zip(pinyin, hanzi):  #创建字库
            pinyin_vocab.add(_pinyin)
hanzi_vocab.add(_hanzi)

        pinyin_list.append(pinyin)                   #创建拼音列表
hanzi_list.append(hanzi)                     #创建汉字列表
```

这里做一个说明，首先 context 读取了全部数据集中的内容，之后根据空格将其分成 3 部分。对拼音和汉字部分，将其转化成一个序列，并在前后分别加上起止符“GO”和“END”。实际上可以不加，只是为了明确地描述起止关系才加上起止标注。

实际上还需要加上一个特定的符号“PAD”，这是为了对单行序列进行补全的操作。最终的数据如下所示：

```
['GO', 'liu2', 'yong3' , … … … , 'gan1', ' END', 'PAD', 'PAD' , … … …]
['GO', '柳', '永' , … … … , '感', ' END', 'PAD', 'PAD' , … … …]
```

pinyin_list 和 hanzi_list 分别是两个列表，用来存放对应的拼音和汉字训练数据，最后不要忘记在字库中加上“PAD”符号。

```
pinyin_vocab = ["PAD"] + list(sorted(pinyin_vocab))
hanzi_vocab = ["PAD"] + list(sorted(hanzi_vocab))
```

第三步：根据字库生成 Token 数据

获取的拼音标注和汉字标注的训练数据并不能直接用于模型训练，模型需要转化成 token 的一系列数字列表，代码如下：

```
def get_dataset():
    pinyin_tokens_ids = []        #新的拼音 token 列表
    hanzi_tokens_ids = []         #新的汉字 token 列表

    for pinyin,hanzi in zip(tqdm(pinyin_list),hanzi_list):
    #获取新的拼音 token
        pinyin_tokens_ids.append([pinyin_vocab.index(char) for char in pinyin])
    #获取新的汉字 token
        hanzi_tokens_ids.append([hanzi_vocab.index(char) for char in hanzi])

    return pinyin_vocab,hanzi_vocab,pinyin_tokens_ids,hanzi_tokens_ids
```

代码中创建了两个新的列表，分别对拼音和汉字的 token 进行存储，而获取根据字库序号编号后新的序列 token。

9.3.2　汉字拼音转化模型的确定

下面就是模型的编写。

实际上单纯使用在 9.2 节提供的模型也是可以的，但是一般需要对其做出修正。单纯使用一层编码器对数据进行编码，在效果上可能并没有多层的准确率高，因此一个最简单的方法就是：增加更多层的编码器对数据进行编码。

使用自注意力机制的编码器架构如图 9.19 所示，代码如下所示：

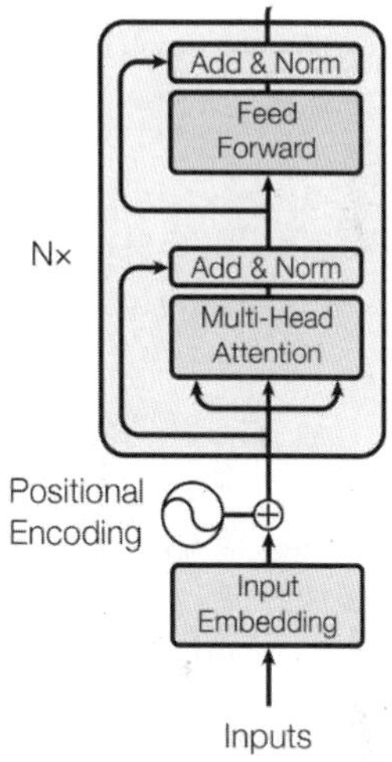

图 9.19　使用自注意力机制的编码器

【程序 9-5】

```
import tensorflow as tf
import numpy as np

embedding_size = 312
n_head = 8

def splite_tensor(tensor):
    shape = tf.shape(tensor)
    tensor = tf.reshape(tensor, shape=[shape[0], -1, n_head, embedding_size //
n_head])
    tensor = tf.transpose(tensor, perm=[0, 2, 1, 3])
    return tensor

def positional_encoding(position=512, d_model=embedding_size):
    def get_angles(pos, i, d_model):
        angle_rates = 1 / np.power(10000, (2 * (i // 2)) / np.float32(d_model))
        return pos * angle_rates
```

```
        angle_rads = get_angles(np.arange(position)[:, np.newaxis],
np.arange(d_model)[np.newaxis, :], d_model)

        # apply sin to even indices in the array; 2i
        angle_rads[:, 0::2] = np.sin(angle_rads[:, 0::2])

        # apply cos to odd indices in the array; 2i+1
        angle_rads[:, 1::2] = np.cos(angle_rads[:, 1::2])

        pos_encoding = angle_rads[np.newaxis, ...]

        return tf.cast(pos_encoding, dtype=tf.float32)


    def create_padding_mask(seq):
        seq = tf.cast(tf.math.equal(seq, 0), tf.float32)

        # add extra dimensions to add the padding
        # to the attention logits.
        return seq[:, tf.newaxis, tf.newaxis, :]  # (batch_size, 1, 1, seq_len)


    class MultiHeadAttention(tf.keras.layers.Layer):
        def __init__(self):
            super(MultiHeadAttention, self).__init__()

        def build(self, input_shape):
            self.dense_query = tf.keras.layers.Dense(units=embedding_size,
activation=tf.nn.relu)
            self.dense_key = tf.keras.layers.Dense(units=embedding_size,
activation=tf.nn.relu)
            self.dense_value = tf.keras.layers.Dense(units=embedding_size,
activation=tf.nn.relu)
            self.layer_norm = tf.keras.layers.LayerNormalization()
            super(MultiHeadAttention, self).build(input_shape)  # 一定要在最后调用它

        def call(self, inputs):
            query,key,value,mask = inputs
            shape = tf.shape(query)

            query_dense = self.dense_query(query)
            key_dense = self.dense_query(key)
            value_dense = self.dense_query(value)

            query_dense = splite_tensor(query_dense)
            key_dense = splite_tensor(key_dense)
            value_dense = splite_tensor(value_dense)

            attention = tf.matmul(query_dense,key_dense,transpose_b=True)/
tf.math.sqrt(tf.cast(embedding_size,tf.float32))
```

```
        attention += mask*-1e9
        attention = tf.nn.softmax(attention)

        attention = tf.keras.layers.Dropout(0.1)(attention)
        attention = tf.matmul(attention,value_dense)

        attention = tf.transpose(attention,[0,2,1,3])
        attention = tf.reshape(attention,[shape[0],shape[1],embedding_size])

        attention = self.layer_norm((attention + query))

        return attention

class FeedForWard(tf.keras.layers.Layer):
    def __init__(self):
        super(FeedForWard, self).__init__()

    def build(self, input_shape):
        self.conv_1 = tf.keras.layers.Conv1D(filters=embedding_size*4,
kernel_size=1,activation=tf.nn.relu)
        self.conv_2 = tf.keras.layers.Conv1D(filters=embedding_size,
kernel_size=1,activation=tf.nn.relu)
        self.layer_norm = tf.keras.layers.LayerNormalization()
        super(FeedForWard, self).build(input_shape)  # 一定要在最后调用它

    def call(self, inputs):
        output = self.conv_1(inputs)
        output = self.conv_2(output)
        output = tf.keras.layers.Dropout(0.1)(output)
        output = self.layer_norm((inputs + output))
        return output

class Encoder(tf.keras.layers.Layer):
    def __init__(self,encoder_vocab_size,target_vocab_size):
        super(Encoder, self).__init__()
        self.encoder_vocab_size = encoder_vocab_size
        self.target_vocab_size = target_vocab_size
        self.word_embedding_table = tf.keras.layers.Embedding
(encoder_vocab_size,embedding_size)
        self.position_embedding = positional_encoding()

def build(self, input_shape):
        #额外增加了多头的注意力的个数
        self.multiHeadAttentions = [MultiHeadAttention() for _ in range(8)]
        #额外增加了前馈层的个数
        self.feedForWards = [FeedForWard() for _ in range(8)]
        self.last_dense = tf.keras.layers.Dense(units=self.target_vocab_size,
activation=tf.nn.softmax)
        super(Encoder, self).build(input_shape)  # 一定要在最后调用它
```

```
        def call(self, inputs):
            encoder_embedding = self.word_embedding_table(inputs)
            position_embedding = tf.slice(self.position_embedding,
[0,0,0],[1,tf.shape(inputs)[1],-1])
            encoder_embedding = encoder_embedding + position_embedding
            encoder_mask = create_padding_mask(inputs)

            #使用多层自注意力层和前馈层做编码器的编码设置
        for i in range(8):
                encoder_embedding = self.multiHeadAttentions[i]
([encoder_embedding,encoder_embedding,encoder_embedding,encoder_mask])
                encoder_embedding = self.feedForWards[i](encoder_embedding)

            output = self.last_dense(encoder_embedding)
            return output
```

这里相对于 9.2.2 节中的编码器构建示例，使用了多层的自注意力层和前馈层。需要注意的是，**这里仅仅是在编码器层中加入了更多层的“多头注意力层”和“前馈层”，而不是直接加载了更多的“编码器”**。

9.3.3 模型训练部分的编写

剩下的就是模型训练部分的编写。笔者在这里采用最简单的模型训练的程序编写方式完成代码的编写。

由于模型在训练过程中不可能一次性将所有的数据导入，因此需要创建一个“生成器”，将获取的数据按批次发送给训练模型，这部分代码如下：

【程序 9-6】

```
    pinyin_vocab,hanzi_vocab,pinyin_tokens_ids,hanzi_tokens_ids =
get_data.get_dataset()

    def generator(batch_size=32):
        #计算 batch_num 的值
        batch_num = len(pinyin_tokens_ids)//batch_size

        #while 1 表示循环不需要终止，起止时刻由 TensorFlow 2.0 框架决定
        while 1:
            for i in range(batch_num):
                start_num = batch_size*i
                end_num = batch_size*(i+1)

                pinyin_batch = pinyin_tokens_ids[start_num:end_num]
                hanzi_batch = hanzi_tokens_ids[start_num:end_num]

                #进行 PAD 操作，是数据补全到固定的长度 64
                pinyin_batch = tf.keras.preprocessing.sequence.pad_sequences
```

```
(pinyin_batch,maxlen=64,padding='post', truncating='post')
             hanzi_batch = tf.keras.preprocessing.sequence.pad_sequences
(hanzi_batch,maxlen=64,padding='post', truncating='post')

             yield pinyin_batch,hanzi_batch
```

这一段代码是数据的生成工作，按既定的 batch_size 大小生成数据 batch，while 1 表示数据的生成由模型框架确定而非手动确定。

下面就是训练模型的代码编写，代码如下：

【程序 9-7】

```
    encoder_input = tf.keras.Input(shape=(64,))
    output = untils.Encoder(1154, 4462)(encoder_input)
    model = tf.keras.Model(encoder_input, output)

    #设定优化器，设定损失函数和比较函数
    model.compile(tf.optimizers.Adam(1e-4),tf.losses.categorical_crossentropy,
metrics=["accuracy"])
    batch_size = 32
    #设定模型训练参数的载入模型
    model.fit_generator(generator(batch_size),steps_per_epoch=(154988//batch_s
ize + 1),epochs=10,verbose=2,shuffle=True)
    #创建存储函数
    model.save_weights("./saver/model")
```

通过将训练代码部分和模型组合在一起，即可完成模型的训练。

9.3.4 推断函数的编写

推断或预测函数可以使用同样的编码器模型进行设计，代码如下：

【程序 9-8】

```
    import tensorflow as tf
    import get_data
    import untils

    pinyin_vocab,hanzi_vocab,pinyin_tokens_ids,hanzi_tokens_ids =
get_data.get_dataset()

    def label_smoothing(inputs, epsilon=0.1):
        K = inputs.get_shape().as_list()[-1] # number of channels
        return ((1-epsilon) * inputs) + (epsilon / K)

    #创建数据的“生成器”
    def generator(batch_size=32):
        batch_num = len(pinyin_tokens_ids)//batch_size

        while 1:
            for i in range(batch_num):
```

```
            start_num = batch_size*i
            end_num = batch_size*(i+1)

            pinyin_batch = pinyin_tokens_ids[start_num:end_num]
            hanzi_batch = hanzi_tokens_ids[start_num:end_num]

            pinyin_batch = tf.keras.preprocessing.sequence.pad_sequences
(pinyin_batch,maxlen=64,padding='post', truncating='post')
            hanzi_batch = tf.keras.preprocessing.sequence.pad_sequences
(hanzi_batch,maxlen=64,padding='post', truncating='post')

            hanzi_batch = label_smoothing(tf.one_hot(hanzi_batch,4462))

            yield pinyin_batch

    print("pinyin_vocab大小为:",len(pinyin_vocab)) #pinyin_vocab大小为: 1154
    print("hanzi_vocab大小为:",len(hanzi_vocab))   #hanzi_vocab大小为: 4462

    #创建预测模型
    input = tf.keras.Input(shape=(None,))
    output = untils.Encoder(encoder_vocab_size=1154,
target_vocab_size=4462)(input)
    model = tf.keras.Model(input,output)
    #载入预训练模型的训练存档
    model.load_weights("./saver/model")

    #进行预测
    output = model.predict_generator(generator(),steps=128//32)
    output = tf.argmax(output,axis=-1)

    #逐行打印预测结果
    for line in output:
    index_list = [hanzi_vocab[index] for index in line]
    text = "".join(index_list)
    #删除起止符和占位符
    text = text.replace("GO","").replace("END","").replace("PAD","")
    print(text)
```

使用与训练过程类似的代码即可完成模型的预测工作。需要注意的是，模型预测过程的数据输入既可以按照batch的方式一次性输入，也可以按“生成器”的模式填入数据。

9.4 本章小结

首先需要向读者说明的是，本章的模型设计并没有完全遵守transformer中编码器的设计，而是仅仅建立了多层注意力层和前馈层，这是与真实的transformer中解码器不一致的地方。

其次对于数据的设计，设计了直接将不同字符或者拼音作为独立的字符进行存储，这样做的好处在于可以使数据的最终生成能够简单，但是增加了字符个数，增大了搜索空间，因此对训练要求更高。还有一种划分方法，即将拼音拆开，使用字母和音标分离的方式进行处理，有兴趣的读者可以尝试一下。

还有就是笔者在写作本章时发现，对于输入的数据来说，这里输入的值是词嵌入的 embedding 和位置编码的和，如果读者尝试了只使用单一的词嵌入 embedding 可以发现相对于使用叠加的 embedding 值，单一的词嵌入 embedding 对于同义字的分辨会产生问题，即：

```
qu4 na3 去哪 去拿
```

qu4 na3 的相同发音无法分辨出到底是“去哪”还是“去拿”。有兴趣的读者可以做一个测试，或者深入此方面的研究。

本章就是这些内容，但是相对于 transformer 架构来说，仅有编码器是不完整的，在编码器的基础上，还存在一个对应的“解码器”，这点在下一章会介绍，并且会解决一个非常重要的问题——“文本对齐”。

记住笔者在本章开始写的提示，如果你没有阅读本章 3 遍以上，希望你重复阅读和练习本章内容。

第 10 章

从 1 起步——自然语言处理的解码器

上一节中，笔者介绍了“编码器”的架构和实现代码。如果你是按笔者的要求阅读了 3 遍或者 3 遍以上，那么相信你对编码器的编写已经很熟悉了。

“解码器”是在“编码器”的基础上对模型进行少量修正，在不改变整体架构的基础上进行的模型设计。可以说，如果读者掌握了编码器的原理，那么对解码器的概念、设计和原理一定易如反掌。

本章前一部分将介绍解码器的原理和程序编写，后一部分将着重解决一个非常大的问题——“文本对齐”。

这是自然语言处理中一个不可轻易逾越的障碍，本章将以翻译模型的实战为例，系统地讲解文本对齐的方法，并实现一个基于汉字和拼音的“翻译系统”。

本章是对上一章的继承，在阅读上如果有读者想先完整地体验编码器-解码器系统，可以先查看 10.1.4 节，这是对解码器的完整实现，并详细学习 10.2 节的实战部分。待程序跑通之后返回 10.1 节重新学习解码器相关部分，并加深印象。如果读者想了解更多细节，建议按笔者讲解的顺序进行循序渐进的学习。

10.1 解码器的核心——注意力模型

顾名思义，解码器就是对传送过来的数据进行解码，将编码后的数据或者通过词嵌入输入的 embedding 数据。解码器的结构如图 10.1 所示。

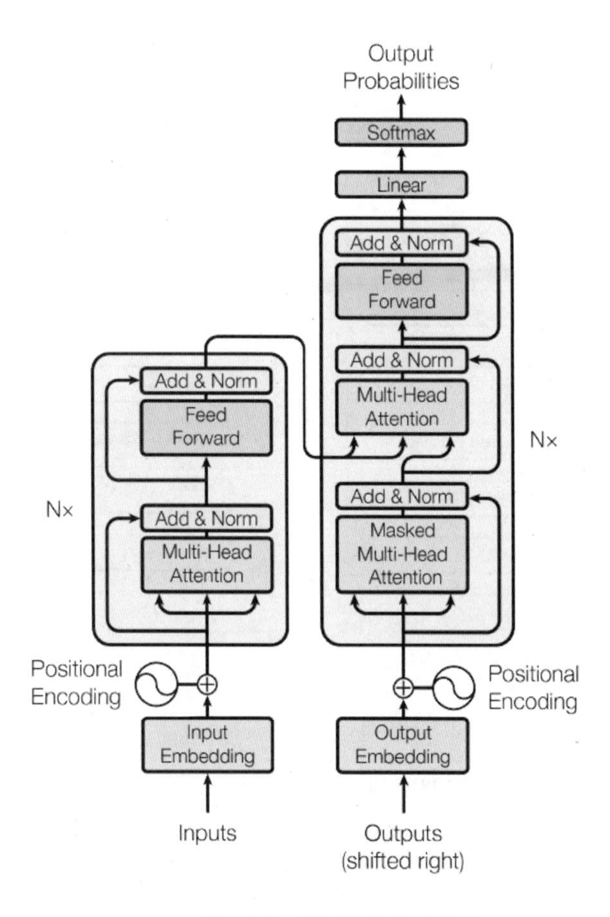

图 10.1　解码器结构示意图

对于解码器的架构，总体上对比编码器可以看到，其结构相似，但是还有相当一部分区别，下面笔者做个说明：

- 对于解码器的输入，相对于编码器的单一输入（无论是叠加还是单独的词向量 embedding），解码器的输入有两个部分，分别是编码器的输入和目标的 embedding 输入的。
- 对于多头自注意力层，相对于编码器中同样的多头注意力模型，解码器中的多头注意力模型分成两种，分别是“多头自注意力层”和“多头交互注意力层”。

总而言之，相对于编码器中的“单一模块”，解码器中更多的是需要“双模块”，即需要综合“编码器”的输入，以及“解码器本身”的输入协同处理。下面笔者就这些内容详细介绍。

10.1.1　解码器的输入和交互注意力层的掩码

如果换一种编码器和解码器的表示方法，如图 10.2 所示，可以清楚地看到经过多层的编码器的输出被输入到多层的解码器中。需要注意的是，编码器的输出对于解码器来说并不是直接使用，而是解码器本身先进行一次“自注意力编码”。下面笔者就这两部分进一步进行说明。

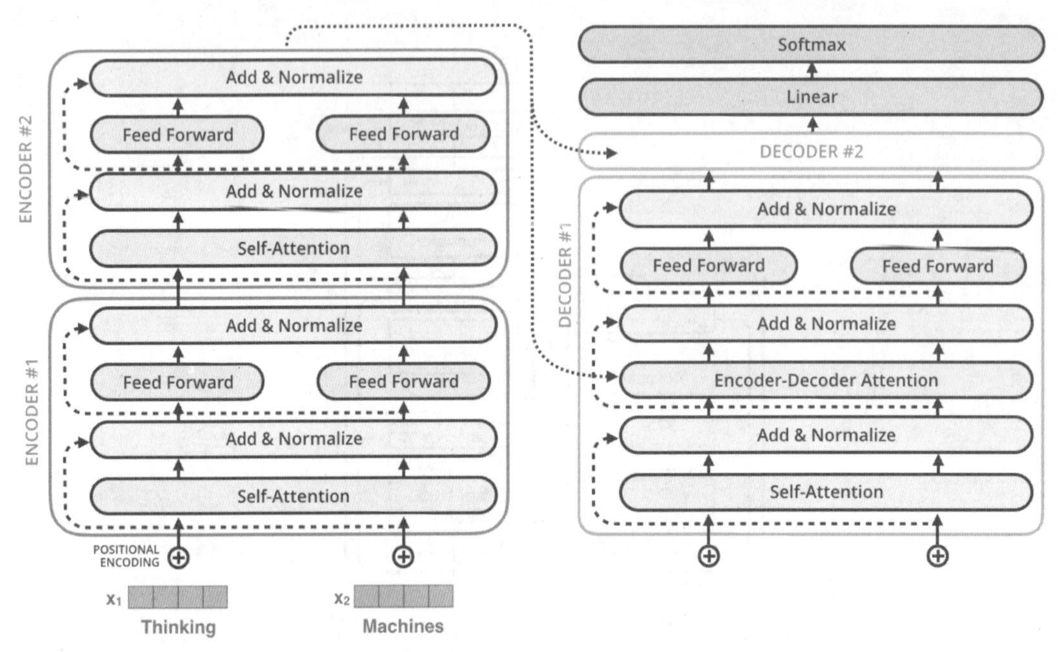

图 10.2 编码器和解码器的表示方法

第一步：解码器的词嵌入 embedding 输入

与解码器的词嵌入输入方式一样，编码器本身的词嵌入 embedding 的处理也是由初始化的 embedding 向量和位置编码构成的，结构如图 10.3 所示。

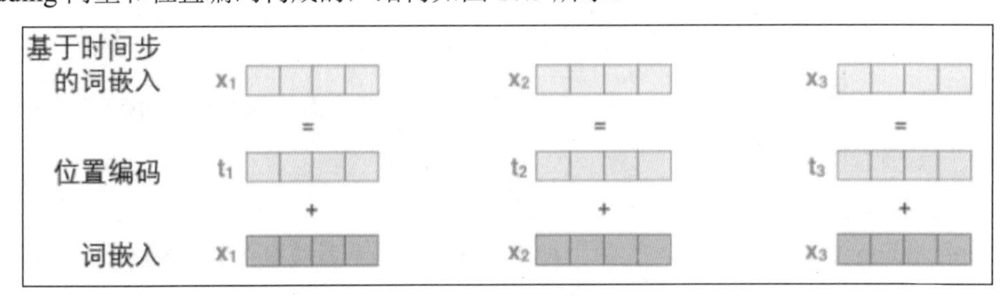

图 10.3 词嵌入 embedding 的处理

第二步：解码器的自注意力层（重点学习掩码的构建）

解码器的自注意力层是对输入的词嵌入 embedding 进行编码的部分，这里的构造与编码器中的构造相同，不再过多阐述。

相对于编码器的掩码部分，解码器的掩码操作有其特殊的要求。事实上，解码器的输入和编码器在处理上不太一样，一般可以认为编码器的输入都是完整的一个序列，解码器在训练以及在数据的生成过程中是逐个进行 token 的生成。因此，为了防止“偷看”，解码器的自注意力层只能够关注输入序列当前位置以及之前的字，不能够关注之后的字。因此，需要将当前输入的字符 token 之后的 token 都添加上 mask，使其在经过 softmax 计算之后的权重变为 0，拟态出输入的是“PAD”字符。代码如下所示：

```
def create_look_ahead_mask(size):
  mask = 1 - tf.linalg.band_part(tf.ones((size, size)), -1, 0)
  return mask
```

也可以单独将代码打印：

```
mask = create_look_ahead_mask(4)
print(mask)
```

这里的参数 size 设置成 4，所以以此打印的结果如图 10.4 所示。

```
tf.Tensor(
[[0. 1. 1. 1.]
 [0. 0. 1. 1.]
 [0. 0. 0. 1.]
 [0. 0. 0. 0.]], shape=(4, 4), dtype=float32)
```

图 10.4　打印结果

可以看到，函数的实际作用生成了一个三角掩码，对输入的值做出依次增加的梯度，这样可以保持数据在输入模型的过程中数据的接受也是依次增加的，当前的 token 只与其本身和其前面的 token 进行注意力计算而不会与后续的做计算。这一段内容的图形化效果如图 10.5 所示。

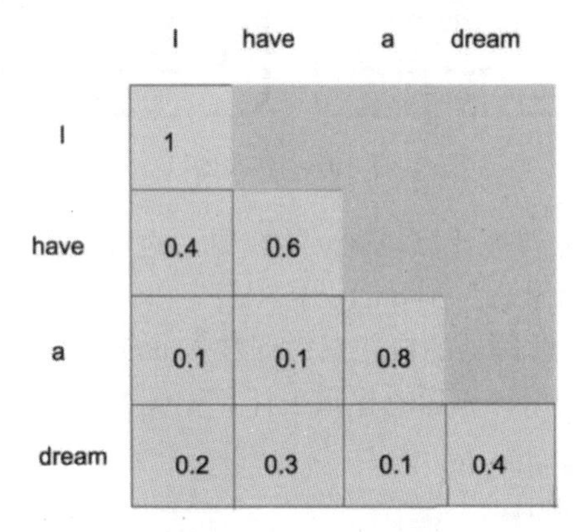

图 10.5　三角掩码器

此外，对于解码器自注意力层的输入，即 query、key、value 的定义和设定，在解码器的自注意力层的输入都是由叠加后的词嵌入 embedding 输入的，因此可以与编码器类似，直接将其设置成同一个即可。

第三步：解码器和编码器的交互注意力层（重点学习 query、key、value 的定义）

编码器和解码器处理后的数据需要“交融”从而进行新的数据整合和生成，而进行数据整合和生成的架构和模块在本例中所处的位置则是“交互注意力层”。

编码器中的交互注意力层的架构和**同处于编码器中的自注意力层**没有太大的差别，其差距主要是输入的不同以及使用掩码对数据的处理。下面笔者分别进行阐述。

（1）交互注意力层

交互注意力层的作用是将编码器输送的**“全部”**词嵌入 embedding 与解码器获取的**“当前”**的词嵌入 embedding 进行“融合”计算，使得当前的词嵌入“对齐”编码器中对应的信息，从而获取解码后的信息。

下面从解码器的图示角度进行讲解。从图 10.6 可以看到，对于“交互注意力”的输入，从编码器中输入的是两个，而解码器自注意力层中输入的是一个，那么对于注意力层的 query、key、value 到底是如何安排和处理的呢？问题的解答还是要回归于注意力层的定义：

$$\begin{aligned}\operatorname{attention}((K,V),\mathbf{q}) &= \sum_{i=1}^{N}\alpha_i\mathbf{v}_i \\ &= \sum_{i=1}^{N}\frac{\exp(s(\mathbf{k}_i,\mathbf{q}))}{\sum_j\exp(s(\mathbf{k}_j,\mathbf{q}))}\mathbf{v}_i.\end{aligned}$$

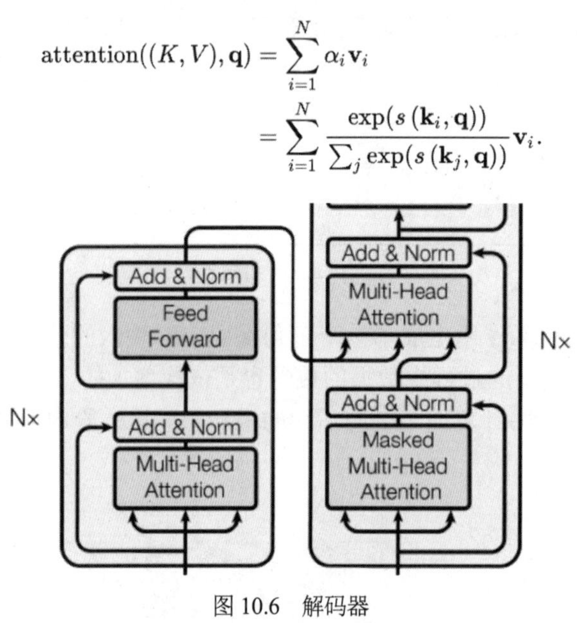

图 10.6　解码器

实际上，就是使用 query 首先计算与 key 的权重，之后使用权重与 value 携带的信息做比较，从而将 value 中的信息“融合”到 query 中。

在“交互注意力层”中，解码器的自注意力词嵌入 embedding 首先与编码器的输入词嵌入 embedding 计算权重，之后使用计算后的权重去计算编码器中的信息，即：

```
query = 解码器词嵌入 embedding
key = 编码器词嵌入 embedding
value = 编码器词嵌入 embedding
```

（2）交互注意力中的掩码层（对谁进行掩码处理）

下面处理的就是解码器中多头注意力的掩码层，相对于单一的自注意力层来说，一个非常显著的问题就是**对谁进行掩码处理。**

对这个问题的解答需要重新回到注意力模型的定义：

$$z_i = \operatorname{soft}\max(\text{scores}) * v$$

从权重的计算上来看，解码器的词嵌入 embedding（query）与编码器输入词嵌入 embedding（key 和 value）进行权重计算，从而将 query 的值与 key 和 value 进行“融合”。基于这点考虑，在计算“掩码”时选择的是对编码器输入的词嵌入 embedding 进行掩码处理。

如果读者对此不理解，请记住：

```
mask the encoder input embedding
```

有兴趣的读者可以自行查阅更多的资料掌握了解。

下面两个函数分别展示了普通掩码处理和在解码器中“自注意力层”掩码的程序写法：

```
#创建解码器中交互注意力掩码
def create_padding_mask(seq):
    seq = tf.cast(tf.math.equal(seq, 0), tf.float32)
    return seq[:, tf.newaxis, tf.newaxis, :]  # (batch_size, 1, 1, seq_len)
#创建解码器中自注意力解码
def create_look_ahead_mask(size):
  mask = 1 - tf.linalg.band_part(tf.ones((size, size)), -1, 0)
  return mask
```

打印结果和演示请读者自行完成。

如果需要更进一步地提高准确率，需要对掩码进行进一步的处理：

```
def create_decoder_mask(encoder_input, decoder_input):
    enc_padding_mask = create_padding_mask(encoder_input)

    dec_padding_mask = create_padding_mask(encoder_input)

    look_ahead_mask = create_look_ahead_mask(tf.shape(decoder_input)[1])
    dec_target_padding_mask = create_padding_mask(decoder_input)
    combined_mask = tf.maximum(dec_target_padding_mask, look_ahead_mask)

    return enc_padding_mask, combined_mask, dec_padding_mask
```

下面的代码段合成了 pad_mask 和 look_ahead_mask，并通过 maximum 函数建立与或门将其合成为一体，即：

```
    tf.Tensor(
[[[[1. 0. 0. 0.]]]
 [[[1. 1. 0. 0.]]]
 [[[1. 1. 1. 0.]]]
 [[[1. 1. 1. 1.]]]], shape=(4, 1, 1, 4), dtype=float32)

    +

    tf.Tensor(
[[0. 1. 1. 1.]
 [0. 0. 1. 1.]
 [0. 0. 0. 1.]
 [0. 0. 0. 0.]], shape=(4, 4), dtype=float32)

    =

    tf.Tensor(
[[[[1. 1. 1. 1.]
   [1. 0. 1. 1.]
```

```
  [1. 0. 0. 1.]
  [1. 0. 0. 0.]]]

   [[[1. 1. 1. 1.]
  [1. 1. 1. 1.]
  [1. 1. 0. 1.]
  [1. 1. 0. 0.]]]

   [[[1. 1. 1. 1.]
  [1. 1. 1. 1.]
  [1. 1. 1. 1.]
  [1. 1. 1. 0.]]]

   [[[1. 1. 1. 1.]
  [1. 1. 1. 1.]
  [1. 1. 1. 1.]
  [1. 1. 1. 1.]]]],
shape=(4, 1, 4, 4), dtype=float32)
```

这样的处理是最大限度地将无用部分进行“掩码操作”，从而使得解码器的输入（query）与编码器的输入（key，value）能够最大限度地融合在一起，减少干扰。

10.1.2 为什么通过掩码操作能够减少干扰

query 和 value 在进行点积计算时，会产生大量的负值，而负值在进行 softmax 计算时，会对平衡产生影响，所以在注意力层中通过掩码操作能够减少干扰，具体代码如下所示：

【程序 10-1】

```
import tensorflow as tf

query = tf.random.truncated_normal(shape=[4,4])
key = value = tf.random.truncated_normal(shape=[4,4])

att = (tf.matmul(query,key,transpose_b=True))
print(att)

att_softmax = tf.nn.softmax(att)
print(att_softmax)
```

结果如图 10.7 所示。

```
tf.Tensor(
[[-2.149865    0.12186236 -0.92870545  0.58555037]
 [ 0.3833625  -1.1904299  -0.5511145   0.66039836]
 [-2.110816    0.9996369   0.12759463  0.37630746]
 [ 1.6570117  -0.46462783  0.10604692 -0.8762158 ]], shape=(4, 4), dtype=float32)
tf.Tensor(
[[0.0338944  0.32864466 0.1149399  0.52252096]
 [0.3425522  0.07099658 0.13455153 0.45189962]
 [0.02230338 0.50029165 0.20917036 0.26823455]
 [0.7085763  0.08491224 0.15024884 0.05626261]], shape=(4, 4), dtype=float32)
```

图 10.7　打印结果

实际上这些负值是不需要的，因此需要在计算本身的基础上加上一个“负无穷”，以降低负值对 softmax 计算的影响（一般使用-1e5 即可）。

10.1.3　解码器的输出（移位训练方法）

前面两节介绍了解码器的一些基本操作，本节将主要简要介绍解码器在最终阶段对解码的变化和一些相关的细节，如图 10.8 所示。

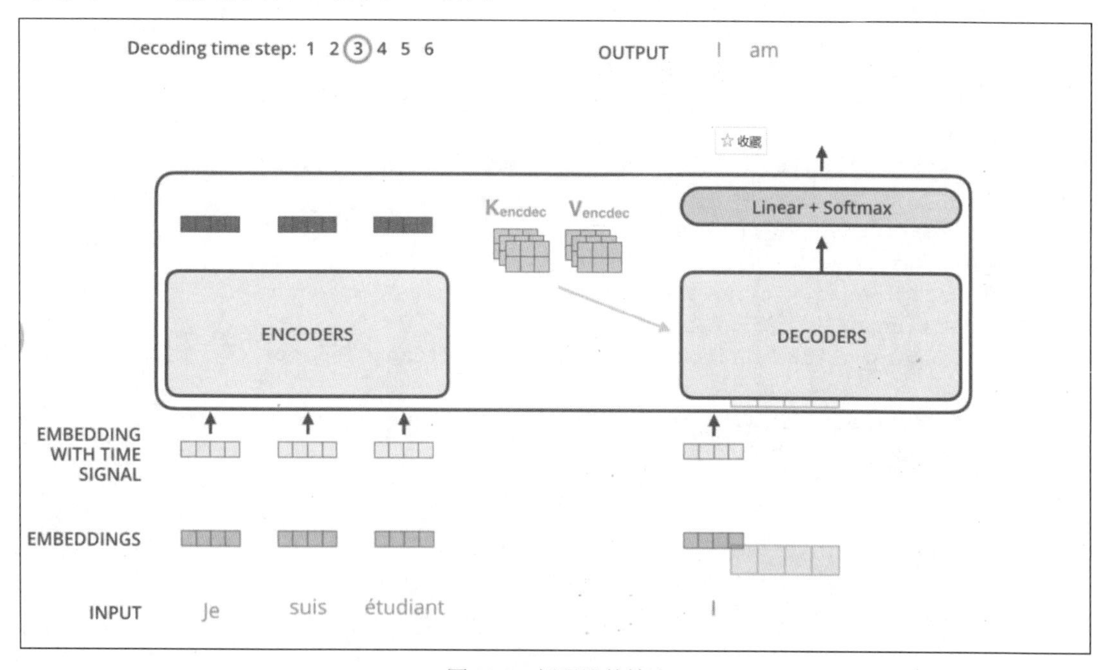

图 10.8　解码器的输出

解码器通过交互注意力的计算选择将当前的解码器词嵌入 embedding 关注到编码器词嵌入的 embedding 中，选择生成一个新的词嵌入 embedding。

这是整体的步骤，当程序开始启动时，首先将编码器中的词嵌入全部输入，解码器首先接受一个起始符号的词嵌入 embedding，从而生成第一个解码的结果。

这种输入和输出错位的训练方法是“移位训练”方法。

接下来的步骤重复了这个过程，每个步骤的输出在下一个时间步被提供给底端解码器，并且就像编码器之前做的那样，这些解码器会输出它们的解码结果，直到到达一个特殊的终止符号，它表示编码器–解码器架构已经完成了它的输出。

还有一点需要补充的是，解码器栈输出一个词嵌入 embedding。那么怎么把它变成一个词呢？这是最后一个线性层的工作，使用了一个 softmax 层。

全连接层是一个简单的全连接神经网络，它将解码器栈产生的向量投影到一个更高维向量（output）上。

之后的 softmax 层将这些分数转换为概率。选择概率最大的维度，并对应地生成与之关联的字或者词作为此时间步的输出。

10.1.4 解码器的实现

首先，多注意力层实际上是通用的，代码如下：

【程序 10-2】

```
    class MultiHeadAttention(tf.keras.layers.Layer):
        def __init__(self):
            super(MultiHeadAttention, self).__init__()

        def build(self, input_shape):
            self.dense_query = tf.keras.layers.Dense(units=embedding_size,
activation=tf.nn.relu)
            self.dense_key = tf.keras.layers.Dense(units=embedding_size,
activation=tf.nn.relu)
            self.dense_value = tf.keras.layers.Dense(units=embedding_size,
activation=tf.nn.relu)
            self.dense = tf.keras.layers.Dense(units=embedding_size,
activation=tf.nn.relu)
            super(MultiHeadAttention, self).build(input_shape)  # 一定要在最后调用它

        def call(self, inputs):
            query,key,value,mask = inputs
            shape = tf.shape(query)

            query_dense = self.dense_query(query)
            key_dense = self.dense_query(key)
            value_dense = self.dense_query(value)

            query_dense = splite_tensor(query_dense)
            key_dense = splite_tensor(key_dense)
            value_dense = splite_tensor(value_dense)

            attention = tf.matmul(query_dense,key_dense,transpose_b=True)/
tf.math.sqrt(tf.cast(embedding_size,tf.float32))

            attention += (mask*-1e9)
            attention = tf.nn.softmax(attention)
```

```
        attention = tf.matmul(attention,value_dense)
        attention = tf.transpose(attention,[0,2,1,3])

        attention = tf.reshape(attention,[shape[0],-1,embedding_size])

        attention = self.dense(attention)

        return attention
```

其次，前馈层也可以通用，代码如下所示：

【程序 10-3】

```
class FeedForWard(tf.keras.layers.Layer):
    def __init__(self):
        super(FeedForWard, self).__init__()

    def build(self, input_shape):
        self.conv_1 = tf.keras.layers.Conv1D(embedding_size*4,
1,activation=tf.nn.relu)
        self.conv_2 = tf.keras.layers.Conv1D(embedding_size,
1,activation=tf.nn.relu)
        super(FeedForWard, self).build(input_shape)  # 一定要在最后调用它

    def call(self, inputs):
        output = self.conv_1(inputs)
        output = self.conv_2(output)
        return output
```

综合利用多层注意力层以及前馈层实现专用的解码器的程序设计，代码如下所示：

【程序 10-4】

```
class DecoderLayer(tf.keras.layers.Layer):
    def __init__(self):
        super(DecoderLayer, self).__init__()

    def build(self, input_shape):
        self.self_multiHeadAttention = MultiHeadAttention()
        self.mutual_multiHeadAttention = MultiHeadAttention()
        self.feedForWard = FeedForWard()
        super(DecoderLayer, self).build(input_shape)  # 一定要在最后调用它

    def call(self, inputs):
        decoder_embedding,encoder_embedding,look_ahead_mask,padding_mask =
inputs

        decoder_embedding = self.self_multiHeadAttention([decoder_embedding,
decoder_embedding,decoder_embedding,look_ahead_mask])
        decoder_embedding = self.mutual_multiHeadAttention([decoder_embedding,
encoder_embedding, encoder_embedding, padding_mask])
        decoder_embedding = self.feedForWard(decoder_embedding)
```

```
        return decoder_embedding
```

10.2 解码器实战——拼音汉字翻译模型

拼音汉字翻译模型是笔者写了那么多章节后需要进入的实战部分。

在前面的章节中，笔者带领读者学习了注意力模型、前馈层以及掩码的相关知识。这三大块共同构成了编码器-解码器架构的主要内容，共同组成的就是 transformer 这一基本架构和内容，如图 10.9 所示。

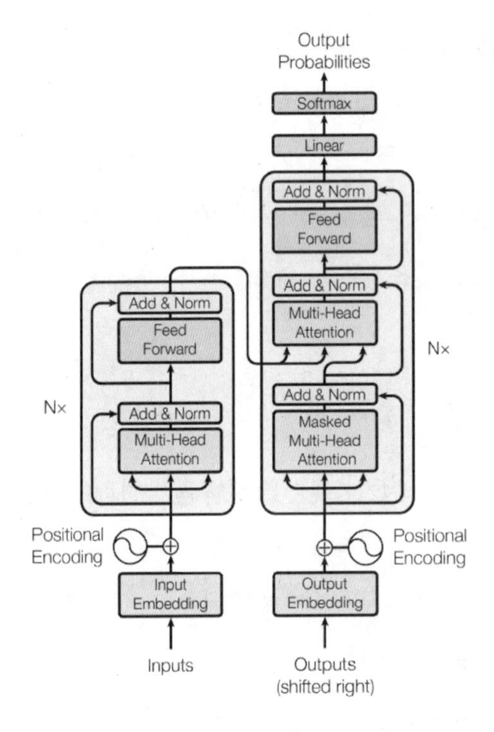

图 10.9　解码器

相信读者已经急不可耐地想做出一个真正利用前面学习的所有内容完成的一个翻译系统，本节就是，不过在开始之前还有两个问题想留给读者。

（1）相对于编码器的转换模型，编码器-解码器的翻译模型有什么区别？

（2）做拼音汉字的翻译系统，编码器和解码器的输入端分别输入什么内容？

数据集的获取与处理与 9.3.1 节相同，不再赘述，下面直接介绍翻译模型。

10.2.1　翻译模型

翻译模型就是经典的编码器-解码器模型，整体代码如下所示：

【程序 10-5】

```
import tensorflow as tf
import numpy as np

embedding_size = 312    #设置 embedding_size 的维度
n_head = 8  #设置头数目
n_layer = 2 #设置编码器和解码器的层数，可以调整

#按头的个数分割向量
def splite_tensor(tensor):
    shape = tf.shape(tensor)
    tensor = tf.reshape(tensor, shape=[shape[0], -1, n_head, embedding_size //
n_head])
    tensor = tf.transpose(tensor, perm=[0, 2, 1, 3])
    return tensor

#位置编码
def positional_encoding(position=512, d_model=embedding_size):
    def get_angles(pos, i, d_model):
        angle_rates = 1 / np.power(10000, (2 * (i // 2)) / np.float32(d_model))
        return pos * angle_rates

    angle_rads = get_angles(np.arange(position)[:, np.newaxis],
np.arange(d_model)[np.newaxis, :], d_model)

    # apply sin to even indices in the array; 2i
    angle_rads[:, 0::2] = np.sin(angle_rads[:, 0::2])

    # apply cos to odd indices in the array; 2i+1
    angle_rads[:, 1::2] = np.cos(angle_rads[:, 1::2])

    pos_encoding = angle_rads[np.newaxis, ...]

    return tf.cast(pos_encoding, dtype=tf.float32)

#创建掩码层
def create_padding_mask(seq):
    seq = tf.cast(tf.math.equal(seq, 0), tf.float32)
    return seq[:, tf.newaxis, tf.newaxis, :]  # (batch_size, 1, 1, seq_len)

#创建前项遮盖的掩码层
def create_look_ahead_mask(size):
  mask = 1 - tf.linalg.band_part(tf.ones((size, size)), -1, 0)
  return mask

#创建解码器中使用的掩码
def create_decoder_mask(encoder_input,decoder_input):
    # Encoder padding mask
    enc_padding_mask = create_padding_mask(encoder_input)
```

```
    # Used in the 2nd attention block in the decoder.
    # This padding mask is used to mask the encoder outputs.
    dec_padding_mask = create_padding_mask(encoder_input)

    # Used in the 1st attention block in the decoder.
    # It is used to pad and mask future tokens in the input received by
    # the decoder.
    look_ahead_mask = create_look_ahead_mask(tf.shape(decoder_input)[1])
    dec_target_padding_mask = create_padding_mask(decoder_input)
    combined_mask = tf.maximum(dec_target_padding_mask, look_ahead_mask)

    return enc_padding_mask, combined_mask, dec_padding_mask

#多头注意力层
class MultiHeadAttention(tf.keras.layers.Layer):
    def __init__(self):
        super(MultiHeadAttention, self).__init__()

    def build(self, input_shape):
        self.dense_query = tf.keras.layers.Dense(units=embedding_size,
activation=tf.nn.relu)
        self.dense_key = tf.keras.layers.Dense(units=embedding_size,
activation=tf.nn.relu)
        self.dense_value = tf.keras.layers.Dense(units=embedding_size,
activation=tf.nn.relu)
        self.dense = tf.keras.layers.Dense(units=embedding_size,
activation=tf.nn.relu)
        super(MultiHeadAttention, self).build(input_shape)  # 一定要在最后调用它

    def call(self, inputs):
        query,key,value,mask = inputs
        shape = tf.shape(query)

        query_dense = self.dense_query(query)
        key_dense = self.dense_query(key)
        value_dense = self.dense_query(value)

        query_dense = splite_tensor(query_dense)
        key_dense = splite_tensor(key_dense)
        value_dense = splite_tensor(value_dense)

        attention = tf.matmul(query_dense,key_dense,transpose_b=True)/
  tf.math.sqrt(tf.cast(embedding_size,tf.float32))

        attention += (mask*-1e9)
        attention = tf.nn.softmax(attention)

        attention = tf.matmul(attention,value_dense)
        attention = tf.transpose(attention,[0,2,1,3])
```

```
        attention = tf.reshape(attention,[shape[0],-1,embedding_size])

        attention = self.dense(attention)

        return attention

#创建前馈层
class FeedForWard(tf.keras.layers.Layer):
    def __init__(self):
        super(FeedForWard, self).__init__()

    def build(self, input_shape):
        self.conv_1 = tf.keras.layers.Conv1D(embedding_size*4,
1,activation=tf.nn.relu)
        self.conv_2 = tf.keras.layers.Conv1D(embedding_size,1,
activation=tf.nn.relu)
        super(FeedForWard, self).build(input_shape)  # 一定要在最后调用它

    def call(self, inputs):
        output = self.conv_1(inputs)
        output = self.conv_2(output)
        return output

#编码器层
class EncoderLayer(tf.keras.layers.Layer):
    def __init__(self):
        super(EncoderLayer, self).__init__()

    def build(self, input_shape):

        self.multiHeadAttention = MultiHeadAttention()
        self.layer_norm_1 = tf.keras.layers.LayerNormalization()
        self.feedForWard = FeedForWard()
        self.layer_norm_2 = tf.keras.layers.LayerNormalization()
        super(EncoderLayer, self).build(input_shape)  # 一定要在最后调用它

    def call(self, inputs):
        encoder_embedding,mask = inputs

        encoder_embedding_1 = self.multiHeadAttention([encoder_embedding,
encoder_embedding,encoder_embedding,mask])
        encoder_embedding_1 += encoder_embedding
        encoder_embedding_1 = self.layer_norm_1(encoder_embedding_1)

        encoder_embedding_2 = self.feedForWard(encoder_embedding_1)
        encoder_embedding_2 = encoder_embedding_2 + encoder_embedding_1
        encoder_embedding = self.layer_norm_2(encoder_embedding_2)

        return encoder_embedding
```

```
#解码器层
class DecoderLayer(tf.keras.layers.Layer):
    def __init__(self):
        super(DecoderLayer, self).__init__()

    def build(self, input_shape):
        self.self_multiHeadAttention = MultiHeadAttention()
        self.mutual_multiHeadAttention = MultiHeadAttention()
        self.feedForWard = FeedForWard()
        super(DecoderLayer, self).build(input_shape)  # 一定要在最后调用它

    def call(self, inputs):
        decoder_embedding,encoder_embedding,look_ahead_mask,padding_mask = 
inputs

        decoder_embedding = self.self_multiHeadAttention([decoder_embedding, 
decoder_embedding,decoder_embedding,look_ahead_mask])
        decoder_embedding = self.mutual_multiHeadAttention([decoder_embedding, 
encoder_embedding, encoder_embedding, padding_mask])
        decoder_embedding = self.feedForWard(decoder_embedding)

        return decoder_embedding

#编码器
class Encoder(tf.keras.layers.Layer):
    def __init__(self,encoder_vocab_size):
        super(Encoder, self).__init__()
        self.encoder_vocab_size = encoder_vocab_size
        self.word_embedding_table = tf.keras.layers.Embedding
(encoder_vocab_size,embedding_size)
        self.position_embedding = positional_encoding()

    def build(self, input_shape):
        self.encoderLayers = [EncoderLayer() for _ in range(n_layer)]

        super(Encoder, self).build(input_shape)  # 一定要在最后调用它

    def call(self, inputs):
        encoder_token_inputs,encoder_mask = inputs
        encoder_embedding = self.word_embedding_table(encoder_token_inputs)
        position_embedding = tf.slice(self.position_embedding, 
[0,0,0],[1,tf.shape(encoder_token_inputs)[1],-1])
        encoder_embedding = encoder_embedding + position_embedding

        for i in range(n_layer):
            encoder_embedding = self.encoderLayers[i]
([encoder_embedding,encoder_mask])
        return encoder_embedding

#解码器
```

```
    class Decoder(tf.keras.layers.Layer):
        def __init__(self,decoder_vocab_size):
            super(Decoder, self).__init__()
            self.decoder_vocab_size = decoder_vocab_size
            self.word_embedding_table = tf.keras.layers.Embedding
(decoder_vocab_size,embedding_size)
            self.position_embedding = positional_encoding()

        def build(self, input_shape):
            self.decoderLayers = [DecoderLayer() for _ in range(n_layer)]

            super(Decoder, self).build(input_shape)  # 一定要在最后调用它

        def call(self, inputs):
            decoder_token_inputs,encoder_embedding,look_ahead_mask,padding_mask
= inputs

            decoder_embedding = self.word_embedding_table(decoder_token_inputs)
            position_embedding = tf.slice(self.position_embedding,[0,0,0],
[1,tf.shape(decoder_token_inputs)[1],-1])
            decoder_embedding = decoder_embedding + position_embedding

            for i in range(n_layer):
                decoder_embedding = self.decoderLayers[i]([decoder_embedding,
encoder_embedding,look_ahead_mask,padding_mask])

            return decoder_embedding

    #组合编码器和解码器的transformer
    class Transformer(tf.keras.layers.Layer):
        def __init__(self, encoder_vocab_size ,decoder_vocab_size):
            super(Transformer, self).__init__()
            self.encoder_vocab_size = encoder_vocab_size
            self.decoder_vocab_size = decoder_vocab_size

        def build(self, input_shape):
            self.encoder = Encoder(self.encoder_vocab_size)
            self.decoder = Decoder(self.decoder_vocab_size)
            self.final_layer = tf.keras.layers.Dense(self.decoder_vocab_size,
tf.nn.softmax)
            super(Transformer, self).build(input_shape)  # 一定要在最后调用它

        def call(self, inputs):
            encoder_input,decoder_input = inputs
            enc_padding_mask, combined_mask, dec_padding_mask =
create_decoder_mask(encoder_input,decoder_input)

            #encoder部分
            encoder_embedding = self.encoder([encoder_input,enc_padding_mask])
```

```
        #decoder 部分
        decoder_embedding = self.decoder([decoder_input,encoder_embedding,
combined_mask,dec_padding_mask])

        output = tf.keras.layers.Dropout(0.217)(decoder_embedding)
        output = self.final_layer(decoder_embedding)
        return output
```

以上代码就是 transformer 的结构代码，实际上就是综合了前文所学的全部知识，结合编码器和解码器。读者可以使用如下程序对代码进行测试。

```
if __name__ == "__main__":
    encoder_input = tf.keras.Input(shape=(None,))
    decoder_input = tf.keras.Input(shape=(None,))

    output = Transformer(1024,1024)([encoder_input,decoder_input])
    model = tf.keras.Model((encoder_input,decoder_input),output)
    print(model.summary())
```

打印结果请读者自行验证。

10.2.2 拼音汉字模型的训练（注意训练过程的错位数据输入）

下面是 transformer 的训练。首先有一个非常需要读者注意的地方，相对于上一章的学习，transformer 的训练过程最重要的是要注意编码器的输出和解码器输入的“错位计算”，如图 10.10 所示。

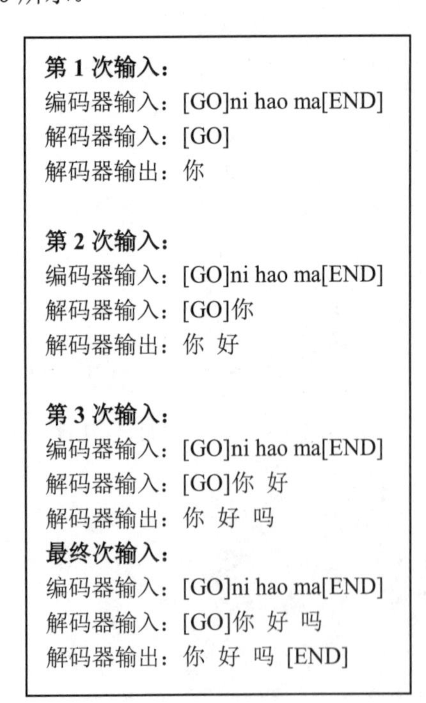

第 1 次输入：
编码器输入：[GO]ni hao ma[END]
解码器输入：[GO]
解码器输出：你

第 2 次输入：
编码器输入：[GO]ni hao ma[END]
解码器输入：[GO]你
解码器输出：你 好

第 3 次输入：
编码器输入：[GO]ni hao ma[END]
解码器输入：[GO]你 好
解码器输出：你 好 吗
最终次输入：
编码器输入：[GO]ni hao ma[END]
解码器输入：[GO]你 好 吗
解码器输出：你 好 吗 [END]

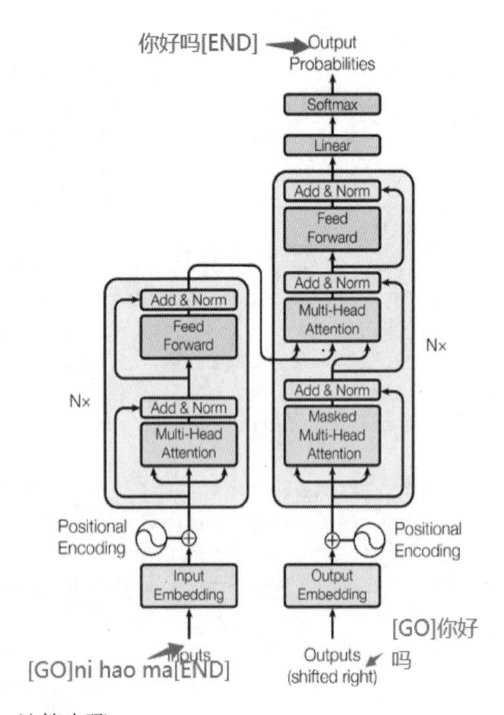

图 10.10 计算步骤

第 1 次输入：编码器输入完整的序列[GO]ni hao ma[END]。与此同时，解码器的输入端输入的是解码开始符“GO”，经过交互计算后，解码器的输出为“你”。

第 2 次输入：编码器输入完整的序列[GO]ni hao ma[END]。与此同时，解码器的输入端输入的是解码开始符“GO”和字符“你”。经过交互计算后，解码器的输出为“你好”。这样依次进行输出，依次进行错位输入。

第 3 次输入：编码器输入还是完整序列，此时在解码器的输出端会输出带有结束符的序列，表明解码结束。

与编码器数据读取一样，由于硬件设备的原因，需要使用“数据生成器”的方式循环生成数据，并且在生成器中做“错位输入”，代码如下所示：

【程序 10-6】

```
import tensorflow as tf
import get_data
import untils

pinyin_vocab,hanzi_vocab,pinyin_tokens_ids,hanzi_tokens_ids = get_data.get_dataset()

#这里使用了 label_smoothing，一种对标签进行平滑处理增加模型性能的小 ticks
def label_smoothing(inputs, epsilon=0.1):
    K = inputs.get_shape().as_list()[-1] # number of channels
    return ((1-epsilon) * inputs) + (epsilon / K)

def generator(batch_size=32):
    batch_num = len(pinyin_tokens_ids)//batch_size

    while 1:
        for i in range(batch_num):
            start_num = batch_size*i
            end_num = batch_size*(i+1)

            pinyin_batch = pinyin_tokens_ids[start_num:end_num]
            hanzi_batch = hanzi_tokens_ids[start_num:end_num]

            hanzi_batch_inp = [];hanzi_batch_tar = []
            for line in hanzi_batch:
                hanzi_batch_inp.append(line[:-1]) #进行错位处理
                hanzi_batch_tar.append(line[1:])  #进行错位处理

            pinyin_batch = tf.keras.preprocessing.sequence.pad_sequences(pinyin_batch,maxlen=48,padding='post', truncating='post')
            hanzi_batch_inp = tf.keras.preprocessing.sequence.pad_sequences(hanzi_batch_inp,maxlen=48,padding='post', truncating='post')
            hanzi_batch_tar = tf.keras.preprocessing.sequence.pad_sequences(hanzi_batch_tar, maxlen=48, padding='post',truncating='post')

            hanzi_batch_tar = label_smoothing(tf.one_hot(hanzi_batch_tar,
```

```
4462))
                yield (pinyin_batch,hanzi_batch_inp),hanzi_batch_tar
```

下面就是模型的训练问题，代码如下所示：

```
    encoder_input = tf.keras.Input(shape=(None,))
    decoder_input = tf.keras.Input(shape=(None,))

    output = untils.Transformer(1154,4462)([encoder_input,decoder_input])
    model = tf.keras.Model((encoder_input, decoder_input), output)
    model.load_weights("./saver/model")

    model.compile(tf.optimizers.Adam(1e-4),tf.losses.categorical_crossentropy,
metrics=["accuracy"])
    batch_size = 48

    model.fit_generator(generator(batch_size),steps_per_epoch=len(pinyin_token
s_ids)//batch_size,epochs=3,verbose=2)
    model.save_weights("./saver/model")
```

训练代码非常简单，直接设置了优化函数和损失率，本例中使用交叉熵作为损失函数的计算，将准确率设置成监控指标。

训练部分请读者自行完成。

10.2.3 拼音汉字模型的使用（循环输出的问题）

相对于拼音汉字转换模型，拼音汉字的翻译模型并不是整体一次性输出，而是根据在编码器中输入的内容生成特定的输出内容。

根据这个特性，如果想获取完整的解码器生成的数据内容，则需要采用“循环输入”的方式完成模型的使用，代码如下所示：

【程序 10-7】

```
    import tensorflow as tf
    import get_data
    import untils

    pinyin_vocab,hanzi_vocab,pinyin_tokens_ids,hanzi_tokens_ids =
get_data.get_dataset()

    def label_smoothing(inputs, epsilon=0.1):
        K = inputs.get_shape().as_list()[-1] # number of channels
        return ((1-epsilon) * inputs) + (epsilon / K)

    #创建数据生成器
    def generator(batch_size=32):
        batch_num = len(pinyin_tokens_ids)//batch_size
```

```
    while 1:
        for i in range(batch_num):
            start_num = batch_size*i
            end_num = batch_size*(i+1)

            pinyin_batch = pinyin_tokens_ids[start_num:end_num]
            hanzi_batch = hanzi_tokens_ids[start_num:end_num]

            hanzi_batch_inp = [];hanzi_batch_tar = []
            for line in hanzi_batch:
                hanzi_batch_inp.append(line[:-1])
                hanzi_batch_tar.append(line[1:])

            pinyin_batch = tf.keras.preprocessing.sequence.pad_sequences
(pinyin_batch,maxlen=48,padding='post', truncating='post')
            hanzi_batch_inp = tf.keras.preprocessing.sequence.pad_sequences
(hanzi_batch_inp,maxlen=48,padding='post', truncating='post')
            hanzi_batch_tar = tf.keras.preprocessing.sequence.pad_sequences
(hanzi_batch_tar, maxlen=48, padding='post',truncating='post')

            hanzi_batch_tar = label_smoothing(tf.one_hot(hanzi_batch_tar,
4462))

            yield (pinyin_batch,hanzi_batch_inp),hanzi_batch_tar

    print("pinyin_vocab 大小为:",len(pinyin_vocab)) #pinyin_vocab 大小为: 1154
    print("hanzi_vocab 大小为:",len(hanzi_vocab))   #hanzi_vocab 大小为: 4462

    encoder_input = tf.keras.Input(shape=(None,))
    decoder_input = tf.keras.Input(shape=(None,))

    output = untils.Transformer(1154,4462)([encoder_input,decoder_input])
    model = tf.keras.Model((encoder_input, decoder_input), output)
    model.load_weights("./saver/model")
    batch_size = 32

    (pinyin_batch,hanzi_batch_inp),hanzi_batch_tar = next(generator())
    choice = 17
    #循环数据输出
    for i in range(48):
        tar = model.predict(x=(pinyin_batch,hanzi_batch_inp[:,0:i]))
        print((tf.argmax(tar,axis=-1))[choice])
```

代码演示了循环输出预测结果的示例，这里使用一个 for 循环对预测进行输入，结果依次为：

```
    你
    你好
    你好吗
    你好吗[END]
```

请读者自行验证。

10.3 本章小结

首先回答 10.2 节提出的 2 个问题。

问 1：相对于编码器的转换模型，编码器–解码器的翻译模型有什么区别？

答：对于转换模型来说，模型在工作时不需要对其进行处理，默认所有的信息都包含在编码器编码的词嵌入 embedding 中，最后直接做 softmax 计算即可。编码器–解码器的翻译模型需要综合编码器的编码内容和解码器原始输入共同完成后续的交互计算。

问 2：做拼音汉字的翻译系统，编码器和解码器的输入端分别输入什么内容？

答：编码器的输入端是汉字，解码器的输入端是错位的拼音。

本章和上一章是相互衔接的章节，主要是对当前最新的模型 transformer 进行介绍和说明，从架构入手，对主要架构部分、编码器和解码器进行详细介绍，并且还介绍了各种 ticks 和小的细节，有针对性地对模型优化做了说明。

读者在学习这两章的时候一定要多加阅读，掌握全部内容。相对于目前和后续的自然语言处理问题，transformer 架构是最为重要和基础的内容。